Graphical Abstracts

写真で見る 強光子場の化学

Chap. 1 → p.30

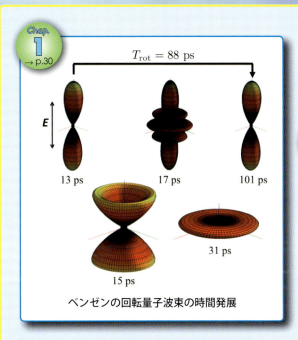

$T_{rot} = 88$ ps

13 ps　17 ps　101 ps

15 ps　31 ps

E

ベンゼンの回転量子波束の時間発展

Chap. 2 → p.38

位相制御レーザーパルス発生器

Chap. 3 → p.45

銀イオン水溶液へのフェムト秒レーザー(100 fs, 3 mJ, 1 kHz)照射前(左)，60分照射後(中)の様子，および生成した銀微粒子の透過電子顕微鏡像(右)

Chap. 4 → p.52

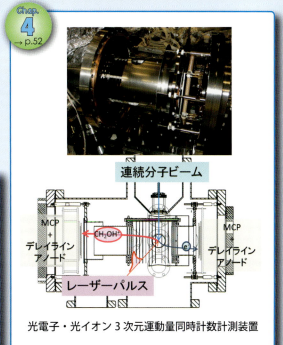

連続分子ビーム
MCP＋デレイラインアノード　CH_2OH^+　MCP＋デレイラインアノード
レーザーパルス

光電子・光イオン3次元運動量同時計数計測装置

Chap. 5 → p.58

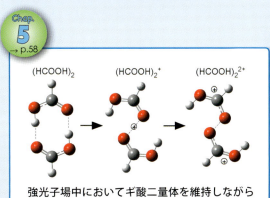

$(HCOOH)_2$ → $(HCOOH)_2^+$ → $(HCOOH)_2^{2+}$

強光子場中においてギ酸二量体を維持しながら二重イオン化する

Chap. 6 → p.65

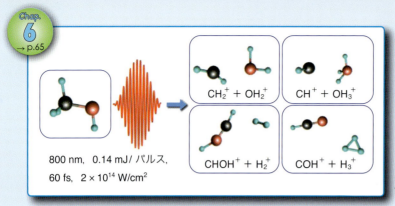

800 nm, 0.14 mJ/パルス, 60 fs, 2×10^{14} W/cm^2

メタノールにおける水素マイグレーションの例

Chap. 7 → p.71

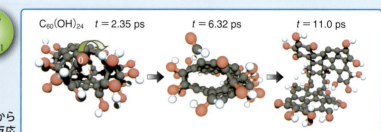

ポリヒドロキシフラーレン $C_{60}(OH)_{24}$ からカーボンナノフレークへの反応

Chap. 8 → p.77

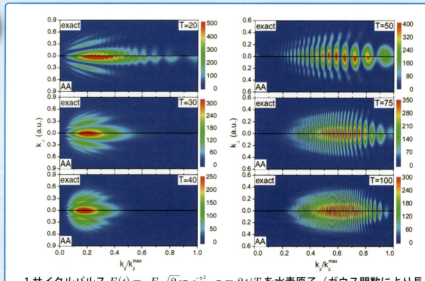

1サイクルパルス $F(t) = -F_0 \sqrt{2} e\tau\, e^{-\tau^2}$, $\tau = 2t/T$ を水素原子(ガウス関数により長距離部分を除いたもの)に照射したときの光電子スペクトル(8章文献 [17] より転載)

Chap. 9 → p.85

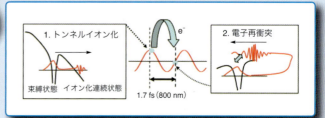

トンネルイオン化と電子再衝突過程の概念図
トンネルイオン化はレーザー電場のピーク付近で生じ,放出された電子はレーザー電場の一周期以内に元の分子に加速されて戻り再衝突する.

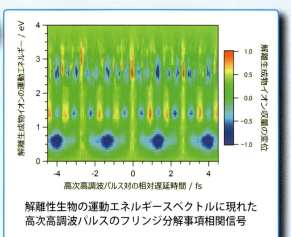

解離性生物の運動エネルギースペクトルに現れた
高次高調波パルスのフリンジ分解事項相関信号

レーザーアシステッド電子回折装置

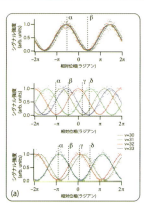
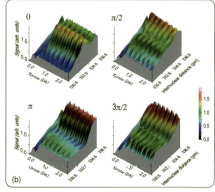

ヨウ素分子内の振動波束干渉の制御と可視化 （12章文献［14］より転載）
(Copyright 2009 by the American Physical Society)

レーザーフィラメントの生成

相対論的超強光子場とクラスターの相互作用シミュレーションにおける
電子密度分布のスナップショット

クラスター内の電子は，Lorentz力によりレーザー進行方向に加速される．〔岸
本泰明教授（京都大学）のご厚意による〕

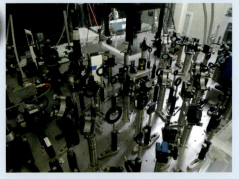

フェムト秒時間分解過渡反射率計測システム

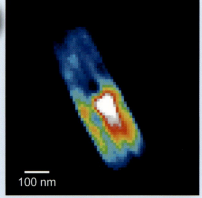

XFELを用いて観察した生きた細胞の画像
XFELのフェムト秒の発光時間を用いると，試料が放射線損傷を受ける前の一瞬の姿を捉えることができる．

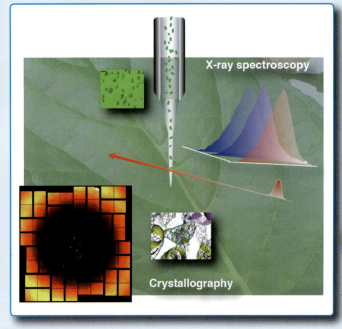

XFELは常温における生体高分子の構造や化学構造を結晶構造解析やX線分光法を用いて測定するのに威力を発揮する

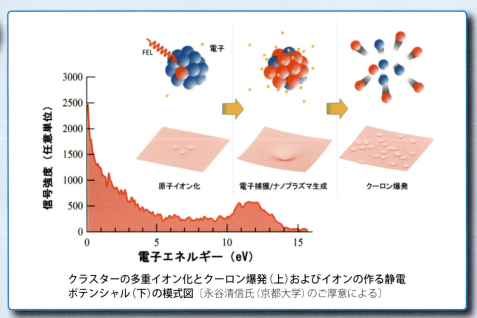

クラスターの多重イオン化とクーロン爆発（上）およびイオンの作る静電ポテンシャル（下）の模式図〔永谷清信氏（京都大学）のご厚意による〕

18

Ultrafast
Intense Laser
Chemistry

強光子場の化学

分子の超高速ダイナミクス

日本化学会 編

化学同人

『CSJカレントレビュー』編集委員会

【委員長】
大 倉 一 郎　東京工業大学名誉教授

【委　員】
岩 澤 伸 治　東京工業大学大学院理工学研究科　教授
栗 原 和 枝　東北大学原子分子材料科学高等研究機構　教授
杉 本 直 己　甲南大学先端生命工学研究所　所長
髙 田 十志和　東京工業大学大学院理工学研究科　教授
南 後 　 守　大阪市立大学複合先端研究機構　特任教授
西 原 　 寛　東京大学大学院理学系研究科　教授

【本号の企画・編集 WG】
栗 原 和 枝　東北大学原子分子材料科学高等研究機構　教授
河 野 裕 彦　東北大学大学院理学研究科　教授
福 村 裕 史　東北大学大学院理学研究科　教授
山 内 　 薫　東京大学大学院理学系研究科　教授

総説集『CSJ カレントレビュー』刊行にあたって

　これまで㈳日本化学会では化学のさまざまな分野からテーマを選んで，その分野のレビュー誌として『化学総説』50巻，『季刊化学総説』50巻を刊行してきました．その後を受けるかたちで，化学同人からの申し出もあり，日本化学会では新しい総説集の刊行をめざして編集委員会を立ちあげることになりました．この編集委員会では，これからの総説集のあり方や構成内容なども含めて，時代が求める総説集像をいろいろな視点から検討を重ねてきました．その結果，「読みやすく」「興味がもてる」「役に立つ」をキーワードに，その分野の基礎的で教育的な内容を盛り込んだ新しいスタイルの総説集『CSJ カレントレビュー』を，このたび日本化学会編で発刊することになりました．

　この『CSJ カレントレビュー』では，化学のそれぞれの分野で活躍中の研究者・技術者に，その分野を取り巻く研究状況，そして研究者の素顔などとともに，最先端の研究・開発の動向を紹介していただきます．この1冊で，取りあげた分野のどこが興味深いのか，現在どこまで研究が進んでいるのか，さらには今後の展望までを丁寧にフォローできるように構成されています．対象とする読者はおもに大学院生，若い研究者ですが，初学者や教育者にも十分読んで楽しんでいただけるように心がけました．

　内容はおもに三部構成になっています．まず本書のトップには，全体の内容をざっと理解できるように，カラフルな図や写真で構成された Graphical Abstract を配しました．

　それに続く Part I では，基礎概念と研究現場を取りあげています．たとえば，インタビュー（あるいは座談会），そして第一線研究室訪問などを通して，その分野の重要性，研究の面白さなどをフロントランナーに存分に語ってもらいます．また，この分野を先導した研究者を紹介しながら，これまでの研究の流れや最重要基礎概念を平易に解説しています．

　このレビュー集のコアともいうべき Part II では，その分野から最先端のテーマを12～15件ほど選び，今後の見通しなどを含めて第一線の研究者にレビュー解説をお願いしました．この分野の研究の進捗状況がすぐに理解できるように配慮してあります．

　最後の Part III は，覚えておきたい最重要用語解説も含めて，この分野で役に立つ情報・データをできるだけ紹介します．「この分野を発展させた革新論文」は，これまでにない有用な情報で，今後研究を始める若い研究者にとっては刺激的かつ有意義な指針になると確信しています．

　このように，『CSJ カレントレビュー』はさまざまな化学の分野で読み継がれる必読図書になるように心がけており，年4冊のシリーズとして発行される予定になっています．本書の内容に賛同していただき，一人でも多くの方に読んでいただければ幸いです．

今後，読者の皆さま方のご協力を得て，さらに充実したレビュー集に育てていきたいと考えております．

　最後に，ご多忙中にもかかわらずご協力をいただいた執筆者の方々に深く御礼申し上げます．

2010年3月

編集委員を代表して
大倉　一郎

はじめに

　超短パルスレーザー光技術が，フェムト秒領域の化学過程の研究を格段に進展させ，「フェムト秒化学」という分野が拓かれたことは記憶に新しい．一方，それと同時に，超短パルスレーザーは，瞬間的に，きわめて強い光電場を生成することを可能とした．このことは，光に「分子分光学や光化学における光の役割」，すなわち，「分子に光学遷移を起こさせるだけの摂動としての役割」を超えて，「分子の性質そのものを変えてしまうという役割」を付与することとなった．

　その結果，強い光によって，分子を空間的に配列させたり，分子の構造を大きく変形させたり，また，特異な化学結合の組替え反応を誘起させたり，さらに，レーザーのパラメータを制御することによって，化学結合の切断過程を積極的に制御できることが明らかとなった．

　このような強い光の場の下での分子系の動的挙動についての研究は，物理化学を中心とした学際研究領域として発展しており，強光子場化学，あるいは強光子場科学とよばれている．英語では，Ultrafast Intense Laser Chemistry，あるいは Ultrafast Intense Laser Science と表記されている．

　本書では，この新しい分野である強光子場化学のこれまでの発展とその動向について，この分野を国際的にリードしている日本の研究者の方がたに丁寧に解説いただいた．本書では，この強光子場化学の面白さとともに，その発展が，「フェムト秒化学」に引き続き，さらに短い時間領域での化学，すなわち，「アト秒化学」を誕生させたこと，そして，強光子場の化学が，これまでの構造化学や分子分光学の新しいフロンティアをもたらしたことが平易な言葉で記述されている．近い将来，化学の広い分野の研究者が，本書を通じて強光子場化学に関心をもっていただけることを，そして，その成果を活用していただけることを願っている．

　折しも，今年 2015 年は国際光年として位置づけられ，光にかかわる基礎研究や技術開発に世界中が注目する年となった．本カレントレビューに紹介されている光と物質が織りなす新しい世界を通じて，より多くの方がたが光の科学に関心をもっていただければ幸いである．

　最後に，お忙しいなか，最新の成果をわかりやすく紹介してくださった著者の先生がたに厚く御礼を申し上げる．

2015 年 2 月

山内　薫

CONTENTS

Part I 基礎概念と研究現場

1章 ★*Interview*
001 フロントランナーに聞く（座談会）
　　河野 裕彦教授，大森 賢治教授，緑川 克美博士
　　　　　　　　　　　　　　　　　　聞き手：山内 薫

2章 ★*Basic concept*
014 強光子場・アト秒科学の基礎と歴史
　　　　　　　　　　　　　　沖野 友哉・山内 薫

3章 ★*Activities*
026 学会・国際シンポジウムの紹介
　　　　　　　　　　　　　　　　　　山内 薫

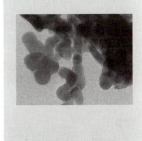

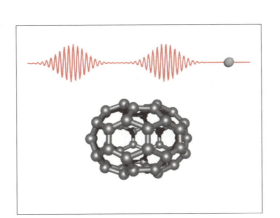

CONTENTS

Part II 研究最前線

①分子の回転・配向・配列

1章 超高速分子回転制御
030　　　　　　　　　大島 康裕・長谷川 宗良

2章 位相制御レーザーパルスによる配向
038　選択分子トンネルイオン化　　大村 英樹

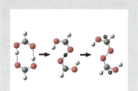

②有機化合物のイオン化と化学結合の組替えと切断

3章 フェムト秒フィラメンテーション
045　に伴う化学反応　　中島 信昭・八ッ橋 知幸

4章 強レーザー場中分子の光電子放出
052　と分子内励起過程　　　　　　板倉 隆二

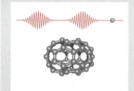

5章 強レーザー場による有機化合物および
058　有機化合物水素結合体のイオン化
　　　および分子内高速転位反応　　星名 賢之助

③理論化学からの挑戦

6章 強光子場中誘起水素マイグレーション
065　　　　　　　　　　　中井 克典・山内 薫

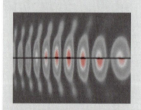

7章 時間依存断熱状態法による強レーザー
071　場分子ダイナミクス　　河野 裕彦・加藤 毅

④再散乱を用いた分子イメージング

8章 強光子場中での分子内電子の
077　再散乱過程の理論　　　　　　森下 亨

9章 再衝突電子を用いたアト秒分子内
085　電子波束測定法　　　　　　新倉 弘倫

CONTENTS

Part II 研究最前線

⑤分光学と構造化学への展開

10章 アト秒フリンジ分解計測による
091 フーリエ変換分子分光
　　　　　　　　　古川 裕介・鍋川 康夫・緑川 克美

11章 超高速レーザーアシステッド電子回折
098
　　　　　　　　　森本 裕也・歸家 令果・山内 薫

12章 アト秒ピコメートル精度の時空間
103 コヒーレント制御　　香月 浩之・大森 賢治

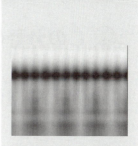

⑥クラスター，凝縮相と強レーザー場

13章 大気中のレーザー伝播と大気化学
110 への応用　　　　　　　　　　藤井 隆

14章 原子分子クラスターと強光子場
116　　　　　　　　　　　　　　福田 祐仁

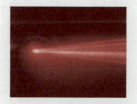

⑦高輝度軟X線・X線光源による分子科学・生命科学の展開

15章 固体中のコヒーレントフォノン
123　　　　　　　　　　　　　　中村 一隆

16章 X線・軟X線顕微鏡技術開発の
129 最前線と生命科学への応用　　西野 吉則

17章 X線自由電子レーザーを用いた生体分子
134 の結晶および電子構造解析　　矢野 淳子

18章 極紫外自由電子レーザー場における
141 原子・分子・クラスターの非線形過程
　　　　　　　　　　　　　菱川 明栄・上田 潔

CONTENTS

Part III 役に立つ情報・データ

① この分野の最重要用語＆関連論文　150

② 覚えておきたい関連最重要用語　162

③ 知っておくと便利！関連情報　166

索　引　169

執筆者紹介　173

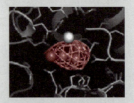

★本書の関連サイト情報などは，以下の化学同人 HP にまとめてあります．
→http://www.kagakudojin.co.jp/special/csj/index.html

Part I

基礎概念と研究現場

フロントランナーに聞く ▶▶▶▶▶▶ 座談会

(左より) 大森賢治先生 (分子科学研究所), 山内薫先生 (東京大学, 司会), 緑川克美先生 (理化学研究所), 河野裕彦先生 (東北大学)

強光子場が拓く化学の世界

Profile

大森 賢治 (おおもり けんじ)
自然科学研究機構分子科学研究所教授. 1962年熊本県生まれ. 1992年東京大学大学院工学系研究科博士課程修了. 工学博士. 東北大学助手, 同助教授を経て, 2003年より現職. 現在のおもな研究テーマは, 「アト秒時空間量子エンジニアリング」.

河野 裕彦 (こうの ひろひこ)
東北大学大学院理学研究科教授. 1953年大阪府生まれ. 1981年東北大学大学院理学研究科博士課程修了. 理学博士. アリゾナ州立大学博士研究員, 山形大学工学部助手, 東北大学理学部助手, 同助教授を経て, 2006年から現職. 現在のおもな研究テーマは, 「電子動力学と光制御の分子理論」.

緑川 克美 (みどりかわ かつみ)
理化学研究所光量子工学研究領域領域長. 1955年福島県生まれ. 1983年慶應義塾大学大学院工学研究科博士課程修了. 工学博士. 理化学研究所レーザー科学研究グループ研究員, 主任研究員, グループリーダー等を経て, 2013年から現職. 現在のおもな研究テーマは, 「高次高周波によるアト秒科学」.

Chap 1 フロントランナーに聞く

強い光が分子にもたらすブレークスルー

強い光の場の下では，分子が空間的に配列したり，分子構造が大きく変形したりする．さらには，化学結合の組み換えを誘起させたり，切断過程を制御することもできる．このような分子系の動的挙動に関する研究は，強光子場の科学とよばれる．この分野の3人のフロントランナー，大森賢治先生，河野裕彦先生，緑川克美先生にお集まりいただき，強光子場の化学をとりまく現状，日本と世界の動向，そして今後の展望を語っていただいた．

❶ 強光子場の化学の研究背景・今日的意義

ここ数年でようやく物理と化学で活用されるようになった

山内 強光子場の科学における分子に関する研究展開は，世界的に見ても日本人研究者が大きく貢献しています．1997年ごろからCRESTのプロジェクトが始まりましたが，それ以前から河野先生は強光子場の理論を，緑川先生は高強度レーザーの研究をされていました．

緑川 まずStricklandとMourouが1985年にチャープパルス増幅を発表しています．そして1991年にカーレンズモード同期チタンサファイアレーザーの論文が出て，発振器が安定になり誰でもフェムト秒のレーザーパルスが使えるようになりました．それまでの色素レーザーより3桁ぐらいパワーが上がり，それにチャープパルス増幅法を組み合わせることにより，1993年ごろには多くの研究室で超短パルスの高強度レーザーが使えるようになりました．

大森 スペクトラ・フィジックス社がフェムト秒レーザーを最初に売りだしたのもそのころですか．

緑川 はい．あれで化学者や物理学者が強光子場を使って実験できるようになりました．

山内 私が最初に導入したものはBMI社のシステムでした．それは，1996年のことで，強光子場を生成するために出力の高いフェムト秒レーザーシステムを導入しました．パルス幅は100フェムト秒（以下fs）程度でした．

緑川 強光子場科学の道具がそろってきた時代でしたね．

山内 その後，この研究分野では，より短いレーザーパルスを使う実験のほうに重心が移っていきました．いま普通は30 fsぐらいでしょうか．私の研究室でもそうですが，多くの研究室では，パルス圧縮を行ってサブテンフェムト秒（sub 10 fs）のパルスを発生させて使っているのではないかと思います．

大森 研究室では，サブテンフェムト秒レーザーの発振器を利用しています．

山内 2000年ごろから，数サイクルレーザーパルスの発生が可能になり，さらに応用の範囲が広がってきたように思います．

緑川 そしてタイミングよくキャリアエンベロープフェーズ（carrier envelope phase；CEP）を固定したり，制御したりするという課題がでてきたわけです．

山内 同時に，アト秒シングルパルスの話も出てきました．高強度数サイクルパルスによって，シングルアト秒を出す話と，それまでの高次高調波ベー

●司会　山内　薫
（やまのうち　かおる）

東京大学大学院理学系研究科教授．専門は強光子場科学，レーザー分光学，化学反応動力学．

- アト秒パルス
  ⇒ p.162 参照.

- アト秒パルス列
  ⇒ p.162 参照.

- 高次高調波発生
  ⇒ p.162 参照.

スでアト秒のパルス列を出す実験も相まって,アト秒領域の実験研究が始まったわけです.

緑川 その後,超短パルスレーザーのパルス幅は,2001年から10年かけて,650アト秒が67アト秒へと1桁も短くなりました.2010年ぐらいになって,化学の分野を例にとれば,分子内の電子が光の場に応答して,どのくらいの時間で局在化するかを調べるための実験ができるようになりました.

山内 ここ数年で,超短パルスレーザーが物理学,化学,生物学のさまざまな分野で活用されるようになっています.

緑川 レーザー技術は,いまや究極まで進んできていて,光シンセサイザーのように,どんな波形でもつくれるようになりました.近赤外から可視領域では,ある程度ハイパワーで,単サイクルで使えるところまできています.

山内 それでも,「もっとパルス幅を短く」,「もっとハイパワーを」という要望もあります.

緑川 そうですね.アト秒発生においても,高次高調波発生においても,メガヘルツ級の高繰り返しで,かつパルス幅が短く強度の高いレーザーに対する要望があります.

山内 メガヘルツ級で,かつ,ある程度強いパルスレーザーと,繰り返し周波数は低いが非常に強い出力を出すことのできるレーザーが重要になっていくのだろうと思います.

2 理論の立場からの研究展開

実験事実を説明できるような新しい理論を化学の世界で考えてみたい

山内 河野先生は理論の立場から,以前から強光子場下での分子のダイナミクスについて先端的な研究をしておられ,実験研究の指針を示してこられました.

河野 強い光の場での理論としては,トンネルイオン化の概念をKeldyshが出したのが1964年でした.当時のレーザー光源を考えると,かなり特異な理論で,まだ実験のコミュニティーとうまく融合できていない頃でしょう.その後,1990年ごろ,藤村勇一先生(東北大学)らが局所最適制御理論と分子の多光子解離への応用を提案され,強光子場の理論がだんだん化学の分野へ入ってきました.そして,少しサイズの大きな分子の光子解離過程についても,時間依存密度汎関数法などの枠組みを使って,研究が進められるようになってきています.

山内 少し前になりますが,たとえばエタノール分子内のC–C結合とC–O結合の選択的な解離の実験では,強光子場をつくるレーザーパルスの幅を長くすることによって,C–O結合の解離の割合を増やすことできることがわかりました.それを,河野先生はレーザー場によって誘起された断熱ポテンシャル面の交差という概念で説明

- トンネルイオン
  ⇒ p.164 参照.

されました．これは強光子場によって分子の光ドレスト状態を生成して，それを反応制御に利用するということになるかと思います．

河野 それは，普通の断熱ポテンシャルに時間という概念を入れて，その断熱ポテンシャルが光電場とともに動くというものです．ゆっくりとした電場強度の変化に対応して，断熱ポテンシャル面どうしが交差し，その交差に伴って分布の乗り移りが起こるのです．その乗り移りによって，C−C 結合や C−O 結合の切断の効率が変わるというものです．

山内 確かに河野先生の理論によって，実験結果をわかりやすく説明することができました．結局，結合の切断などの化学反応過程を制御するためには，100 fs〜1 ピコ秒 (以下 ps) 程度のある程度長い時間，分子をレーザー場と相互作用させることが有効です．アト秒パルスや数サイクルパルス (few-cycle pulses) ですと分子内の核間距離がほとんど変わらないうちに一瞬で励起状態が生成しますので，その後の過程は，単分子反応 (unimolecular reaction) 過程となります．数サイクルの強光子場によって分子を励起すると，弱い光では励起できないような特異な励起状態に分子を一瞬で励起することができますので，その後の unimolecular reaction processes はたいへん面白いことがわかってきました．化学としては，どちらの方向に強光子場を活用していくのがよいでしょう．つまり，光によってポテンシャル面の形状を操作し，反応を制御するのか，あるいは，特異な励起状態に分子を生成するという方向なのか．

河野 光によってポテンシャル面を操作する場合，光誘起の非断熱交差をポテンシャル面のどの領域にもってくるかを制御できれば，反応全体をうまく支配することができるのです．これは，おそらく小さな分子についてしかできないように思いますが，今後はそのような指針に基づいた研究も行われていくと思います．

山内 われわれがいま，面白いと思っている現象に分子内水素マイグレーションがあります．これは，たとえば炭化水素分子を高強度超短パルスで励起すると，分子内で水素原子が大規模に動く水素マイグレーションが起こります．なかでも，二つ以上の水素原子が同時に移動し，互いに混ざり合うように動く水素原子スクランブリング (scrambling) とよばれる現象は興味深いものです．超短パルス強光子場によって，このような特殊な励起状態が生成することが実験的にはわかってきたのですが，理論の展開は，今後どのような方向へ向かうのでしょう．

河野 これまでは，最初の励起状態生成における電子ダイナミクスを考える場合，Single-active-electron モデル (SAE モデル) という，一つの電子あるいは，その電子が占有する軌道が光の場から連続的にエネルギーを受け取ってイオン化に至るというモデルが中心でした．いま話題になっているのは，

いわゆる多電子のダイナミクスです．つまり，二つ以上の電子を取り扱うための新しい手法が開発されつつあり，この多電子ダイナミクスを記述することができるようになってきました．

山内 実際には，多電子が絡むのが当然のことですね．

河野 その通りです．確かに，半定量的なところまでは，SAE モデルで説明できる部分も多いのですが，最近の実験で，とくに C_{60} のような大きな分子では，SAE モデルでは説明できない現象がでてきています．おおよそは SAE モデルで説明し，細かい議論については多電子ダイナミクスを考慮に入れて説明していくという方向になると思いますが，多電子ダイナミクスを記述するのはなかなか難しい問題です．

山内 比較的小さな分子系であれば，強光子場下での多電子ダイナミクスを理論的に取り扱うことも可能であると思われますが．

河野 その通りです．われわれが使っている時間依存断熱状態法は，もちろん電子状態に関しては配位間相互作用を入れているわけですが，この場合，イオン化のところが厳密には取り扱えないという問題があります．つまり，電子の連続状態にどのように取り扱うかという点が，いろいろと技法はあるものの難しいのです．これまで，電子にフォーカスした手法と，原子核の動きにフォーカスした手法という二つの流れがありました．この二つは不可分なので，何とかこれらを統合したアプローチで取り組みたいと思っています．

山内 電子が放出される過程，つまり，イオン化の過程をより正確に扱うということが重要なのですね．

河野 そうです．たとえば，H_2 のように小さい分子の場合には，電子が飛び出していく際に，プロトンと電子がどの程度エネルギーをやり取りしているが実験的にも得られる情報ですので，それを正確に説明できる新しい理論などが必要だと思っています．

山内 H_2 の場合では，化学結合は一つしかないので単純ですが，多原子系に応用できるかという点も重要ですね．

河野 そうです．H_2 分子を超えて，多原子分子を取り扱うために核となる理論をつくっていけるかということも課題になるでしょう．

山内 理論分野でも，これからすべきことがたくさんありますね．

3 アト秒の世界を切り開く

位相のずれを見ようとすると，アト秒の精度が必要になる

山内 大森先生はレーザーのパルスとパルスの位相を含めた相対的な時間間隔をアト秒の精度で決めて，分子のなかに情報を埋め込んだり読み出したりする研究をしてこられました．アト秒の精度でものを見たらどうなるかについて，大森先生が開拓的に研究されてきました．

大森 情報処理を分子や原子の電子遷移に絡めて研究しようということで始めました．超短パルス光で電子励起を行った場合，その後の化学反応の行方は，核が動き始めるときまでには，ある程度決まってしまっています．つまり，核が動き始める前に電子が動いていて，電子に引っ張られて電場ができ

るから核が動くと考えられます．その意味では，情報処理だけでなく化学反応の研究においても，光によって電子系に与えられたコヒーレンスを追跡していくことが大事だと思います．

山内 電子の集団の動きを観測して制御するという方向でしょうか．

大森 はい．これまではある程度外的環境から隔離された孤立した量子系の研究がおもに行われてきましたが，高い時間分解能で物質系を観測する手法は，多粒子が相互作用しているような複雑な系のコヒーレンスを見るのに役に立つのではないかと．

山内 最初に与えられた位相情報がどう緩和していくかということでしょうか．

大森 どのように位相がずれていくかということです．

山内 そのときに，孤立系だと現在に戻ってくる．

大森 そうです．基本的には永遠に続きます．しかし，重力も影響を与えます．

山内 最初に電子系に与えられたコヒーレンスは時間がたつと，電子系だけなら，比較的早い時期に戻ってくるのかもしれません．他の核がいくつか並んでいるから，核が動き出したときには，その核まで含めたコヒーレンスを考える必要がでてくる．結局，電子系だけで見ていたコヒーレンスは，位相緩和していたように見えるのですね．それがまた戻ってくるのか，あるいは消えてしまうのかということですね．たとえば多原子分子系だと，それがきわめて短い時間で消えてしまう場合がある．

大森 そのときに，その過程をアト秒の精度で追いかけるのが重要でしょう．

山内 不可逆な過程を予測するのに，そのコヒーレンスがどう消えていくかを見れば，その過程を調べることができるということですか．

大森 そのアプローチがよいと思います．たとえばコヒーレンスの減衰を測るということになります．この場合，時間計測の精度が多少低くても干渉フリンジの振幅が測れればいい．ただし，より精密に測るために位相がどのようにずれていくかを見ようとすると，アト秒の精度が必要になります．

山内 孤立系だけでなく，バルクの系での面白さがあるということですか．

大森 はい．私の知っているヨーロッパの若手で優秀な量子力学の理論家は，無秩序な不均一系での量子コヒーレンス，あるいはその量子性に非常に興味をもっています．不均一さが量子性とどのようにカップルしていくのかが，現実世界での多粒子系の機能性，あるいはその変化の方向性などに結びついているはずなので，それも理解したいのです．

山内 それを理解するために，アト秒パルスによる計測が今後役に立つということですね．

大森 役に立つと思いますね．そのような無秩序で不均一で強相関の系では緩和がきわめて速いので，その速いところを観測したい．

山内 本当に速いので，50アト秒くらいで消えてしまうのではないですか．

大森 残念ながら，50アト秒で消えて

しまうと観測できません．時間分解能の限界もあるのですが，そのようなところを量子力学的な視点から理解しようとするときには，数フェムト秒程度のタイムスケールでの観測と制御が必要になります．たとえば，液体中で電子の波束を生成すると，10 fs ぐらいコヒーレンスが続くことが知られていますが，その 10 fs で起きている電子のダイナミクスが，その後に起こる化学反応の行方を決める要素になっているはずなのです．

山内 化学反応においては，初期に核がどのように動くかが重要で，その核の動きとしては，それは当然，10 fs から 100 fs の間が勝負ですから，電子のコヒーレンスが 10 fs 続いてくれれば，後の化学反応過程に十分影響を及ぼすでしょうね．

大森 そうです．リアルで無秩序な多体系で，平均場近似を超えて起きているような多体現象のダイナミクスを見るためには，10 fs 以下の精度で時間変化を計測する技術が必要不可欠になるというわけです．

山内 それは，超短パルスレーザーを用いた計測として重要な応用ですね．

大森 ええ．将来的に注力すべき分野だと思っています．

4 強光子場における研究の醍醐味
新しい化学のフロンティアへ

山内 強光子場の科学やアト秒の科学は，昔から存在した分野というわけではありません．すでに存在している研究分野で，そのなかのテーマをより深く研究するというのも，もちろん重要なアプローチですが，強光子場の科学の分野は，超短パルスレーザー技術の発展や光の場と分子系を扱う新しい理論研究，さまざまな先端的計測手法の開発に基づく実験成果が組み合わさって発展している学際的な分野，つまり，学問領域そのものが生成し拡大している分野であると思います．

大森 そういう意味では，まだ始まったばかりと言えます．理論手法にしても，実験的な技術にしても，段々に積み上げられてきて，ようやく完成しつつある．ここからどういうサイエンスに応用していくかという，一番面白いところなのではないかと思います．

山内 そうですね．非常に面白いフェーズに入ってきています．物理学分野にまたがる学際的な領域です．展開としては，分子を扱う化学の分野の発展が推進力になっているのでは．

大森 私も化学出身ですが，いま一緒に仕事をしているのは，ほとんどがヨーロッパの量子力学の若手理論家です．一部の先進的な量子力学の研究者はこの分野に非常に興味をもっています．

山内 分子系は，物理学分野の研究者にとっても関心を引き付けるものに

なっているのですね．

河野 化学反応も同様です．

大森 物理学分野では時間発展を見るという観点があまり強くなかったように思いますが，近年，動的な過程にも関心が高まっているので，共同研究を推進するよい機会でしょう．

山内 化学としての面白い方向として，組み替え反応や，解離反応のポテンシャル曲面を光によってコントロールできるかという方向がありますが，これは学際的な関心を集めることができる方向であると思います．

河野 いままでフラーレンの解離やシミュレーションをやっていました．フラーレンはかなり頑強な分子で，なかなか壊れない．ところがフラーレンにヒドロキシ基をつけておくと，非常に高温になって壊れるが，ばらばらにはならず，ナノフレークとよばれるシート状になる．そして，そのシートがもう1度組み合わさって，より大きなフラーレンになったり，ナノチューブになったりと，さまざまなパターンに変化していく．

山内 温度を上げることが重要なのですね．

河野 はい．対応する実験がすでに報告されており，近赤外光で温度を上げています．いまは，とにかく光を照射しているだけの実験ですので，いろいろなものが生成します．強光子場の生成技術や波形整形技術を活用すれば，フラーレン誘導体を原料として特定の分子をより効率的につくることができるかもしれません．

大森 そういう現象は，電子励起に伴う超高速現象がどのように効いているのかは，なかなかわからないのでは．

河野 ええ．温度を2500 K ぐらいにする簡単なシミュレーションでは，ヒドロキシ基のついたフラーレンは，5 ps ぐらいでパカッと割れて，脱水が始まります．OH 基は 24 個ぐらいついています．そのため，接近した OH 基同士から水分子が抜ける脱水が始まり，さらに CO が脱離します．そして赤道に切れ目が入ったようになり，次第に C−C 結合が切れて割れる．OH がついている基板がフラーレン C_{60} だと，OH 基に先に入ったエネルギーが下地である C_{60} の結合まで壊していくのです．ただし，C_{60} はシート状のカーボンナノフレークになるだけで，ばらばらになるわけではない．

大森 そのような反応が進む前に，より早い段階で電子運動が起こっているはずなので，こうした現象を解明するには，やはり速いところを見なければならないでしょう．

河野 そうですね．たぶん，OH 基の電子の動きが最初であると思います．

大森 それがほかの電子とどう相関して，ダイナミクスに発展していくかは，まさに「速いところで見るといい」現象です．

山内 初期の励起電子のキャラクタリゼーションをいかに行うかは面白いテーマであると思います．

河野 これは電子的な励起の問題なのですが，水素原子 H が入っていること

が重要です．Hは室温でも比較的大きな振幅で動いています．要するに，反応する機会を高い確率で窺っているのです．そういうところに光が照射されると，電子的な励起が起こると同時に化学反応が誘起されるというわけです．

大森 それはすごく面白い系ですね．フラーレンの周りで水素原子が集団運動しているわけでしょう．

河野 フラーレンの周りというか，フラーレンの球面上でその面からは離れないように運動しているのです．

山内 照射された光はOH基の振動を誘起するのですね．

河野 そうです．OH基が光吸収のアンテナのような役割をしているのではないかと推測しています．

山内 そのエネルギーを吸収して，それが分子内振動エネルギー再分配（intramolecular vibrational energy redistribution；IVR）過程によってエネルギー移動が起こり，アンテナから骨格に熱が移動するということですね．それは面白いプロセスですね．

大森 しかし，最初に起こっているのは，たぶんかなり速い現象で，最初はおそらくOH基どうしが強相関になってしまうのではないでしょうか．

河野 そうです．OH基どうしが動いて，うまく水として抜けるチャンスを得た部分が，抜けていって，そこから骨格のC–C結合の切断が始まる．

大森 その前に，電子のいずれかが電場で動いて，それによって強相関の相互作用ができているのではないですか．

河野 アト秒でわれわれが見ようとしているのが，その部分なのです．最初のOH基のところで励起が起こり，そこから電子の集団としてどのように電荷が移動していくか，そして，それが最終的に分子の構造をどのように変えていくかを議論することになります．

大森 最初，ある電子が相互作用で強相関をつくり，そこから何が起こるかということでしょうか．強相関は固体材料に限ったものではなく，いろいろな化学現象の初期過程においてもたいへん重要です．

山内 少し大きめの，巨大分子のような系も，コヒーレンスがどう失われていくかという過程を見るには実は適しているということですね．これは非常に面白いですね．

5 強光子場研究の今後の展望

分子分光学と構造化学への新しいチャレンジ

山内 緑川先生は，アト秒のフリンジ分解計測法によってさまざまに研究を展開しておられます．アト秒のパルスが単に短いということではなく，アト秒パルス列から分子の周波数領域の情報を抽出し，分子分光学分野の新しいかたちを示されていると思います．

緑川 化学の場合に必要となるのは，それ程短い波長の光ではなく，光子のエネルギーでいうと，せいぜい数十eVです．この波長で，たとえば100アト秒のパルスの場合，それ自身で20 eVぐらいのバンド幅をもっていますので，そのようなアト秒パルスを分子に照射すると分子の多数の電子状態の吸収バンドを同時に励起してしまうため，周波数領域での情報は得ることが難しくなってしまう．そこで，二つのアト秒の

パルス列を，遅延時間をつけて分子に照射して得られる時間領域のデータをフーリエ変換することで，周波数領域の精度の高い情報を得るという技術を開発しました．つまりエネルギー分解能と時間分解能を高い精度で同時に満たす計測が可能になるわけです．これは，アト秒パルスの発生技術とフーリエ分光測定の技術をうまく組み合わせた方法です．また，原子や分子を用いた高次高調波の発生自体も原子や分子の波動関数の情報をサブフェムト秒の時間分解能で観測する手法となっています．

山内 高次高調波を発生する際に，再散乱電子によって，もとの分子の電子波動関数が見えるのかどうかは，それほど明らかなことではないように思います．

緑川 高調波のモデルはどんどん複雑になっていますが，強光子場の下でトンネルイオン化した電子の一部は，再散乱電子として戻ってくる場合には，基本的には平面波として戻ってくると近似しています．

山内 そうすると，再散乱電子は電子が1つ不足している正の分子イオンを見ていることになる．

大森 それがよい近似として，どこまで使えるのでしょうか．

緑川 第一近似としては1電子だけに着目して考えていますが（SAEモデル），少し分子が複雑になると，1電子近似

は成り立たなくなりますし，平面波近似が正しいかという問題が出てくる．

山内 再散乱過程は面白い過程なのですが，そこから何か分子の形を出そうとするとなかなか難しいのでは．分子の構造を決めるのであれば，通常の電子回折のように電子パルスを外から入れて，回折パターンを観測するという手法があります．その際に，時間分解計測をする場合には，分子が電子線に散乱されている最中にパルスレーザー光を照射して光学ゲートとしてレーザーアシステッド電子回折[*1]を行うのがよいように思います．

河野 電気通信大学の森下先生[*2]は，1電子の範囲ではかなり厳密な再散乱の理論をつくられています．それを多電子系である分子にどこまで応用できるかについてはこれからのチャレンジングな課題ですね．

*1 Part IIの11章参照．
*2 Part IIの8章参照．

● **分子イオン**
⇒ p.164 参照．

● **レーザーアシステッド電子回析**
⇒ p.165 参照．

6 高輝度レーザー光源開発の世界的動向

レーザー技術で電子加速やX線発生を目指す

山内 超高強度レーザーの開発は，今後どのような展開になるのでしょうか．ヨーロッパでは，イーライ（Extreme Light Infrastructure；ELI）のプロジェクトとして，高強度レーザーの施設を建設しています．

緑川 いま，ハンガリーとルーマニアとチェコでその建設が進んでいます．ハンガリーのELIは真空紫外から軟X線領域のアト秒パルスのレーザーをキ

ロヘルツの繰返しで発生させるというもので，ルーマニアでは700 MeV以上の電子ビームに10 PWのレーザーを照射して強いガンマ線を発生させ，そのガンマ線を核物理の研究に応用します．チェコではおもにレーザー加速などを研究するようです．

山内 レーザー加速の研究は，他の地域でも進められているのではないかと思いますが．

緑川 いま，一番進んでいるのは，アメリカのLBNL（Lawrence Berkeley National Laboratory）のグループで，10 cm程度の長さで4 GeVの電子加速を達成しているとのことです．加速に必要となる距離は短いですが，それに用いるレーザーが巨大です．そして，より問題なのは効率です．通常の加速器では電気を高周波に変える効率は50％ぐらいですが，PW級の高強度フェムト秒レーザー光の発生効率は1％も行かず，0.1％くらいです．通常の加速器並みの出力で電子加速を達成しようとしたら，現状の100倍ぐらいレーザーの効率を上げる必要があります．

大森 電気エネルギーが光になるところで，だいぶエネルギーをロスしているのですね．

山内 なかなか厳しいですね．一方，X線自由電子レーザー（X-ray free electron laser；XFEL）はX線領域では強い光を出す光源として注目されてきました．今後は，気体をはじめさまざまな物質のX線回折像を時間分解で計測する方向で研究が進むのでしょうか．

緑川 そうでしょうね．

山内 XFELを用いると，X線や軟X線の領域の強い光が発生するため，その強い短波長領域の光で，多光子吸収やそれに伴う多価イオン化などの非線形光学過程が観測されています．

緑川 その通りですが，X線領域でのはじめての観測であるということにはなりますが，何かX線領域に特徴的な非線形光学現象の発現に期待しています．一方，今までX線領域の光源が弱いために，長時間光を照射し続ける必要がある場合で，その観測の時間内に固体試料が溶けてしまったりするときは，XFEL光のシングルショット計測が非常に役立つものと思います．つまり，一発のXFELパルスで，固体試料がダメージを受ける前に回折像を観測してしまうのです．この一発計測は，マイクロクラスターや結晶化が難しい生体分子の場合にも有効です．

山内 確かに，その方向での応用は将来有望ですね．

緑川 日本のXFELであるSACLAはシングルショット計測に適した強力な光源です．このような線形加速器コヒーレント光源（Linac Coherent Light Source；LCLS）はパルスあたりの光強度を高くできることが特徴ですが，アメリカやヨーロッパでは，超伝導加速器を用いたメガヘルツ級の高繰り返し周波数のものが次世代のXFELとして建設されつつあります．いわゆるポンプ・プローブ測定によって試料の動的な過程を観測することを目指しています．

● **自由電子レーザー**
⇒ p. 163 参照．

山内　あまり強度が高くなくてもよいのであれば，XFELでなくてシンクロトロン放射光を光源として実験を行ってもよいかと思いますが．

緑川　しかし，シンクロトロン放射光では，光のパルス幅は短くても数十ピコ秒程度ですので，それより短い時間領域で起こる動的な現象の観測は難しくなります．

大森　XFEL光を用いれば超短パルスレーザーではできないことができるのですか．

緑川　確かに強度ではXFELが遙かに上回っていますが，パルス幅に関してはレーザーによる高次高調が優れているのが現状です．

7 若い人に向けて

とくに若い人はチャレンジをしてほしい

山内　強光子場の科学は，その分野そのものが学際的で，新しく発展してきた分野ですが，その研究展開のなかから，さらにアト秒科学の分野が生まれ発展しています．新分野の開拓は，このように次々とさらに新たな研究分野の発展を誘起するものであると思います．次世代の若者たちが，いままでの自分がやってきたことをそのままやろうとするのではなく，新しいことにチャレンジしてほしいと思っています．われわれは，それをサポートしていきたいですね．

大森　私の研究室には，若手の助教が4人いますが，4人とも量子光学の分野のトップクラスの人材です．異なったバックグラウンドをもった研究者が，われわれの学際的な分野で研究を進め，互いに議論を深め研究をともに進めています．

山内　互いに影響しあえることは楽しいし，重要ですね．

大森　そうです．最初はうまくいかないで失敗するかもしれませんが，それはそれで貴重な経験です．

山内　失敗しても，その次の発展のためには役立つものです．

緑川　私が大学院生のときは，たくさん実験をしましたが，同時に，失敗もたくさんしました．その度にいろいろと調べるので，多くを身につけることができました．先生にいわれたとおりにやって成功したものだと，単に仕事をしたというだけで，学ぶことが少ないように思います．その意味で，若い人は失敗を恐れずにチャレンジしてほしいと思います．それを通じて学べるわけですから．

山内　そうですね．新しいことにチャレンジするということが重要ですね．この強光子場の科学の分野は比較的新しい分野で，チャレンジすべきフロンティアがたくさんあります．われわれは，多くの若手研究者がチャレンジ精神をもって，そのフロンティアを開拓してほしいと思っています．今日は長時間ありがとうございました．たいへん充実した1日でした．

Chap 2
Basic Concept
強光子場・アト秒科学の基礎と歴史

沖野友哉・山内薫
（理化学研究所）（東京大学大学院理学系研究科）

強光子場科学の基礎と歴史

強光子場科学とは，「光を物質に照射するとき，光の強度がきわめて大きいときには，物質はどのように応答するか？」について研究する学問分野である．光を照射すると物質は光を吸収するとともに光を放出する．ところが光が強くなると，多光子吸収が起こるため，物質の光吸収の確率は光の強度に比例しなくなる．Einstein は，1905 年に光の量子性とともに多光子吸収過程について述べており，これが多光子過程についてのはじめての言及であるとされている．また，1931 年に Göppert-Mayer によって，原子において多光子過程が誘起される可能性が報告された．

図1に示すように，多光子過程は，（a）多光子励起，多光子脱励起，（b）多光子イオン化，（c）高次高調波発生，および（d）レーザーアシステッド電子散乱，に分類される．多光子過程を引き起こすために必要な光子場の強度は波長 800 nm の場合，10^8 W/cm^2 程度である．これは，ピーク値の高いフェムト秒レーザーを用いれば容易に達成できる強度であり，現在では，フェムト秒レーザーの発振器の出力を用いても到達可能な強度である．

強光子場は，光を小さい空間と短い時間に集めることで生成できる．強光子場を生成するために欠かせないツールが「高強度の超短パルスレーザー」である．1917 年に Einstein が誘導放出について予言し，1954 年に Townes, Schawlow がレーザーの元となるメーザーを発明し，1960 年に Maiman が固体ルビーレーザーを発明した．多光子イオン化過程が観測されたのは，レーザーの発明から 3 年後の 1963 年である．Damon, Tomlinson らは，ルビーレーザーを用いてヘリウム原子，アルゴン原子および空気の多光子イオン化（multiphoton ionization）に成功した．その後，フランスの Saclay のグループを中心に，原子の多光子イオン化速度が I^n（I：レーザー場強度，n：光子数）に比例して観測され，最低次摂動論で説明できると示した．

高エネルギー分解能の光電子分光器の開発により，1979 年に Agostini らは必要以上の数の光子を吸収してイオン化する過程である超閾イオン化（above-threshold ionization）の観測に成功した．レーザー場強度が強くなるにつれて，レーザー電場が実効的なイオン化ポテンシャルを引き上げ，ATI のピーク位置が低エネルギー側にシフトし，ピークが消失するチャンネル閉鎖（channel closing）とよばれる現象についても観測されるようになった．

さらにレーザー場強度が強くなり，10^{14}〜10^{15} W/cm^2 となると，レーザー場強度が原子分子内のクーロン電場に匹敵する強度となるため，レーザー電場によりクーロンポテンシャルが大きく歪められ，クーロンポテンシャルの障壁を電子が透過するトンネルイオン化（tunnel ionization）とよばれる現象が引き起こされるようになる．なお，トンネルイオン化〔図2（a）〕の概念は，1964 年 Keldysh によって提唱された．トンネルイオン化速度については，Ammosov, Delone, Krainov らによる ADK モデルによって説明され，電場強度に対して指数関数で依存する．トンネルイオン化は，1980 年代中ごろに Chin らによって CO_2 レーザーを用いて観測されたのがはじめてである．

1980 年代に入り，強光子場を生成し，多光子イオン化およびトンネルイオン化が観測されるようになったものの，実験室で容易に強光子場を生成する

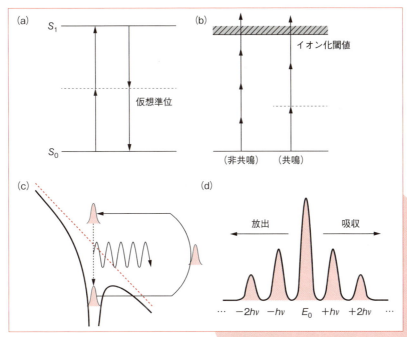

図1　多光子吸収過程の分類

(a) **多光子励起**：原子および分子の電子励起状態を生成するために有効な方法である。1光子吸収の場合と遷移選択則が異なるため、多光子励起では、1光子遷移では励起が難しい電子励起状態への励起が可能である。
多光子脱励起：原子・分子が励起状態から自然放出もしくは誘導放出によって複数個の光子を放出し、低いエネルギー状態に遷移する。

(b) **多光子イオン化**：原子・分子がレーザーパルスのパルス幅内で、複数個の光子を吸収し、イオン化ポテンシャルを超えることで誘起されるイオン化。光の波長が、電子励起状態と一致する場合、遷移確率が著しく増大し、共鳴多光子イオン化が誘起される。

(c) **高次高調波発生**：原子および分子のもつ双極子が強光子場によって擾乱を受けた結果として放出される高エネルギーの短波長光。空間対象性から奇数次の高調波のみが発生する。

(d) **レーザーアシステッド電子散乱**：強光子場下にさらされた原子によって散乱された電子は、n 光子分のエネルギーの吸収や放出が可能となる。

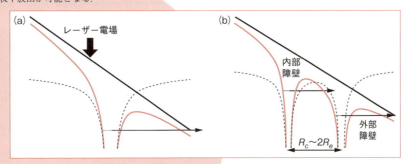

図2　トンネルイオン化：原子(a)と分子(b)

(a) レーザー場強度が強くなり、$10^{14} \sim 10^{15}\,\mathrm{W/cm^2}$ となると、レーザー場強度が原子内のクーロン電場に匹敵する強度となるため、レーザー電場によりクーロンポテンシャルが大きく歪められ、クーロンポテンシャルの障壁を電子が透過する。破線はレーザー電場存在しない場合の原子のポテンシャルを表す。一方、太線はレーザー電場によって歪められた原子のポテンシャルを表す。

(b) 分子の場合のトンネルイオン化確率は核間距離に依存し、特定の核間距離 R_c で最大値をとる。トンネルイオン化確率が最大となる核間距離は $R_c \sim 2R_e$（R_e：平衡核間距離）となることが、分子内のそれぞれの核に中心をもつ電子ポテンシャルを用いて説明される。

には，さらなるレーザー技術の進展が必要であった．1980年に衝突パルスモード同期法が発明され，フェムト秒（1 fs = 10^{-15} s）のパルス幅をもつレーザー出力が得られるようになった．1985年にStricklandとMourouらによって，チャープパルス増幅法（chirped pulse amplification；CPA）が発明された．CPA法では，レーザー媒質および光学素子にダメージが入らないようにレーザー発振器の出力パルス幅を伸長させ，ピーク強度を1000分の1以下に下げたのち，増幅器で出力を増幅したものを圧縮器で圧縮すると，フーリエ限界に近い高強度フェムト秒パルスが得られる．また，1991年にはカーレンズ効果を用いたモード同期法も開発され，10 fsを切るような広帯域極短パルスの発生が可能となった．1990年代後半には低ノイズの半導体励起レーザーが開発され，高安定なフェムト秒パルスが発生できるようになった．さらに，2000年には搬送波包絡線位相（carrier envelope phase；CEP）の制御（図3）も可能となり，強光子場科学およびアト秒科学のため要素技術が整った．

レーザー場強度が強くなるにつれて強光子場中に置かれた分子では，分子整列・配向，構造変形，多重イオン化，クーロン爆発など，さまざまな現象が起こる（図4）．レーザー場強度が10^{14}〜10^{15} W/cm^{2}となると，レーザー電場強度は分子内のクーロン場強度と同程度となる．この状況下では，分子内のポテンシャルは大きく歪められる．このとき形成されるポテンシャルは，「分子と光が混ざった状態」であり，光ドレストポテンシャル（light dressed potential）とよばれる．光ドレストポテンシャルによる反発交差（avoid crossing）を考えると，強光子場特有の解離過程である結合軟化（bond softening）解離過程が説明できる．また，このレーザー場強度においては，原子の場合のATIに対応する超閾解離（above-threshold dissociation；ATD）が誘起される．さらに，分子の場合にも原子と同様，トンネルイオン化が起こる．分子の場合のトンネルイオン化は，電子の多中心ポテンシャルのレーザー電場による時間変化を考えることによって説明できる．このとき，イオン化確率は核間距離に依存し，特定の核間距離R_cで最大値をとる．イオン化確率が最大となる核間距離は$R_c \sim 2R_e$（R_e：平衡核間距離）となる〔図2（b）〕．強光子場中に置かれた多原子分子では，レーザー場と分子との相互作用によって電子状態が混ざり合い，ポテンシャルの形状が変化する．そのため，分子の幾何学的構造が変化したり，また，結合性ポテンシャルが解離性ポテンシャルと混ざり合い，結合性が強くなったり，解離性が強くなったりする．そのため，レーザー場の強度や波長などを変化させて，分子の解離過程を制御することが可能である．

強光子場中では，分子は大きく擾乱を受ける．とくに，最も軽い原子である水素原子は，電子の次に大きな擾乱を受ける．強光子場中では炭化水素分子において，分子内結合組み替えを伴う解離過程が誘起され，水素分子イオン（H$_2^+$およびH$_3^+$）が生成することが明らかとなった．また，レーザー電場内でプロトンが分子内を高速に移動することもわかっている．このとき，プロトンの移動方向が，分子骨格の解離過程に影響することについても明らかとなっている（図5，Part IIの5章，6章）．

このような，強光子場中におけるイオン化および解離のメカニズムを解明するためには，フラグメントイオンと光電子を同時計測する方法が有効である．1分子から生成するフラグメントイオンと光電子を同時計測すると，電子励起と解離の相関に関する情報が抽出できる（Part IIの4章）．

レーザーパルスの電場波形の整形することにより，分子励起過程を制御できる．フェムト秒パルスをスペクトルに分散後，空間位相変調器に透過させ，各スペクトルの振幅と位相を変調させる．その後，スペクトルを再結合すると，任意のレーザー電場波形が整形可能である．遺伝アルゴリズムを用いて所望のフラグメントイオンの量を最適化することが可能なレーザー電場波形が求められる（図6）．

強光子場中に分子をさらすと，レーザー電場による強い擾乱により多重イオン化が引き起こされる．生成した分子の多価イオンは，クーロン反発によりきわめて速い解離（クーロン爆発）が誘起される．このとき生成したフラグメントイオンの運動量は，クーロン爆発直前の分子構造を鋭敏に反映している．このことを利用し，ポンプ・プローブ法を組み合わせると，超高速反応ダイナミクスがわかる．このクーロン爆発イメージングにおいて鍵となるのは，（i）プローブ光のパルス幅，（ii）1分子からのフ

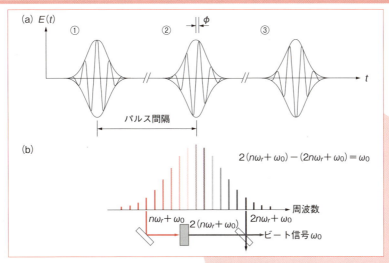

図3　搬送波包絡線位相とその制御

搬送波包絡線位相（CEP）とは，レーザー電場の包絡線のピークに対する，光学サイクルで電場強度が変化する搬送波のピークの相対的な位相（ϕ）である．
①：$\phi = 0$，②：$\phi = \pi/2$，③：$\phi = \pi$．レーザー電場のピーク強度は①と③が最大，②が最小となり，非線形過程は①と③の場合に誘起されやすくなる．
パルスごとのCEPは$f-2f$干渉計を用いて観測される．1オクターブにわたる広帯域スペクトルを発生後，基本波の短波長成分（$2n\omega_r + \omega_0$）と長波長部分の2倍波｛$2(n\omega_r + \omega_0)$｝のスペクトル干渉で得られるビート周波数（ω_0）を観測することによって，オフセット周波数を計測する．パルスごとのオフセット周波数が一定となるように，励起光の強度を変調し制御する．

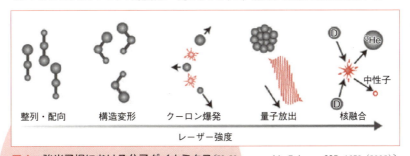

図4　強光子場における分子ダイナミクス〔K. Yamanouchi, *Science*, **295**, 1659（2002）〕．

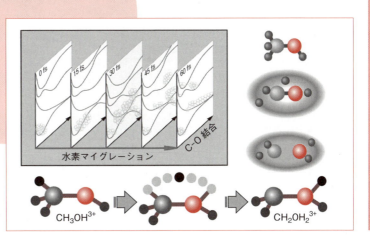

図5　強光子場中のメタノール分子における超高速分子内水素マイグレーション

コインシデンス運動量画像計測装置を用いることによって分子内のプロトン分布の可視化が可能．C—O結合が切れる前に，分子内でプロトン移動が誘起される．

ラグメントイオンをすべて同時検出し運動量を決定できる検出器である．（ⅰ）としては，核の運動の時間スケールよりも短いサブ10フェムト秒の近赤外強光子場およびアト秒パルスが適している．（ⅱ）には，位置敏感型検出器を用いたコインシデンス運動量画像計測装置が適している．

数ピコ秒からアト秒（1 as = 10^{-18} s）の時間分解能への展開，化学反応を時々刻々と追跡するためには，核位置の変化を記録することが最も直接的であると考えられる．核の位置を記録するための手法には電子線を用いた回折法が有効であり，パルス電子回折法を用いれば，「電子パルスの時間幅」で化学反応の実時間追跡が可能である．

しかしながら，気相の孤立分子を対象とする場合には，電子パルス内の電子同士の空間反発および光と電子の速度の違いのために，フェムト秒の時間分解能を実現することが難しい．したがって，これまでにパルス電子回折法で観測できたものは，大きな分子構造変化がゆっくりと起こるものに限られていた．一方，本書のPartⅡの11章で取り上げられるレーザーアシステッド電子散乱法では，時間分解能は電子パルスのパルス幅ではなく，「光のパルス幅」にて決定される．光と相互作用する時間においてのみ，電子がエネルギーを放出および吸収し，もともとは異なるエネルギーとなる．つまり，エネルギーアナライザーを通すと，エネルギー変化が起こった（光によってタグ付けされた）電子だけを選択的に取りだすことができるため，時々刻々と変化する分子構造を直接観測できる手法として期待されている．

2 アト秒科学の基礎と歴史

図7は，分子内の原子分子内の超高速現象とその時間スケールをまとめたものである．原子・分子内の電子の運動を調べるためには，フェムト秒の時間分解能では不十分である．たとえば，水素原子内の1s軌道電子の周回時間は約150 asであり，電子の波動関数を実時間観測するためには，少なくともこれよりも短いアト秒パルスを発生させなければならない．また，分子の電子基底状態の波動関数と電子励起状態の波動関数の重ね合わせ，すなわち電子波束がレーザー光照射に伴って生成したとすれば，電子波束の周期 $T = h/\Delta E$（h：プランク定数，ΔE：電子状態のエネルギー差）はアト秒領域となることがある．たとえば，$\Delta E \sim 10$ eVの場合，電子波束の周期は400 asとなる．また，アト秒パルスは原子および分子の複数の電子状態を同時に励起し，電子波束を生成することができるほか，多電子励起を誘起することが可能であるため，電子相関をはじめとする多電子励起分子ダイナミクスを調べるのに有用な光源である．アト秒パルスを用いることで，将来的には ① 分子内の電荷移動反応の実時間追跡，② 光合成の初期過程の解明，③ 光誘起磁性の制御および光とスピンの相互作用の解明，が可能になると考えられている．いずれの場合も，アト秒パルスを用いたポンプ・プローブ計測が必要であり，高強度かつ短パルスのアト秒パルスの発生が不可欠となる．

波長によって発生できる最短パルスは異なる．光学サイクル T は $T = \lambda/c$（λ：波長，c：光速）であるため，波長800 nmの光で発生できる最短パルスは約2.7 fsである．したがって，アト秒の光を発生させるためには，少なくとも3次高調波を必要とする（$T = 900$ as）．また，パルス幅の短いアト秒パルスを発生させるには，時間幅 Δt とエネルギー幅 ΔE の不確定性原理（$\Delta E \cdot \Delta t > \hbar$）からもわかる通り，広いスペクトル帯域にわたり位相を補償する必要がある．アト秒パルス発生と強光子場はきわめて強い結びつきがある．

アト秒パルスを発生させるためには，強光子場誘起のコヒーレント波長変換過程である高次高調波発生過程を用いる．高次高調波を発生させるためには，トンネルイオン化を利用する．高次高調波発生過程は古典的な電子運動のイメージで，3ステップモデルを用いて説明できる〔図8（a）〕．強光子場にさらされた原子および分子では，トンネルイオン化が誘起される．放出された電子はレーザー電場中で加速されるが，レーザー電場が交播電場であるため，半周期後には電場の向きが逆となり，電子は向きを変えてイオンコアに向けて加速されて戻ってくる．このとき，ある確率で元のイオンコアと結合し，レーザー電場から得た「運動エネルギー」と「原子・分子のイオン化ポテンシャル」の和に相当するエネルギーの光が高調波として放出される．高調波のエ

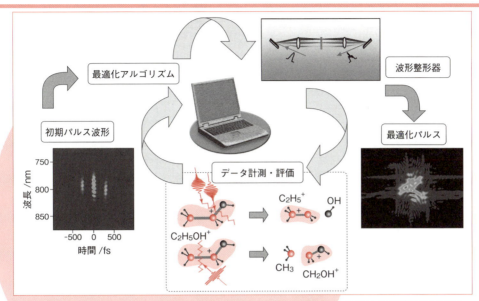

図6 フェムト秒レーザーパルスの電場波形整形による分子励起・化学結合解離過程の制御
液晶空間光変調器を組み込んだ波形整形器によって，エタノール分子のもつ2種類の化学結合(C—OとC—C)の結合解離比の最適制御が可能．初期パルス波形に対して，最適化アルゴリズムで得られた最適化パルスは複雑なレーザー電場波形となる．

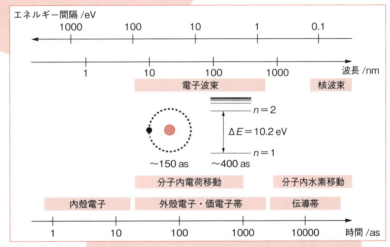

図7 時間スケールと分子内超高速現象
F. Krausz, M. Ivanov, *Rev. Mod. Phys.*, **81**, 163 (2009) を参考に作成．

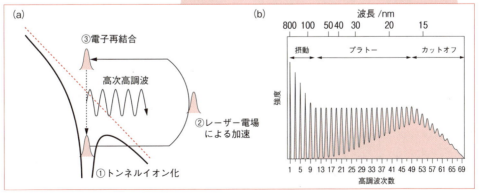

図8 高次高調波の発生原理(3ステップモデル)(a)と高次高調波スペクトルの模式図(b)

ネルギーは，基本波の数十倍のエネルギーにまで達し，真空紫外から軟X線領域の光となる．空間の対称性から，基本波の奇数倍の光子エネルギーをもつ高調波のみが発生する．

高調波の典型的なスペクトルは，図8(b)のようであり，(ⅰ)摂動領域(次数の増加とともに強度が指数関数的に減少する)，(ⅱ)プラトー領域(次数に対する強度の変化が平坦)，(ⅲ)カットオフ領域(次数の増加とともに強度が指数関数的に減少する)，に分類される．高次高調波のプラトー領域を選択すると「アト秒パルス列」が，「カットオフ領域」を選択すると「単一アト秒パルス」が発生可能である．

アト秒パルス列は，「複数本の高調波のフーリエ合成」で生成されるものと見なすことができる．基本波の半周期(波長800 nmの場合で1.33 fs)ごとにアト秒パルスが発生する．離散的なスペクトルをもつプラトー領域の高次高調波を選択することによって，アト秒パルス列が発生できる．一方，単一アト秒パルスは，「連続的なスペクトルを示すカットオフ領域の高次高調波」を選択すると発生できる．このとき，高次高調波の発生を1回に制御する必要がある．オーソドックスな方法は，CEP制御された2光学サイクル程度(～5 fs)の極短パルスを用いる方法である(図9，詳しくは実験装置紹介の項を参照)．

アト秒パルスが発生していることを証明するには，パルス光の時間構造を明らかにする必要があった．アト秒パルスのキャラクタリゼーションがはじめて報告されたのは2001年である．250 asのアト秒パルス列と650 asの単一アト秒パルスが計測された．超短パルスのキャラクタリゼーション法としては，自己相関法と相互相関法があり，アト秒パルスのキャラクタリゼーションも例外ではない．緑川らはルーズフォーカス方式を開発し，μJレベルの高次高調波発生を実現するとともに，高スループットの反射型空間分割干渉計を開発し，アト秒パルス列の自己相関計測を実現した(図10)．一方，単一アト秒パルスのパルス幅計測は，基本波を掃引パルスとして用いたFROGCRAB(Frequency-resolved optical gating for complete reconstruction of attosecond bursts)法などを用いて行われる．これまでに計測されている単一アト秒パルスの最短パルス幅は，Changらによる67 asである(図11)．

アト秒パルスを用いた応用研究は，Kr原子におけるオージェ過程(数fs)の寿命計測にはじまった．近年では，Ne原子からの光電子放出において，2p軌道からの光電子放出の方が2s軌道からの光電子放出より約20 as遅くなることが明らかにされている．アト秒精度で分子ダイナミクスを追跡する方法としては，アト秒内部クロックを用いる方法(Part Ⅱの8章，9章)がある．アト秒パルスを用いずにアト秒の時間分解能を実現するものであり，別に校正されたアト秒精度の時間ルーラーを用いる．これは，高次高調波を発生するレーザー光(波長800 nm)のサブサイクルダイナミクスを計測することに対応する．また，トンネルイオン化によって電子が放出されレーザー電場によって加速されている間に，親イオンの構造も時々刻々と変化するため，フラグメントイオンの運動エネルギーと再衝突の時間を1対1で対応させることが可能である(Part Ⅱの9章)．さらに，再衝突する電子はイオンコアによって散乱されることもあるため，この過程は，電子回折像の計測に用いられる(Part Ⅱの8章)．

また，アト秒パルスで分子を励起し，CEP制御数サイクル近赤外光でプローブする方式で，分子内電子局在および分子内の電荷移動過程が観測できる．さらに，アト秒パルスの強度が十分強い場合には多光子吸収が可能であり，自己相関形には原子および分子の非線形応答が畳み込まれている．ポンプ光およびプローブ光の両方に真空紫外から軟X線領域の光であるアト秒パルスを用いれば，振動波束・電子波束を生成し，その時間発展を観測することが可能となる(Part Ⅱの10章)．

3 強光子場科学・アト秒科学研究を支える実験装置・実験手法

3.1 速度投影型運動量画像計測装置

速度投影型運動量画像計測装置〔velocity map imaging (VMI) spectrometer〕は，飛行時間型質量分析装置(time-of-flight mass spectrometer；TOF-MS)と異なり，運動量の二次元画像が計測できる装置である(図12)．イオンおよび光電子を検出器側に引き出す電極として，中央に穴の開いた円筒型の電極が用いられる．この電極はレンズ作用をもつた

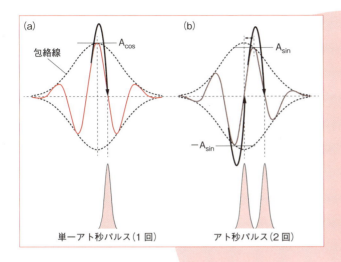

図9 単一アト秒パルスの発生原理
（a）コサイン型，（b）サイン型．

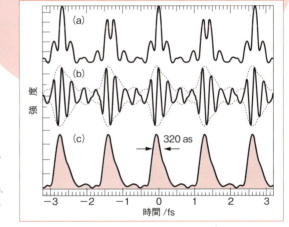

図10 フリンジ分解自己相関法によるアト秒パルス列電場波形の直接観測
（a）自己相関波形，（b）電場波形，（c）強度波形．
Y. Nabekawa et al., *Phys. Rev. Lett.*, **97**, 153904 (2006).

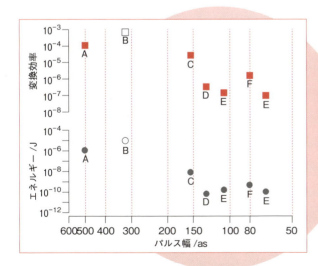

図11 アト秒パルスの強度・変換効率およびパルス幅
■，●：単一アト秒パルス，□，○：アト秒パルス列
A：赤外2波長励起法，B：ルーズフォーカス法，C：イオン化ゲート法，D：偏光ゲート法，E：二重光学ゲート法（楕円偏光ゲートと二色合成ゲート），F：振幅ゲート法．

め，初期の運動量広がりを補償し，高分解能計測を行うことができる．なお，TOF-MS と比べ検出の立体角が大きいため，検出効率に優れている．検出器としては，フォスファースクリーン付き MCP 検出器が用いられる．フォスファースクリーン上に得られる二次元画像を CCD カメラで撮像し，デジタルデータとして保存する．フラグメントイオンおよび光電子の角度分布が計測でき，電子遷移の対称性，すなわち，電子状態に関する情報を抽出できる．TOF-MS 法の場合には，質量の異なるイオン種の運動エネルギー分布に関する情報が得られるが，VMI で用いられる検出器は時間分解能が劣るため，複数種のフラグメントイオン種の運動量画像を同時計測することは難しい．

3.2 コインシデンス運動量画像計測装置

コインシデンス運動量画像計測装置（coincidence momentum imaging；CMI）は，単一分子における反応ダイナミクスが解明できる装置である（図 12）．この装置では，荷電粒子（イオン・電子）の運動量成分のすべてが計測できるため，クーロン爆発直前の分子構造を推定できる．前述の速度投影型運動量画像装置（VMI）に基づくが，VMI で用いられる MCP・フォスファースクリーン検出器の代わりに，ディレイライン型位置敏感型二次元検出器が用いられる．それぞれの荷電粒子について，検出器上への到達位置と到達時間を計測することで，運動量成分の計測が可能となる．同じ時刻に複数の荷電粒子が到達した場合には，コインシデンス計測が難しくなる場合が生じる．したがって，コインシデンス運動量画像計測装置は，パルスあたりにイオン化する分子の数を抑える必要があるため，高繰り返し（1 kHz 以上）のレーザーシステムを用いた計測で用いられることが多い．

3.3 数サイクルパルス発生装置

数サイクルパルスをチャープパルス増幅器の出力として直接得るには，技術的困難がある．現在までに報告されている数サイクルパルスを発生方法としてはおもに ① 中空ファイバー方式と ② フィラメンテーション方式がある．

① **中空ファイバー方式**：フェムト秒レーザーシステムの出力を希ガス充填した中空ファイバーに結合することで自己位相変調を誘起する（図 13）．ファイバー出力のスペクトルは，希ガス種および充填圧力に依存する．ファイバーからの出力は，正チャープをもつため，負チャープをもつチャープミラーを用いて位相補償を行えば，フーリエ限界に近い数サイクルパルスを発生することができる．

② **フィラメンテーション方式**：フィラメンテーション方式では，希ガスを充填したガスセルを用いる（中空ファイバー方式で中空ファイバーを取り除いたセットアップとなる）．中空ファイバー方式と比べて，（1）光路調整が容易である，（2）自己パルス圧縮，（3）自己強度安定化ができる，という利点があるが，入力エネルギーの約半分がリザーバーとして高品質のビームコアの外側に存在するため，コア部分のエネルギーが少なくなるという欠点がある（図 14）．

3.4 アト秒パルス発生装置

アト秒パルスは，真空紫外領域〜軟 X 線領域の光であるため，真空中で取り回す必要がある．アト秒パルスを発生させるための必要最低限の装置は，（1）フェムト秒レーザーシステムと（2）希ガスなどの非線形媒質導入装置の二つである．高次高調波のスペクトルは，対応する波長の分光器を用いて計測する．位相整合条件が満たされるように，レーザーパラメーターおよび非線形媒質の圧力を調整することによって，高次高調波の分布および強度の最適化を行う．用いる光源および非線形媒質を選ぶことによって，アト秒パルス列，あるいは，単一アト秒パルスが発生できる．高強度のアト秒パルス列は，ルーズフォーカス法によって図 15（a）のようにフェムト秒レーザーの出力を，希ガスを充填したガスセルに集光して発生できる．ネオンガスを用いると，図 15（a）の右図のような高次高調波を発生することができる．高次高調波は，次数ごとのイオンコアへの再結合時間の違いからチャープをもつため，そのチャープは金属膜フィルターを用いて補償される．金属膜フィルターは，高次高調波に変換されなかった基本波を除去するとともに，低次の摂動領域の高調波を除去する役割も同時に果たしている．Zr フィルターを挿入した場合の高次高調波のスペクト

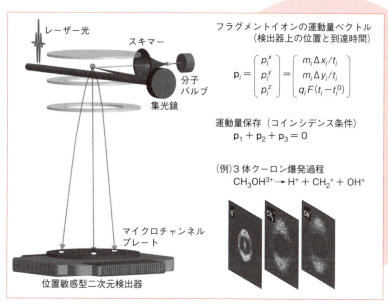

図12 速度投影型運動量画像計測装置・コインシデンス運動量画像計測装置
H. Hasegawa, A. Hishikawa, K. Yamanouchi, *Chem. Phys. Lett.*, **349**, 57 (2001).

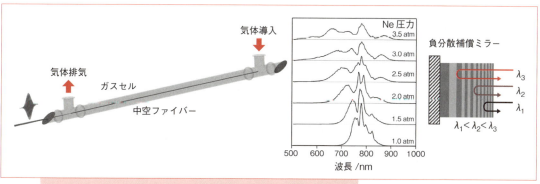

図13 中空ファイバーを用いたパルス圧縮
(数サイクルパルス発生)

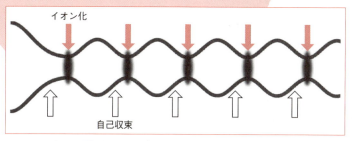

図14 レーザーフィラメンテーション

ルは，図15(a)の右図のようにカットオフ領域に連続的なスペクトルを与える．

一方，単一アト秒パルスを発生させるには，おもに二つの方法が用いられる．方法①は，搬送波包絡線位相制御数サイクルパルス用いて高次高調波を発生しカットオフ領域の連続スペクトルを金属膜フィルターおよび多層膜極端紫外ミラーで選択する方法である．方法②は，高次高調波発生に関与する光学サイクルを制限するために，偏光ゲートパルスを用いる方法である〔図15(b)〕．再結合確率が偏光方向に大きく依存することを利用し，電場強度のピークでのみ直線偏光とし，その他の時間領域では円偏光とすることによって，起こりうる再結合過程を1回に制限する．

3.5 レーザーアシステッド電子散乱装置

レーザーアシステッド電子散乱 (laser assisted electron scattering；LAES) 装置は強光子場下にさらされた原子および分子によって散乱された電子が光のエネルギーを吸収および放出する過程を用い，強光子場における分子構造の変化および化学反応の実時間観測を行うための装置である (図16)．

LAES は，パルス電子線発生部，試料導入・散乱部，電子エネルギー分析・回折像取得部から構成される．この装置を用いて，分子の電子散乱を観測すれば，光のエネルギーを吸収もしくは放出した電子による回折像から，光と相互作用しているきわめて短い時間の分子の幾何学的構造を決定できる．この手法は，レーザーアシステッド気体電子回折 (laser assisted gas electron diffraction；LAED) とよばれている．ポンプ・プローブ法においてプローブとして LAED を用いれば，時々刻々変化する分子の幾何学的構造をスナップショットとして観測できる．観測の時間分解能は電子線のパルス幅によらず，LAES 過程を誘起するレーザーの時間分解能で決まるため，サブ10フェムト秒の時間分解能が達成できる．この装置では，金属に紫外レーザーを照射し，光電効果によってパルス電子を生成する．光電効果によって発生した電子は，弾性散乱を誘起するに効率的なエネルギー (1 keV 以上) まで加速される．電子エネルギー分光器では，散乱前の電子のエネルギーからのシフト量に着目しエネルギー分解を行うため，フロート型のトロイダル型電子分光器などが用いられている．エネルギーと散乱角で分解された電子を，位置敏感型検出器で計測することによって二次元の電子回折画像として計測する．

◆ 文　献 ◆

[1] "Molecules and clusters in intense laser fields," ed. by J. Posthumus Cambridge (2001).
[2] 強光子場科学研究懇談会 編, 「光科学研究の最前線」,「光科学研究の最前線2」, (2005, 2009).
[3] 強光子場科学研究懇談会 編,「強光子場科学の最前線1, 2」, (2005, 2009).
[4] "Progress on ultrafast intense laser science I–XI," ed. by K. Yamanouchi, Springer, (2006–2015).
[5] "Strong field laser physics," ed. by T. Brabec, Springer (2009).
[6] "Atoms in intense laser fields," ed. by C. J. Joachain, Cambridge (2011).
[7] J. H. Posthumus, *Rep. Prog. Phys.*, **67**, 623 (2004).
[8] F. X. Kärtner, "Few-Cycle Laser Pulse Generation and Its Applications," Springer (2004).
[9] Z. Chang, "Fundamentals of attosecond optics," CRC Press (2011).
[10] "Attosecond and XUV spectroscopy: ultrafast dynamics and spectroscopy," ed. by T. Schultz, M. Vrakking, Wiley (2014).
[11] K. J. Schafer, B. Yang, L. F. DiMauro, K. C. Kulander, *Phys. Rev. Lett.*, **70**, 1599 (1993); P. B. Corkum, *Phys. Rev. Lett.*, **71**, 1994 (1993).
[12] T. Brabec, F. Krausz, *Rev. Mod. Phys.*, **72**, 545 (2000).
[13] K. Midorikawa, Y. Nabekawa, A. Suda, *Prog Quant Electron*, **32**, 43 (2008).
[14] F. Krausz, M. Ivanov, *Rev. Mod. Phys.*, **81**, 163 (2009).
[15] G. Sansone, L. Poletto, M. Nisoli, *Nat. Photon*, **5**, 655 (2011).

Chap 2 強光子場・アト秒科学の基礎と歴史

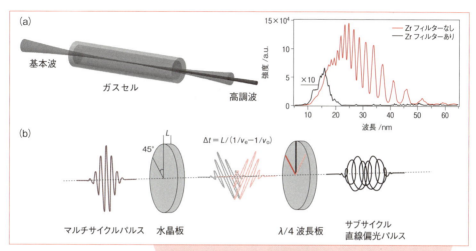

図15 アト秒パルス発生装置
(a) ルーズフォーカス法による高強度アト秒パルス発生. ネオンガスを用いた場合の高次高調波スペクトル.
(b) 単一アト秒パルス発生：偏光ゲート法.
v_o：正常光線の伝播速度, v_e：異常光線の伝播速度, L：水晶板厚み, Δt：遅延時間.

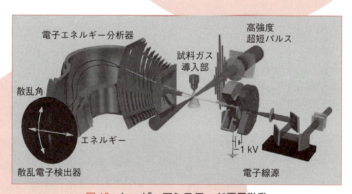

図16 レーザーアシステッド電子散乱
R. Kanya, Y. Morimoto, K. Yamanouchi, *Rev. Sci. Instrum.*, **82**, 123105 (2011).

Chap 3

学会・国際シンポジウムの紹介

山内　薫
(東京大学大学院理学系研究科)

❖ **学会：強光子場科学研究懇談会(JILS)**

　強光子場科学研究懇談会(Japan Intense Light Field Science Society；JILS, http://www.jils.jp/kondan/index.html)は、「強光子場科学やその分野に関心のある大学や公的機関の研究者，企業・産業界の研究者または技術者が，自由な雰囲気のもとに議論を行うことができる場を提供する」という理念のもと，2003年10月17日に設立され，2013年で10周年を迎えた比較的新しい学会である．

　強光子場科学は，物理学や化学，レーザー工学にまたがる学際分野であり，そのフロンティアが現在急速に拡大している．この分野の研究対象は，「光」そのもの，その光に伴って起こる現象，その現象のさらなる応用など多岐にわたっている．そのため，強光子場科学分野の発展にとって，異分野の研究者の交流は不可欠であるとともに，光学材料開発，先端レーザー光源開発，先端計測技術開発に携わる産業界の技術者との交流は，日本におけるこれからの産学の共同研究・共同開発のために大切である．

　現在の正会員数は約80名と小規模であるが，(株)オプティマ，カンタムエレクトロニクス(株)，コヒレント・ジャパン(株)，スペクトラ・フィジックス(株)，タレスレーザー(株)，(株)東京インスツルメンツ，(株)東芝研究開発センター，(株)日本レーザー，(株)日本ローパー，浜松ホトニクス(株)，(株)日立製作所中央研究所，(株)ルクスレイ(50音順)といった12社の賛助会員によって，会の運営が力強く支えられている．

　定期的な活動としては，年に3回の懇談会と，10月の総会がある．懇談会は1月，4月，7月に開催され，毎回2～3名の講師をお招きし，講演していただくとともに，開催場所の研究所や研究室の見学会を行っている．10月の総会終了後にも講演会を開催し，1～2名の講師に講演をお願いしている．これらの懇談会や総会は会員のみが参加する会合であるが，パシフィコ横浜で毎年4月に開催される懇談会は，会員だけでなく一般の方も参加できるようになっている．また，これらの定例の懇談会や総会にて行われた講演内容は録音してテープ起こしされ，JILS Newsletter誌としてウェブ上に掲載されている．

　JILSでは，このような定例の活動とは別に，出版事業を通じて研究分野の振興に資する活動も行っている．ウェブサイトにて刊行されているJILS Newsletter誌の内容をまとめて，『強光子場科学の最前線1』(2005年刊)，『強光子場科学の最前線2』(2007年刊)を出版している．また，日本の光科学分野で活躍する230名を超える研究者に解説を執筆していただいた『光科学研究の最前線』(2005年刊)は，第19期日本学術会議において，声明として「新分野の創成に資する光科学研究の強化とその方策について」が議決される(2005年)にあたり，大きな力となった．JILSでは，さらにその続編の『光科学研究の最前線2』(2009年刊)も出版し，光科学分野の振興に貢献している．また，東京大学大学院理学系研究科にて開講されている産学連携教育プログラム「先端レーザー科学教育研究コンソーシアム」と連携し，

実験実習を中心とするその教育プログラムの成果を『先端光科学入門』(2010年刊),『先端光科学入門2』(2011年刊)として出版している.

一方で,国際的な視野で強光子場科学の振興に寄与することもJILSの重要な活動である.JILSでは,以下に述べるように,毎年おもに海外にて開催されるInternational Symposium on Ultrafast Intense Laser Science(http://www.isuils.jp)を東京大学大学院理学系研究科附属「超高速強光子場科学研究センター」と連携して支援している.

また,中国・上海の研究者と東京の研究者が中心となって,毎年,上海と東京で交互に開催されているShanghai-Tokyo Advanced Research Symposium on Ultrafast Intense(通称STAR meeting)も,JILSの支援を受けながら開催されているものである.そのほか,2011年に7月に札幌にて開催されたthe 12th International Conference on Multiphoton Processes(ICOMP12)とthe 3rd International Conference on Attosecond Physics(ATTO3),そして2012年11月に東京にて開催されたthe 7th Asian Symposium on Intense Laser Science(ASILS7)もJILSが支援し開催したものである.さらに,JILSは2014年7月に沖縄で開催されたThe 19th Ultrafast Phenomena 2014を東京大学とともに主催した.JILSでは,これらの国際的な学術会合の主催や支援を通じ,超高速現象の科学や強光子場科学の先端研究分野において,国際的な視点から研究交流を支援している.

❖ 国際シンポジウム:ISUILS

超高速強光子場科学に関する国際会議〔International Symposium on Ultrafast Intense Laser Science(http://www.isuils.jp)〕は,アジア,北米,欧州などの世界各地で巡りながら毎年開催される国際会議で,JILSと東京大学が共催している.2013年10月には第12回がスペインのSalamancaにて開催され,2014年10月には,第13回がインドのJodhpurにて開催された.この会議では,一つのセッションが1名のDiscussion Leaderと2~3名の招待講演から構成されている.その特色は各セッションの招待講演後,会議の出席者全員が参加するディスカッションの時間が十分に取られていることである.会期中のセッションの

写真① 第3回 Attosecond Science での様子(本文中に記載あり)

写真② 第10回ISUILSでの様子（ドイツ・Eisenachにて，2011年10月開催）

数は8〜10であり，強光子場科学分野のさまざまな先端的なトピックスが取りあげられてきた．また，この会議の招待講演者が寄稿した総説誌 Progress in Ultrafast Intense Laser Science を Springer 社の Chemical Physics のサブシリーズとして毎年1巻のペースで刊行している．現在までに，11巻までが出版されており，強光子場科学分野の研究者のためのガイドラインとなる総説シリーズとして国際的に知られている．

❖ 学会と国際会議の連携

以前，フェムト秒科学の次はアト秒科学の時代がくると予測されていた．ところが，いまや実際にアト秒パルスの発生は現実のものとなっている．これは光の場の強度を強め，高次高調波を効率よく発生させる技術があってはじめて可能となったものである．このことは，アト秒科学が強光子場科学の研究展開が契機となって開拓された分野であることを示している．またフェムト秒パルスによるレーザー誘起フィラメントの研究も，新しい物質の合成の場として関心がもたれ，新しい展開が期待されている．JILS は，このように次つぎと生まれ，そして広がっている基礎研究と技術開発のフロンティアに注目し，その活動を展開している．そして，それと連携するかたちで，ISUILSは強光子場科学の最前線を議論するための国際的な場を提供している．

Part II

研究最前線

Chap 1: ①分子の回転・配向・配列

超高速分子回転制御

Ultrafast Control of Molecular Rotation

長谷川 宗良
(東京大学大学院総合文化研究科)

大島 康裕
(東京工業大学大学院理工学研究科)

Overview

わずかな分量の試料中にも膨大な数の分子が存在しており，一般には，多数個の分子からなる統計集団を取り扱う必要がある．熱平衡条件では，分子はおのおの独立に運動しており，さまざまな異なる運動状態に分布している．このような微視的運動状態を能動的に制御することを指向した研究が，近年，急激に活性化している．とくに，回転運動の制御は，分子構造や化学反応性を議論するうえで大きな意義がある．分子の性質は，空間中で分子がどのような方向を向いているかに強く依存するからである．等方的な集団では，向きに関する平均化のために多くの有用な情報が失われてしまう．一方，集団全体として何らかの異方性が導入されれば，実験的に得られる情報量は格段に多くなる．気相中の分子集団において異方的な分布を実現するために，現在までにさまざまな方法論が提案されてきている．

本章では，近年のレーザー技術の急速な進歩とともに劇的に発展してきている，非共鳴の高強度レーザー光を利用した研究例について紹介する．

■ **KEYWORD** □マークは用語解説参照

- ■分子配向と分子配列(molecular orientation and alignment)□
- ■断熱過程と非断熱過程(adiabatic and non-adiabatic processes)□
- ■クーロン爆発(Coulomb explosion)
- ■イオンイメージング(ion imaging)
- ■分子の回転準位構造(rotational energy level structure of molecules)□
- ■回転量子波束(rotational quantum wave packet)

1 非断熱分子配列

　高強度のパルス光を気相中の直線分子に照射すると，非共鳴の条件下であっても分極率異方性によって分子中に双極子モーメントが誘起され，分子軸が光電場と揃う方向にトルクが生じる．光のパルス幅が分子の回転周期よりも十分に短い場合は，レーザー電場が通過後も分子集団は非定常な運動量子状態にとどまり続ける．その結果，パルス照射後も分子の空間配向分布は複雑な時間発展を示し，特定の時間間隔で周期的に分子軸が光電場方向に配列する現象が起こる（図1-1）．この状況は，非断熱分子配列（non-adiabatic molecular alignment）とよばれており，新規な物理現象として注目されている[1～3]．

　非断熱分子配列は，量子状態の観点に立つと，多数の回転固有状態の重ね合わせ状態，すなわち回転量子波束のダイナミクスとして考えることができる．パルス光照射前の分子の回転状態は固有状態にあるが，高強度パルス光との瞬間的な相互作用により，多段階のRaman過程が起こり，その結果，回転固有状態$|J,M\rangle$の重ね合わせ状態が実現される．大多数の分子は，電子基底状態において，電子がもつ角運動量がゼロであり，その電子状態は$^1\Sigma_g^+$である．このような場合，パルス光として直線偏光を用いると，回転角運動量ベクトルJの空間固定軸（Z軸）への射影成分Mに対して，選択則$\Delta J = \pm 2$，$\Delta M = 0$に従い，重ね合わせに寄与する固有状態が決まる．ただし，この選択則が多段階で適用されるため，初期の回転量子数が偶数であれば，偶数Jをもつ多数の固有状態が回転波束に寄与する．重ね合わせの展開係数は，光強度，パルス幅，分子の初期回転状態によって決まる．パルス照射後は，各回転固有状態がもつ時間依存性$\exp(-iE_J t/\hbar)$に従い時間発展する．ここでのE_Jは，状態$|J,M\rangle$における回転エネルギーである．直線分子では，遠心力に由来する小さな補正を無視すると，$E_J = hcBJ(J+1)$という規則正しい回転準位構造をもつ．また，Bは回転定数とよばれる分子固有の値である．このエネルギー準位の規則性から，回転波束の時間依存性は$T_\mathrm{rot} = 1/(2Bc)$の周期をもつことになる．その結果，非断熱分子配列が周期的に起こる．

　非断熱分子配列を定量的に評価するために，回転波束状態の$\cos^2\theta$の期待値を用いることが一般的である．ここでのθは光の偏光方向と分子軸のなす角である．$\cos^2\theta$の期待値は，分子軸分布が偏光方向に完全に平行な場合は1，完全に垂直な場合は0，そして等方的な場合は1/3となる．実際の実験と比較するためには，さらに回転温度で決まる回転状態分布を考慮する必要がある．

　例として，30 TW cm^{-2}，100 fsの光により生成した$\mathrm{N_2}$分子の回転波束に対する$\cos^2\theta$の期待値の時

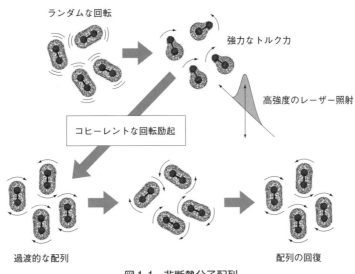

図1-1　非断熱分子配列

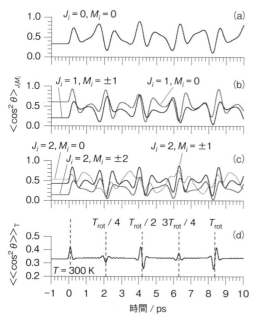

図 1-2　N_2 分子の $\cos^2\theta$ の期待値（計算値）

間変化の計算結果を図 1-2 に示す．N_2 分子の回転周期は，電子基底状態（$^1\Sigma_g^+$）における回転定数 $B = 1.9896$ cm^{-1} から計算することができ，$T_{rot} = 1/(2Bc) = 8.38$ ps である．図 1-2（a）～（c）は，初期状態がそれぞれ $J_i = 0, 1, 2$ の結果であり，（d）は回転温度が 300 K のときの結果である．図 1-2（a）～（c）では非常に複雑な振舞いをしているが，温度平均を取った図 1-2（d）では，五つのスパイク状のピークだけが現れる．これらのスパイク状のピークは，$T_{rot}/4$ の時間間隔で出現し，2 番目，3 番目，4 番目，5 番目に現れるピークは，それぞれ quarter リバイバル，half リバイバル，three-quarter リバイバル，full リバイバルとよばれる．

これらのピークの振幅に着目すると，一般に half と full リバイバルに比べて quarter と three-quarter リバイバルの振幅は小さい．これは，図 1-2（a）～（c）に見られるように，quarter および three-quarter リバイバルにおける $\langle\cos^2\theta\rangle$ の値が，J_i が偶数と奇数では逆位相となり打ち消し合い，half と full リバイバルでは同位相となるためである．さらに，N_2 分子では ^{14}N 原子がもつ核スピン $I = 1$ のため，回転状態 J の偶数と奇数の核スピン状態の縮重

度の比，いわゆる核スピン重率が，2：1 となり，quarter リバイバルにおける打ち消し合いが完全に起こらず，弱いピークが観測される．このように，回転波束の時間発展は，分子の回転エネルギー準位構造や核スピン統計といった分子固有の情報を含んだものとなっている．

超短パルス光を用いた非断熱分子配列の観測結果は，2001 年に Rosca-Pruna と Vrakking によってはじめて報告された[4]．彼らは，I_2 の分子線に対し，直線偏光のポンプ光（10^{13} W cm^{-2}，2.8 ps）を照射し分子配列を誘起した．その後の分子軸分布を計測するために，遅延時間を置いたプローブ光（5 × 10^{14} W cm^{-2}，100 fs）を照射することで I_2 分子をイオン化し，解離過程 $I_2^{2+} \to I^{2+} + I$ や，クーロン爆発 $I_2^{3+} \to I^{2+} + I^+$，および $I_2^{4+} \to I^{2+} + I^{2+}$ により I^{2+} イオンを生成した．I^{2+} イオンの射出方向の分布は，運動量保存則から解離直前の分子軸分布を反映する．このため，解離イオンの角度分布を二次元イオン検出器で検出するイオンイメージングを用い，分子軸分布を評価することができる．ポンプ光とプローブ光の遅延時間を変化させることによって計測した I^{2+} の角度分布の時間変化は，図 1-2（d）と同様なスパイク状の信号として観測された．安定同位体である ^{127}I 原子の核スピンは $I = 5/2$ であるので，回転状態の偶奇に従って 7：5 の核スピン重率をもち，N_2 分子と同様に $T_{rot}/4$ 間隔のピークが期待される．実際の測定では，110 ps ごとにピークが観測されており，電子基底状態（$^1\Sigma_g^+$）における I_2 の回転定数 $B = 0.037$ cm^{-1} から計算した回転周期 $T_{rot} = 1/(2cB) = 450$ ps の約 1/4 と一致した．これは，非断熱分子配列が起こっていることの直接的な証拠である．

2　非断熱分子回転励起

量子状態分布の変化という観点では，非断熱分子配列は回転励起を必然的に伴うものであるから，非断熱回転励起（non-adiabatic rotational excitation：NAREX）とよぶこともできる．われわれは，周波数領域の分光学的手法を用いてほぼ完全に量子準位を選別した計測を行い，NAREX 後の回転状態分布

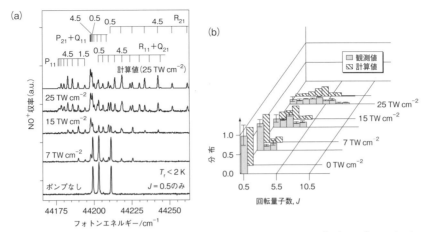

図 1-3 非共鳴極短パルス光による照射を受けたあとの，NO の $A^2\Sigma^+ \leftarrow X^2\Pi_{1/2}$ (0,0) バンドに関する共鳴 2 光子励起スペクトル(a)，(a)のスペクトルから決定された NO ($X^2\Pi_{1/2}$)の回転状態分布と，対応する計算結果[5](b)

ポンプ光のパルスエネルギーを図中に示す．ポンプ光のパルス幅は 150 fs であった．

を明らかにする方法論を開発した[3]．

実験手法は，広く利用されているポンプ-プローブ法の一種であり，ポンプ光のパルス幅が，フェムト秒〜ピコ秒，一方，プローブ光のパルス幅はナノ秒と，時間スケールとして大きく異なることが特徴である．実験装置は三つの要素から構成されており，飛行時間型質量分析器を備えた分子線用の真空チャンバー，非断熱回転励起を引き起こすための光（ポンプ光とよぶ）を発生する極短パルスレーザー，ならびに量子準位選択的なプローブを行うための波長可変ナノ秒レーザーである．NO 分子を対象とした実験結果の一例を図 1-3 に示す[5]．ここでは，ポンプ光を照射後にプローブ光を波長掃引して励起スペクトルを測定した．非断熱励起前は最低準位（$J = 0.5$）のみに集中しているのに対し，ポンプパルスの照射により励起準位が生成し，光強度の増加とともに分布はより高エネルギーの回転状態にシフトする．NO 分子の電子基底状態は $^2\Pi$ であるので，非断熱回転励起の選択則は $\Delta J = \pm 1, \pm 2$ となる．実測の状態分布は非ボルツマン的であり，時間依存 Schrödinger 方程式（time dependent Schrödinger equation：TDSE）の数値解法によるモデル計算でよく再現される．TDSE 解析によれば，高強度パルスと相互作用している間に段階的に分布が移行していく．その際に特徴的なのは，$J =$ (1.5, 2.5)，(3.5, 4.5)，(5.5, 6.5) のペアが同一の時間挙動を示すことである（図 1-4 参照）．これは，$J = 0.5 \rightarrow 1.5 \rightarrow 3.5 \rightarrow 5.5 \rightarrow \cdots$ と $J = 0.5 \rightarrow 2.5 \rightarrow 4.5 \rightarrow 6.5 \rightarrow \cdots$ という二つに分岐した経路によってコヒーレントな回

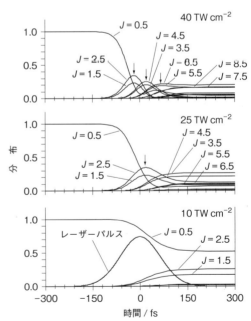

図 1-4 非共鳴フェムト秒パルス照射による誘起された，NO 分子の回転状態確率の時間変化（TDSE 解析による計算結果）[5]

転励起が進行することを意味する.

観測された回転励起が単なる状態間の分布移動ではなく，回転量子波束の生成であり，かつ，分岐した励起プロセスが関与していることは，ポンプパルスを二つに分けて適当な遅延時間 Δt をつけて照射することにより実証することができる[3]. プローブ光を各遷移に固定して Δt を掃引すると，各状態の分布量は特徴的な周期変動を示す. その変動周波数は固有状態間のエネルギー差に相当しており，第一のパルスによって生成した量子波束が第二のパルスでコヒーレントに変調を受けたことを意味する. とくに，$J = 1.5$, 3.5, 5.5 と $J = 2.5$, 4.5, 6.5 とをモニターした信号では，ビート成分が互いに異なる位置に現れ，前述の二つの励起経路に属することが示される.

二つのポンプパルスを用いた実験結果は，遅延時間（ならびに光パルス強度）を適切に選択することによって，希望とする回転状態分布を実現しうる可能性を示している. 実際に，比較的低い回転準位（$J \leq 2.5$）であるならば，単一の固有状態に 70〜80% まで状態分布を集中させることができる[3]. この場合，分子回転の時間スケール（〜数十 ps）以内で分布移動が完了し，かつ，遅延時間の制御だけで移動先を選択しうるという点で大きなメリットがある. つい最近，パルス波形整形技術を利用すれば，パルス対による励起を利用した場合と比較して，分布移動効率を大幅に向上できることが実験的に検証された[6]. 理論的には，ほぼ完全な状態分布移動が実現できると予想されている.

われわれは，ダブルパルス励起と状態選択的プローブとの組合せを利用すれば，量子波束を構成する固有状態の振幅ならびに位相が確定できることを理論的に明らかにした. さらに，実際にベンゼンを対象として実験を行い，$|J,K\rangle = |0,0\rangle$ を始状態とした回転量子波束について本手法の有用性を実証した[7]. 結果として特徴的なのは，J に対して位相がほぼ線形に変化することであり，$J = 0 \rightarrow 2 \rightarrow 4 \rightarrow \cdots$ という段階的励起によって波束生成が進行することとの直接的な証明となっている. 位相の変化量は $\Delta J = 2$ に対しほぼ $-\pi/2$ であり，非共鳴ラマン過

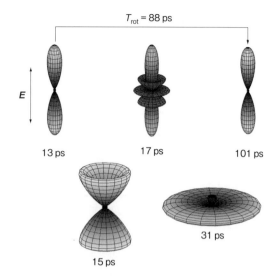

図 1-5　ベンゼンの回転量子波束の時間発展

実測から決定された位相と振幅を使って計算した結果を示す. 始状態は $(J,K) = (0,0)$ であり，パルス幅 150 fs の非共鳴フェムト秒パルスによって励起されたもの. パルスの偏光方向は Z 軸と平行である. 空間固定系における分子軸の存在確率分布を，いくつかの遅延時間に対して図示した. 回転周期 88 ps の周期をもつことがわかる.〔カラー口絵参照〕

程として摂動的に取り扱った場合に一致している. ただし，$J = 0〜2$ ではわずかなずれが生じており，相互作用が非摂動領域に至っている兆候が現れた. 実験的に確定した振幅・位相情報を用いれば，回転量子波束を任意の時刻で再構築することが可能であり，ベンゼンの空間配向に対する確率分布が時々刻々と時間発展する様子を追跡することができる（図 1-5）[3].

3　非断熱分子配列研究の展開

分子配列は，空間固定座標系と分子固定座標系を同一視できる環境を提供し，ランダムに回転している気相分子と異なり，回転平均されていない物理量を得ることができる. 分子配列技術を用いて何らかの計測を行う場合，できるかぎり局在化した分子軸分布の生成が望まれる. そこで，分子軸分布の局在性（分子配列度）をいかに高めるかという研究が進展した. しかし，分子配列度を高めようと単純に光強度を上昇させると，イオン化が起こってしまうという困難が生じる. そこで，分子配列度を上昇させる代表的な方法として，複数パルスを用いる方法と，

整形パルスを用いる方法を紹介する．

複数パルスを用いた方法は，2004年に Lee らによって報告された[8]．彼らは，遅延時間をもつ互いに平行な直線偏光の二つのポンプ光（それぞれ 1.3×10^{14} W cm^{-2}，50 fs）を非断熱分子配列のために用い，プローブ光として円偏光の高強度短パルス光を用いた．プローブ光により生成した解離イオンの角度分布の計測から，N_2 および O_2 の分子軸分布の時間発展を追跡した．その結果，分子配列度は二つのポンプ光間の遅延時間に対して大きな依存性を示した．とくに，第一のポンプ光によって生じた回転波束の full リバイバル近傍で第二のポンプ光を照射することで，分子配列度を 10% 程度上昇させることに成功している．これは，二つのポンプ光の時間間隔を回転周期に合わせることで，分子をイオン化させることなく有効に分子軸を局在化できることを示している．さらに Cryan らは，回転周期に等しい時間間隔をもつ八つのポンプ光を用いて，N_2 の分子配列を誘起し，分子配列度を測定した．その結果，$\cos^2\theta$ の期待値が 0.38 から 0.63 へと，1.7 倍もの改善に成功した[9]．

超短パルス光は，光電場の時間変化を考える時間領域の見方以外に，多数の周波数の光の足し合わせと考える周波数領域の見方もできる．各周波数の光の振幅・位相を指定すれば，光電場の時間波形を完全に再現できる．周波数領域における振幅の二乗，すなわちスペクトルが同じでも，位相が異なると時間領域における光電場の形状は異なる．とくに，すべての周波数の位相が等しい光を，フーリエ変換限界（Fourier transform-limited：FTL または TL）パルスとよび，与えられたスペクトルのなかで最も短い時間幅をもつパルスとなる．一方，周波数領域における振幅・位相を制御したパルスを整形パルスとよんでいる．

整形パルスを用いた分子配列の研究は，Hertz らによる数値計算例がある[10]．回転温度 60 K の O_2 分子に FTL パルスを相互作用させた場合，$\cos^2\theta$ の期待値は 0.75 であったが，整形パルスを用いた場合 0.86 まで改善された．また，中上らによっても分子配列度を最適化するパルス波形を求める計算がなされている[11]．整形パルスを用いた場合，パルス波形が複雑になるため，分子配列度が上昇する簡単な物理的解釈を行うことは困難であるが，ラマン過程が 2 光子過程であること，および超短パルスのスペクトル幅が広いことからさまざまな周波数のラマン過程が干渉することにその原因を求めることができる[12]．

4 非断熱分子配列の応用

非断熱分子配列は，図 1-2 からわかるようにある瞬間にだけ分子軸が空間の特定の方向に局在し，数十〜数百 fs 程度持続する．このため相互作用時間が短い現象を調べる際には，ランダムな回転運動の効果を排除した計測が可能となる．また，空間に固定された分子を利用して，分子の回転運動を制御することもできる．ここでは，分子配列を利用した応用研究をいくつか紹介する．

板谷らは，配列した N_2 分子に直線偏光をもつ高強度フェムト秒レーザーを照射し，発生した高次高調波の強度を測定することで，N_2 分子の HOMO（$3\sigma_g$）軌道の形状を実験的に決定した[13]．高次高調波の発生は，（ⅰ）イオン化による自由電子の生成，（ⅱ）レーザーによる電子の加速，（ⅲ）原子核への自由電子の再結合による高調波発生，という 3 ステップモデルにより説明できる[14]．発生する高調波の強度は，HOMO（highest occupied molecular orbital）軌道と自由電子の波動関数間の遷移双極子モーメントの四乗に比例し，分子軸と偏光方向のなす角 θ に依存することが知られている．この研究では，さまざまな角度 θ に対して高調波の強度を測定し，HOMO 軌道を再構築できることを実験的に示した．この手法は，分子軌道のトモグラフィーイメージング（断層画像法）とよばれている．

非断熱分子配列を利用したもう一つの応用例として，分子の右回り，左回り回転の制御について紹介する．図 1-5 で示す回転量子波束の動きは，日常生活でお馴染みのコマや風車の回転とはまったく異なった様相であり，何かが回っているようにはとても見えない．古典と量子では異なって当たり前と片付けてしまいそうであるが，実は波束の生成の仕方

について検討する必要がある．そもそも，回転運動では回る方向が重要である．量子力学的には，分子の回転方向は量子数 M の正負で表現される．図1-5中の回転量子波束は，直線偏光による非断熱励起によって生成したものであり，$M=0$ の固有関数のみから構成されている．つまり，左右の回転に区別がなく，古典的には右回りと左回りが等しく混じった状態に対応する．古典的な回転運動にきわめて近い状態に対応する M の正負の分布が偏った状態（角運動量の配向状態とよばれる）を実現するには，空間軸を含んだ鏡映面に対する対称性を破る必要がある．

光の進行方向を Z 軸にとり，X 軸と平行な直線偏光をもつパルス光と分子の相互作用を考える．このとき，$\Delta J=0,\ \pm 2$, $\Delta M=0,\ \pm 2$ を満たす回転状態間で相互作用が起こる．ここで，$\Delta M=+2$ および $\Delta M=-2$ の相互作用は，偏光が軸対称性をもつために同じ大きさをもつ．しかし，図1-6に示したように，X 軸に対して角度 β だけ偏光を傾けた第二のパルス光を，遅延時間 τ のあとに照射することで，軸対称性が破れ，$\Delta M=+2$ および $\Delta M=-2$ の相互作用が異なる大きさをもつようになる．物理的には次のように解釈することができる．第一のパルス光によって，X 軸に沿った分子配列を誘起し，ある瞬間に X 軸に局在した分子軸分布をつくる．この X 軸に局在した分子が，X 軸から角度 β だけ偏光が傾いた第二のパルス光と相互作用すると，この偏光方向に向かって回転するトルクを受ける．生成した回転波束の M 分布は，正の値（もしくは負の値）に偏り，古典的な右回り（左回り）の回転運動にきわめて近い状態となる．分子配列を利用することでこのような特異的な状態を生成できる．

われわれは，このアイデアに基づきベンゼンの回転制御を行った[15〜17]．実験は，Michelson 干渉計を用いて偏光方向が互いに $\beta=+45°\,(-45°)$ 傾き遅延時間 7.3 ps をもつ二つのフェムト秒パルス(200 fs, 1.2 TW cm^{-2}, 800 nm)を，超音速分子線としたベンゼンへ照射し，右回り（左回り）状態を生成した．右回り（左回り）状態にある分子の検出には工夫が必要となる．右回り（左回り）状態にある分子に対し，電子遷移に共鳴した波長をもつナノ秒円偏光レーザー光の光吸収確率が，円偏光の右回り・左回りにより異なること，すなわち円二色性を利用して検出を行った．図1-6(b)下に示したように，測定結果は明瞭な円二色性を有し，右回り（左回り）状態が生成していることが示された．これより，右回り・左回りの古典的な回転に直接対応する量子力学的な非定常状態をはじめて実現できたことになる．

5 まとめと今後の展望

状態選択的なプローブというオーソドックスな分光学的手法をもち込むことによって，高強度極短パルス光を用いた分子の回転運動操作の研究において，励起経路の詳細解明や状態分布制御，量子波束の再構築までが実現できたことを紹介した．また，単一パルスやパルス対による単純な励起を超えて，複雑なパルス列や波形整形されたパルスを利用した高度な制御を目指す最近の研究成果，さらに，超高速回転制御の応用例についても概説した．

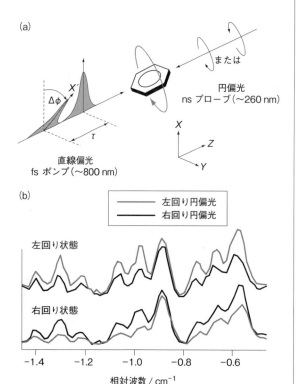

図1-6　右回り，左回り回転状態を実現する実験配置(a)，ベンゼンの円偏光による励起スペクトル(b)

非断熱励起の次なる大きなターゲットは，分子振動の制御である．分極は分子の構造にも依存するので，高強度極短パルス光との相互作用は，回転ばかりでなく振動もコヒーレントに誘起することが可能である．このような研究として，非共鳴な高強度フェムト秒パルスによって電子基底状態に生成した振動量子波束を，高次高調波発生やクーロン爆発イメージングによって実時間追跡した例が報告されている[18,19]．振動波束の観測と制御という観点からは，大振幅で低波数である分子間振動を有する気相クラスターは絶好の対象である．われわれは，NOと希ガスからなる分子錯体やベンゼン多量体について研究を開始しており，分子間振動励起状態の生成，さらに振動量子波束の実時間発展の観測に成功している．状態選択的プローブを光イオン化質量分析と組み合わせることによって，気相クラスターのように多成分が混在する系においても分子種を明確に分離して観測が行えるのが特徴である．今後は，パルス整形技術の導入などで非断熱励起過程を最適化することによって，大規模な構造変形をコヒーレントに誘起するなどの高度な振動量子波束制御へと展開することが期待される．

◆ 文 献 ◆

[1] H. Stapelfeldt, T. Seideman, *Rev. Mod. Phys.*, **75**, 534 (2003).

[2] T. Seideman, E. Hamilton, *Adv. At. Mol. Opt. Phys.*, **52**, 289 (2005).

[3] Y. Ohshima, H. Hasegawa, *Int. Rev. Phys. Chem.*, **29**, 61 (2010).

[4] F. Rosca-Pruna, M. J. J. Vrakking, *Phys. Rev. Lett.*, **87**, 153902 (2001).

[5] H. Hasegawa, Y. Ohshima, *Phys. Rev. A*, **74**, 061401 (2006).

[6] A. Rouzée, O. Ghafur, K. Vidma, A. Gijsbertsen, O. M. Shir, T. Bäck, A. Meijer, W. J. van der Zande, D. Parker, M. J. J. Vrakking, *Phys. Rev. A*, **84**, 033415 (2011).

[7] H. Hasegawa, Y. Ohshima, *Phys. Rev. Lett.*, **101**, 053002 (2008).

[8] K. F. Lee, I. V. Litvinyuk, P. W. Dooley, M. Spanner, D. M. Villeneuve, P. B. Corkum, *J. Phys. B*, **37**, L43 (2004).

[9] J. P. Cryan, P. H. Bucksbaum, R. N. Coffee, *Phys. Rev. A*, **80**, 063412 (2009).

[10] E. Hertz, A. Rouzée, S. Guérin, B. Lavorel, O. Faucher, *Phys. Rev. A*, **75**, 031403(R) (2007).

[11] K. Nakagami, Y. Mizumoto, Y. Ohtsuki, *J. Chem. Phys.*, **129**, 194103 (2008).

[12] D. Meshulach, Y. Silberberg, *Nature*, **396**, 239 (1998).

[13] J. Itatani, J. Levesque, D. Zeidler, H. Niikura, H. Pépin, J. C. Kieffer, P. B. Corkum, D. M. Villeneuve, *Nature*, **432**, 867 (2004).

[14] (a) P. B. Corkum, *Phys. Rev. Lett.*, **71**, 1994 (1993). (b) J. L. Krause, K. J. Schafer, K. C. Kulander, *Phys. Rev. Lett.*, **68**, 3535 (1992).

[15] K. Kitano, H. Hasegawa, Y. Ohshima, *Phys. Rev. Lett.*, **103**, 223002 (2009).

[16] S. Fleischer, Y. Khodorkovsky, Y. Prior, I. Sh. Averbukh, *New J. Phys.*, **11**, 105039 (2009).

[17] Y. Khodorkovsky, K. Kitano, H. Hasegawa, Y. Ohshima, I. Sh. Averbukh, *Phys. Rev. A*, **83**, 023423 (2011).

[18] (a) N. L. Wagner, A. Wüest, I. P. Christov, T. Popmintchev, X. Zhou, M. M. Murnane, H. C. Kapteyn, *Proc. Natl. Acad. Sci. USA*, **103**, 13279 (2006); (b) W. Li, X. Zhou, R. Lock, S. Patchkovskii, A. Stolow, M. M. Murnane, H. C. Kapteyn, *Science*, **322**, 1207 (2008).

[19] C. B. Madsen, L. B. Madsen, S. S. Viftrup, M. P. Johansson, T. B. Poulsen, L. Holmegaard, V. Kumarappan, K. A. Jørgensen, H. Stapelfeldt, *Phys. Rev. Lett.*, **102**, 073007 (2009).

Part II 研究最前線

Chap 2：①分子の回転・配向・配列

位相制御レーザーパルスによる配向選択分子トンネルイオン化

Orientation-selective Molecular Tunneling Ionization by Phase-controlled Laser Fields

大村 英樹
〔(独)産業技術総合研究所〕

Overview

最近の高出力極短レーザーパルス発生技術の進展により，高次非線形光学応答を利用した分子のイオン化制御の研究が精力的に行われている．われわれは波長の異なるフェムト秒レーザーパルスを重ね合わせ，その相対位相を精密に制御した高強度位相制御レーザーパルス（時間幅：130 fs, 波長：400 nm + 800 nm, 光強度：$\sim 10^{13}$ W cm^{-2}）による気体分子の異方性トンネルイオン化の量子制御と，その結果として起こる分子配向操作（配向選択分子トンネルイオン化）の研究を行ってきた．気体分子の配向操作は，分光計測においてランダム配向による情報の平均化を除去できるため，情報量が飛躍的に増大することから，非常に重要な分子操作技術である．

▲位相制御レーザーパルス発生器
[カラー口絵参照]

■ **KEYWORD** □マークは用語解説参照

- コヒーレント制御（coherent control）□
- 量子制御（quantum control）□
- フェムト秒レーザーパルス（femtosecond laser pulse）
- 位相制御レーザーパルス（phase-controlled laser pulse）
- 多光子イオン化（multiphoton ioniztion）
- トンネルイオン化（tunneling ionization）
- 分子トンネルイオン化（molecular tunneling ionization）□
- HOMO（highest occupied molecular orbital）□
- Stark シフト（Stark shift）
- 解離性イオン化（dissociative ionization）

はじめに

近年，パルス幅 10 fs〔1 fs = 10^{-15} 秒〕，光強度 10^{15} W cm^{-2} 台の高出力超極短レーザーパルスが市販のレーザーで容易に発生できるようになった．この強度領域のレーザーパルスの照射によってつくられる強光子場中に原子や分子がさらされると，数十光子過程にも及ぶ高次非線形光学応答を示し，もはや光子遷移描像の前提となる摂動論の適応範囲外であることが予想される．

その典型例は，強光子場による非共鳴イオン化において現れる．光強度が 10^{12}~10^{13} W cm^{-2} 程度になると，原子や分子のイオン化過程は，多光子イオン化からトンネルイオン化に移り変わることが知られている[1~3]．トンネルイオン化は，レーザー電場振幅の最大付近の時刻で，光の1周期より十分短いアト秒(10^{-18} s)領域で瞬間的に電子が引き抜かれることが指摘されており，最近急速に進展しているアト秒科学の根幹となる重要な現象である[4]．このように強光子場における超高速の電子運動は，単なる光学遷移ではなく，各時刻でのレーザー電場振幅，つまりレーザーの位相によって大きく影響を受ける．レーザー光の最大の特徴はコヒーレントな波としての性質であり，周波数の異なるレーザー光を重ね合わせることによってレーザーの電場波形を制御することができる．波形制御されたレーザー場によって，トンネルイオン化の精密な制御〔どの位相で(どの時刻で)，分子のどの部分から電子をどの方向へ駆動させて，分子から引きはがすか〕が可能となる．

1 ($\omega + 2\omega$) 位相制御レーザーパルスによる異方性トンネルイオン化と分子配向操作

1-1 多光子イオン化からトンネルイオン化へ（Keldysh 理論）

強いレーザー場によって引き起こされるイオン化について，物理的な本質を的確に抽出した理論が約50年前に Keldysh によって提案された[1]．始状態には水素原子の基底状態，終状態には自由電子の連続状態の代わりに振動する電場中の電子運動を記述する Volkov 状態を採用して，一次摂動によるイオン化確率が計算された．一次の摂動展開にもかかわらず，イオン化確率は n 次の多光子過程の表式を含み，さらに Keldysh の断熱パラメータ $\gamma = \sqrt{E_{\rm IP}/2U_{\rm p}} \ll 1$（断熱近似：低周波数かつ強い電場の極限に相当）の条件で，静電場における水素原子のトンネルイオン化の式と一致することを示した[1,2]．ここで，$E_{\rm IP}$ はイオン化ポテンシャル，$U_{\rm p}$ はレーザー電場中で振動する電子のエネルギー(ponderomotive energy)である．トンネルイオン化は，原子や分子中の電子が感じる束縛ポテンシャルが強いレーザー電場によって変形を受けることでポテンシャル障壁が下がり，最外殻電子の波動関数が束縛ポテンシャルの外に染みだし，トンネル効果によって電子が解放されることにより引き起こされる．振動する電場中の電子運動を記述する Volkov 状態が，多光子イオン化とトンネルイオン化の両方の物理的な本質を抽出した適切な基底であることを意味している．その後，トンネルイオン化の理論は，任意の原子とイオンにおいて任意の状態に対して取り扱えるように拡張された〔Ammosov-Delone-Krainov（ADK）モデル〕[3]．

分子のトンネルイオン化では，二つの寄与，(1)最外殻電子波動関数の形状，(2) Stark 効果，が重要な役割を果たしていることが指摘されている[5,6]．ADK モデルを分子に拡張した分子 ADK モデルによると，最外殻電子軌道である HOMO(highest occupied molecular orbital)の振幅の大きい部分は，トンネル過程において波動関数の染みだしが大きくなるため，電子がトンネルする確率が高くなることが指摘されている[5]．その結果，トンネルイオン化におけるレーザー電場と分子軸との角度依存性は HOMO の幾何学的形状を反映したものになる[5]．

一方，分子の電子状態は強いレーザー場によって Stark シフトを受ける．一般的に，双極子をもつ分子が強い電場中に置かれると電子系のエネルギー準位はエネルギーシフトするため，イオン化ポテンシャルが変化する．電場ベクトルと双極子の向きとの角度に依存してイオン化ポテンシャルの変化量が異なるため，トンネルイオン化確率分子配向依存性が現れることが指摘されている[6]．HOMO の幾何学的形状と Stark シフトの両方の要因を考慮した分

子トンネルイオン化の理論によると，Starkシフトによる寄与が優勢であることが指摘されている[6]．

1-2 位相制御レーザーパルスによる異方性トンネルイオン化

基本波と第二高調波を重ね合わせた直線偏光のレーザー電場〔以下$(\omega + 2\omega)$〕は $F(t) = F_1 \cos(\omega t) + F_2 \cos(2\omega t + \phi)$ で与えられる．ここで F_1, F_2 はそれぞれの電場振幅，ϕ は基本波と第二高調波との間の相対位相差である．$\phi = 0$, (π)の場合，正(負)の方向の電場振幅は負(正)の方向のそれと比べて約2倍となる〔図2-1(c), (d)〕．$(\omega + 2\omega)$位相制御レーザーパルスは相対位相差に依存する非対称電場で特徴づけられ，対称な光電場波形である単一周波数のレーザー場とは対照的である〔図2-1(a), (b)〕．

単一周波数の強いレーザー電場によって引き起こされるトンネルイオン化の時間挙動の数値計算例を図2-1(a), (b)に示す．計算例のパラメータは水素原子 $E_{\mathrm{I.P.}} = 13.6$ eV，レーザー波長 $\lambda = 800$ nm，レーザー強度 $I = 1.0 \times 10^{14}$ W cm^{-2} とした．トンネルイオン化は高次非線形光学応答によりレーザー電場振幅の最大付近のアト秒の時間領域で，スパイク状に起こることがわかる．その結果，トンネルイオン化収量は時間に対して階段状に増加する〔図2-1(b)〕．最近，トンネルイオン化の実時間領域での観測(階段状のトンネルイオン化収量の時間変化)がUiberackerらによって報告されている[7]．

図2-1(c), (d)は$(\omega + 2\omega)$位相制御レーザーパルス$(\phi = 0)$によって引き起こされたトンネルイオン化の時間変化を準静的トンネルイオン化モデルを用いて計算した結果である．計算例のパラメータは水素原子のイオン化ポテンシャル，波長 400 nm + 800 nm，レーザー強度 $I = I_1 + I_2 = 1.0 = 10^{14}$ W cm^{-2}($I_1 = 5.0 \times 10^{13}$ W cm^{-2}, $I_2 = 5.0 \times 10^{13}$ W cm^{-2})とした．レーザー電場振幅の正の極大が負のそれより約2倍大きいことを反映して，トンネルイオン化は正の極大の時刻で相対的に強く引き起こされることがわかる〔図2-1(c)〕．その結果，トンネルイオン化収量は，単一周波数のレーザー電場に比べて2倍の周期で階段状に増加する〔図2-1(d)〕．このように単一周波数のレーザー電場とは対照的に$(\omega + 2\omega)$位相制御レーザーパルスによっ

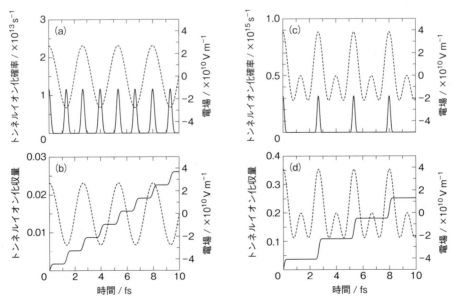

図2-1 数値計算(準静的トンネルイオン化モデル)によるトンネルイオン化の時間挙動
単一周波数のレーザーパルスによる，トンネルイオン化確率(a)，トンネルイオン化収量(b)．$(\omega + 2\omega)$位相制御レーザーパルスによる，トンネルイオン化確率(c)，トンネルイオン化収量(d)．破線はレーザー電場振幅を表す．

て異方性トンネルイオン化が引き起こされ，この異方性は相対位相差を0からπに変えると正負が反転する[8]．

1-3 位相制御レーザーパルスによる配向選択分子トンネルイオン化

図2-2(a)，(b)に示される一酸化炭素(CO)や硫化カルボニル(OCS)のような非対称なHOMOをもつ分子が正負に対して対称な電場をもつ単色のレーザーパルスでトンネルイオン化された場合，正の配向方向の分子と負の配向方向の分子が，電場の正負のピークで等しい確率でイオン化される．そのため，トンネルイオン化確率は非対称なHOMOを反映した角度依存性にはならず非対称分子の配向を区別することができない〔図2-3(a)〕．ところが非対称電場をもつ$(\omega+2\omega)$位相制御レーザーパルスでは，トンネルイオン化に空間異方性が現れる．$(\omega+2\omega)$位相制御レーザーパルスの非対称電場が作用すると，非対称な波動関数において振幅の大きい場所から非対称光電場の最大の時刻で異方的なトンネルイオン化が起こる確率が高くなり，配向依存性が現れる〔図2-3(b)〕．その結果，図2-3(c)に示されるように，ランダム配向の気体分子集団のなかから非対称分子の配向を区別した配向選択イオン化が起こる[9~13]．

2 実験例

2-1 一酸化炭素(CO)

実験装置は，(1)フェムト秒レーザー光源，(2) $(\omega+2\omega)$位相制御レーザーパルス発生装置，イオン-電子同時検出用飛行時間型質量分析装置から構成される．詳細は文献13に譲る．COに$(\omega+2\omega)$位相制御レーザーパルス〔レーザー強度：$4\times$

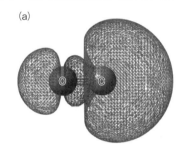
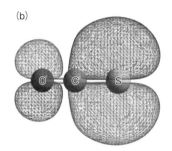

図2-2 最高占有分子軌道(HOMO)の等高線図
(a) 一酸化炭素(CO)，(b) 硫化カルボニル(OCS)．

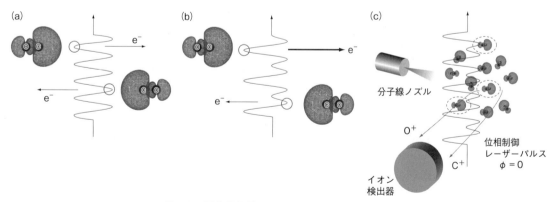

図2-3 配向選択分子トンネルイオン化の概念図
(a) 単一周波数のレーザーパルスの場合，右向き(O-C)と左向き分子(C-O)はトンネルイオン化確率が等しいため，分子配向を区別できない．(b) $(\omega+2\omega)$位相制御レーザーパルスの場合，左向き(C-O)より右向き(O-C)分子のトンネルイオン化確率が大きくなる．(c) $(\omega+2\omega)$位相制御レーザーパルスの場合，ランダム配向の気体分子において配向選択分子イオン化が可能となる．

10^{13} W cm^{-2}(800 nm), 1×10^{13} W cm^{-2}(400 nm), パルス幅：130 fs]照射した実験結果を示す[11]. 相対位相差 ϕ は, 図2-3(c)のようにレーザー電場の非対称性が最大で, 電場振幅最大の方向がイオン検出器に対して左側を向いているときを$\phi = 0$と定義した[11]. また, 相対位相差 ϕ の校正は, 分子配向とレーザー電場の非対称性の方向の関係がすでに評価されている分子と対象分子との同時測定により行った[10]. 図2-4(a)は観測された光解離生成物イオンである一価の炭素イオンC^+と炭素イオンO^+の二次元放出角度分布である. 偏光方向(水平)に局在したリング状の放出角度分布が観測される. 相対位相差 $\phi = 0$ のときは, C^+ の右方向放出成分が, O^+ の左方向放出成分が大きく観測される. 相対位相差 ϕ を0からπに変えると, それぞれの光解離生成物イオンの放出方向が完全に反転する. 図2-4(a)は左方向/右方向放出成分比(I_L/I_R)の相対位相差 ϕ 依存性である. C^+とO^+はとも明瞭な2πの振動をしており, 互いに逆位相であることがわかる. この実験結果は, 非対称分子の配向を区別してCO分子がイオン化されており, その配向方向が$\phi = 0$とπで反転することを示している.

このように単一周波数のレーザー光では困難であった非対称分子の配向を区別した分子操作が($\omega + 2\omega$)位相制御レーザーパルスによって可能であり, イオン化された分子の配向方向を相対位相差 ϕ によって制御できることがわかった[11]. また実験結果は, 分子ADKモデルで予測される配向方向と一致していることがわかった(非対称レーザー電場によって, 波動関数振幅の大きいC原子側から電子が引き抜かれる確率がより高くなっている)[11].

ほかのグループから単一周波数の強い円偏光レーザーパルス(光強度：4.0×10^{14} W cm^{-2}, パルス幅：35 fs)を用いたCOのトンネルイオン化の実験が報告されている[14]. COのトンネルイオン化の角度依存性はHOMOの幾何学的形状を反映しており, ($\omega + 2\omega$)位相制御レーザーパルスの実験結果と一致している[14]. Starkシフトを考慮した分子トンネルイオン化の理論では, Starkシフトの影響により分子ADKモデルとは逆の配向方向の分子がイオン化される確率が高いことが予測されていることから[6], COではStarkシフトの影響は小さいことが結論される[11].

2-2　硫化カルボニル(OCS)

強い静電場によって配向制御されたOCSを対象とした, 単一周波数の強い円偏光レーザーパルス(光強度：4.0×10^{14} W cm^{-2}, パルス幅：35 fs)によるトンネルイオン化の実験がほかのグループにより

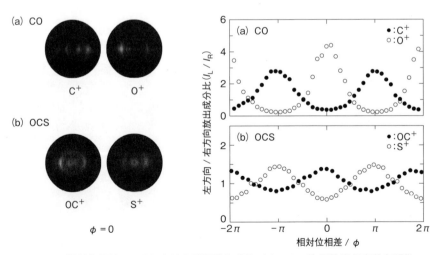

図2-4　相対位相差$\phi = 0$における光解離生成物イオンの二次元放出角度分布画像
(a)CO, (b)OCS. それぞれの図は, 左方向/右方向放出成分比(I_L/I_R)の相対位相差ϕ依存性を示す.

+ COLUMN +

★いま一番気になっている研究者

Markus Kitzler
(ウィーン工科大学主任研究員)

　1990年代のフェムト秒パルスレーザーの普及により、レーザーによる現実的な光化学反応制御の期待が高まった。フェムト秒の時間領域は、レーザーの照射によって分子に与えられたエネルギーの散逸が実時間で捉えられる領域である。エネルギーの散逸が起こる前に、量子状態選択によって与えたエネルギーを効率よく結合切断などに用いることができれば、高い反応選択性が実現できる可能性がある。

　しかし、分子内のエネルギー散逸は多数の振動モード間のエネルギー再分配による100 fs以下の超高速現象であるため、関与する振動モードの1周期程度の時間幅のフェムト秒光パルスを使用してもエネルギー散逸速度に打ち勝つことができず、現実的なレーザーによる光化学反応制御は困難であることが明らかになってきた。

　エネルギー散逸を克服するためには、さらに短い時間領域であるアト秒領域で分子操作を行うという高度な分子操作が要求される。アト秒領域での分子操作技術の探索はまだ始まったばかりであるが、起点となるのが強いレーザー場による高次高調波発生の説明に用いられる再衝突モデルである。

　最近、再衝突過程の制御による解離性イオン化反応の反応分岐比の制御の実験がKitzlerらによって報告されている。単なる摂動として振動させるだけの電子励起の枠組みを超えて、強いレーザー電場による光の1周期以内であるアト秒領域での精密な電子運動制御による光化学反応制御の探索が進んでいる。

行われている[15]。OCSは分子ADKモデルの予測とは逆の配向の分子トンネルイオン化確率が高くなり、Starkシフトの影響が大きい分子であることが報告されている[15]。そこで、OCSについても($\omega+2\omega$)位相制御レーザーパルスを用いたトンネルイオン化の実験を行った[12]。

　図2-4(b)は観測された光解離生成物イオンである一価の炭素イオンOC$^+$と炭素イオンS$^+$の二次元放出角度分布、図2-4(b)は相対位相差ϕの関数としてプロットした光解離生成物イオンの左方向放出成分と右放出成分の比(I_L/I_R)である。OC$^+$、S$^+$は互いに逆位相の明瞭な2πの振動をしていることから、OCS分子が配向選択的にイオン化されていることがわかる。また実験結果は、波動関数振幅の大きいS原子側から電子が引き抜かれる確率が、より高くなる分子ADKモデルで予測される配向方向と一致していることがわかった[12]。以前に報告された強い円偏光レーザーパルスによるOCSのトンネルイオン化の実験の結果とは異なり[12]、($\omega+2\omega$)位相制御レーザーパルスの場合、HOMOの幾何学的形状による寄与が大きいことがわかった。

　現在のところ、レーザーパルスの偏光によってトンネルイオン化の配向依存性が異なる原因は不明であるが、その原因の一つとして、レーザー強度が多光子イオン化とトンネルイオン化の境界領域にあるため、多光子イオン化による励起状態の関与が指摘されている[12]。

3 まとめと今後の展望

　基本波と第二高調波を重ね合わせその相対位相を精密に制御した強い位相制御レーザーパルスによる気体分子の配向選択分子トンネルイオン化について述べた。これまでに、分子の波動関数(HOMO)を系統的に変化させた実験や位相制御レーザーパルスの波長とパルス幅を変化させた実験から、異方性トンネルイオン化による配向選択分子トンネルイオン化が広範囲な条件で起こることを明らかにしてきた[13]。OCSに関しては、ほかの実験結果との比較からレーザーの偏光によってトンネルイオン化の挙動が変わることがわかった。この結果から通常のト

ンネルイオン化では考慮しない励起状態への光学遷移の関与が示唆される．今後，励起状態の寄与を考慮した包括的なトンネルイオン化の理論の構築が望まれる．

　トンネルイオン化と並んで，もはや光子遷移描像の前提となる摂動論の適応範囲外となるもう一つ典型例が高次高調波発生である[16]．非摂動論的なモデルとして，トンネルイオン化によって剥ぎ取られた電子が振動する光電場によって加速され，光の1周期以内で親イオンに再衝突することによって高次高調波が発生する再衝突モデルがCorkumによって提案され，さまざまな実験で検証されてきた[16]．Corkumの再衝突モデルは，振動するレーザー電場に同期したコヒーレントな電子運動が非常に重要であることを示しており，波長変換によるコヒーレント軟X線発生だけでなくアト秒光パルス発生においても本質的な役割を果たす[16]．最近，再衝突過程の制御による解離性イオン化反応の反応分岐比の制御が実験的に報告されている．単なる摂動としての振動させるだけの電子励起の枠組みを超えた，強いレーザー電場による光の1周期以内であるアト秒領域での精密な電子運動制御による光化学反応制御の探索が進んでいる[17]．

　本研究では2色の位相制御レーザーパルスを使用したが，さらに発展させて，多色（$\omega+2\omega+3\omega+4\omega+\cdots$）の各周波数成分を位相制御してフーリエ合成すれば，任意光電場の合成が可能である．これを分子に照射することにより，アト秒領域でのほぼ完全な電子運動制御が期待される．位相制御レーザーパルスを使用することにより，従来の電子運動制御，物質応答制御において困難であった課題に対して新しい方法論を提示できる可能性がある．

◆ 文　献 ◆

[1] L. V. Keldysh, *Sov. Phys. JETP*, **20**, 1307 (1965).

[2] A. M. Perelomov, V. S. Popov, M. V. Terent'ev, *Sov. Phys. JETP*, **23**, 924 (1966).

[3] M. V. Ammosov, N. B. Delone, V. P. Krainov, *Sov. Phys. JETP*, **64**, 1191 (1987).

[4] F. Krausz, M. Ivanov, *Attosecond Physics. Rev. Mod. Phys.*, **81**, 163 (2009), and references therein.

[5] X. M. Tong, Z. X. Zhao, C. D. Lin, *Phys. Rev. A*, **66**, 033402 (2002).

[6] L. B. Madsen, F. Jensen, O. I. Tolstikhin, T. Morishita, *Phys. Rev. A*, **87**, 013406 (2013).

[7] M. Uiberacker, Th. Uphues, M. Schultze, A. J. Verhoef, V. Yakovlev, M. F. Kling, J. Raushenberger, N. M. Kabachnik, H. Schröder, M. Lezius, K. L. Kompa, H.-G. Muller, M. J. J. Vrakking, S. Hendel, U. Kleineberg, U. Heinzmann, M. Drescher, F. Krausz, *Nature*, **446**, 627 (2007).

[8] K. J. Schafer, K. C. Kulander, *Phys. Rev. A*, **45**, 8026 (1992).

[9] H. Ohmura, N. Saito, M. Tachiya, *Phys. Rev. Lett.*, **96**, 173001 (2006).

[10] H. Ohmura, F. Ito, M. Tachiya, *Phys. Rev. A*, **74**, 043410 (2006).

[11] H. Ohmura, N. Saito, T. Morishita, *Phys. Rev. A*, **83**, 063407 (2011).

[12] H. Ohmura, N. Saito, T. Morishita, *Phys. Rev. A*, **89**, 013405 (2014).

[13] 大村英樹，分子科学，**5**, A0039 (2011).

[14] J. Wu, L. Ph. H. Schmidt, M. Kunitski, M. Mecke, S. Voss, H. Sann, H. Kim, T. Jahnke, A. Czasch, R. Dörner, *Phys. Rev. Lett.*, **108**, 183001 (2012).

[15] L. Holmegaard, J. L. Hansen, L. Kalhøj, S. L. Kragh, H. Stapelfeldt, F. Filsinger, J. Küpper, G. Meijer, D. Dimitrovski, M. Abu-samha, C. P. J. Martiny, L. B. Madsen, *Nature Phys.*, **6**, 428 (2010).

[16] P. B. Corkum, F. Krausz, *Nature Phys.*, **3**, 381 (2007), and references therein.

[17] X. Xie, K. Doblhoff-Dier, S. Roither, M. S. Schöffler, D. Kartashov, H. Xu, T. Rathje, G. G. Paulus, A. Baltuška, S. Gräfe, M. Kitzler, *Phys. Rev. Lett.*, **109**, 243001 (2012).

Chap 3：②有機化学のイオン化と化学結合の組換えと切断

フェムト秒フィラメンテーションに伴う化学反応
Femtosecond Filamentation Chemistry

八ッ橋 知幸　中島 信昭
（大阪市立大学大学院理学研究科）

Overview

フェムト秒レーザーパルスを媒体に集光照射すると，フィラメントとよばれる光強度の高い細い線状の部分ができる．フィラメントによる雨や雪の生成，赤外やテラヘルツ（THz）領域への波長変換などがフィラメンテーション科学として報告されている．フィラメント中には正に荷電したイオンと電子が活性種としてまず生成する．したがって，フィラメント中の化学反応は放射線化学のそれと類似する．異なる点は，多光子吸収とそれに伴う反応である．さらに高い強度のフェムト秒パルス，あるいは高強度ナノ秒レーザーパルスを用いると，媒体は絶縁破壊に至り，プラズマ化学に類似する反応が起こる．

本章では，金属錯体の還元反応と金属ナノ粒子生成，そして有機化合物の酸化反応と親水性炭素ナノ粒子生成を例に，フェムト秒レーザーフィラメンテーションが溶液中の化学反応にも応用できることを紹介する．

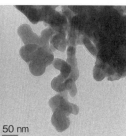

▲銀イオン水溶液へのフェムト秒レーザー（100 fs, 3 μJ, 1 kHz）照射前（左），60 分照射後（中）の様子，および生成した銀微粒子の透過電子顕微鏡像（右）

［カラー口絵参照］

■ **KEYWORD** □マークは用語解説参照

- 自己収束（self-focusing）□
- 絶縁破壊（breakdown）
- 多光子反応（multiphoton reactions）
- 金属ナノ粒子（metal nanoparticles）
- 液相アブレーション（liquid-phase laser ablation）
- 親水性炭素ナノ粒子（hydrophilic carbon nanoparticles）
- ヒドロキシルラジカル（hydroxyl radical）

1 フェムト秒レーザーフィラメンテーション

　高強度フェムト秒レーザーを凸レンズによって媒体に集光すると，媒体の非線形屈折率に起因する凸レンズによりさらに集光される（自己収束）．その結果，媒体のイオン化が起きて電子が放出される．電子は周囲の媒体よりも小さい屈折率を有するため，レーザービームをデフォーカスする役割を果たす．このより大きい屈折率とより小さい屈折率がバランスし，フィラメントとよばれる光強度の高い細い線状の部分ができて維持される．イオン化に伴うデフォーカスのあと，再収束する現象，すなわち多重フォーカスが観測されている[1]．フィラメント内におけるピーク強度は電子放出可能な約 10^{13} W cm^{-2} に維持されると同時にレーザーパルスは急峻となり，自己位相変調を引き起こす．すなわち，入射光の一部は白色レーザーに変換される．フェムト秒パルスによる励起で，タイトな集光条件でなければ白色光への変換は絶縁破壊（breakdown：BD）に先行できる．たとえば，石英中でフィラメンテーションが起こる場合，白色光への変換が起こるが，媒体の変化は見られない．しかし，絶縁破壊に至ると，石英内部に小さい気泡のようなものができて光学部品として使用できなくなる．

　空気中でのフィラメンテーション現象はとくに詳しく研究され，フィラメンテーションに起因した多くの興味深い現象が見いだされている[2]．たとえば雨や雪の生成[3]，赤外やテラヘルツ（THz）領域へのレーザー波長の変換などである[4]．一方，液体中でのフィラメンテーション現象自体もよく研究されており，たとえばメタノール中でのフィラメンテーション[1]，ならびに水中に集光した場合の白色光への変換などの詳しい研究がある[5]．一方，フィラメントにより誘起される溶液中の化学反応については，筆者らの無機イオン還元反応を除いて報告例はほとんどない．フィラメント中の強度は一定であり，媒体中の高強度化学としてはフィラメンテーションにより誘起された反応が最も高い光強度での化学反応と考えられる．フィラメンテーションが起きたとき，溶液中に生成される化学種の第一は正に荷電したイオンと溶媒和電子である．したがって，フィラメント中の化学反応は放射線化学のそれと類似であると見なすことができる．放射線化学と異なる点は，高強度レーザーにより起きる多光子吸収とそれに伴う反応である．有機分子の多光子吸収については3〜5光吸収，あるいは7光吸収が起こることを確かめている[6]．ここで紹介する現象はフェムト秒レーザーパルスを用いたときに特有のものであるという点を強調する必要がある．ナノ秒レーザーを媒体に集光すると，フィラメントを形成せずに 10^9 W cm^{-2} 程度で絶縁破壊に至るため，プラズマ化学に類似した反応が主となるためである．

2 白色レーザーを伴う溶媒和電子（e_{sol}^-）の生成，e_{sol}^- による無機イオンの還元反応とナノ粒子生成

　フィラメント中における金属イオン還元反応の模式図を図3-1に示した．還元反応はスキーム（1）〜（6）で示される．水あるいはメタノールがイオン化され，いったん電子が放出されると，(1)周囲の水あるいはメタノールが配向緩和して溶媒和電子（e_{sol}^-）となる．(2)この電子が三価の金属イオン Me^{3+}，あるいは(3) Ag$^+$ により捕捉される．800 nm のフェムト秒パルス励起で Eu^{3+},[7] Sm^{3+},[8] Yb^{3+},[9] はそれぞれの二価イオンに，1190 nm のパルスで Fe^{3+} は Fe^{2+} に還元されることが明らかとなった．銀イオンでは，(4)，(5)に示すように銀ナノ粒子を生成した．Fe(Ⅲ)錯体は(6)で示されるように 800 nm のパルスでは2光子吸収による光還元反応を示した．鉄錯体の電荷移動（charge-transfer：CT）吸収は 400 nm より短波長にあり，照射レーザー強度を考慮すれば 800 nm 励起で2光子吸収が

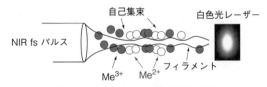

図3-1　フィラメント形成の模式図

集光されたフェムト秒レーザーは白色光を伴うフィラメントを形成する．フィラメント中に生成した溶媒和電子によって媒体中の三価の金属イオン（Me^{3+}）が還元されて二価の金属イオン（Me^{2+}）を生じる．NIR：近赤外域．中華民国物理学会より許可を得て文献9より転載.

起きることが当然期待される．1190 nm 励起では 3 光子吸収が必要であるが，実験結果からは 3 光子吸収の効率は低いと考えられた．ほかのランタノイドイオンや銀イオンの系で CT 吸収を励起するには，800 nm パルスの 3 光子以上を要するため，フィラメントによる反応が多光子過程より優先したと考えられる．

$$\mathrm{CH_3OH/H_2O} \xrightarrow{nh\nu} \mathrm{CH_3OH^+/H_2O^+} + e_{sol}^- \quad (1)$$

$$\mathrm{Me^{3+}} + e_{sol}^- \longrightarrow \mathrm{Me^{2+}} \quad (2)$$

$$\mathrm{Ag^+} + e_{sol}^- \longrightarrow \mathrm{Ag} \quad (3)$$

$$\mathrm{Ag} + \mathrm{Ag^+} \longrightarrow \mathrm{Ag_2^+} \quad (4)$$

$$\mathrm{Ag_{n-1}^+} + \mathrm{Ag} \longrightarrow \mathrm{Ag_n^+}(微粒子) \quad (5)$$

$$2[\mathrm{Fe^{III}(C_2O_4)_3}]^{3-} \xrightarrow{2h\nu} 2[\mathrm{Fe^{II}(C_2O_4)_2}]^{2-} + 2\mathrm{CO_2} + \mathrm{C_2O_4^{2-}} \quad (6)$$

一方，フェムト秒レーザー照射により，光学ガラス中でも $\mathrm{Eu^{3+}}$ の $\mathrm{Eu^{2+}}$ への反応が起こることが知られている．この場合も媒体から電子が放出され，$\mathrm{Eu^{3+}}$ イオンが電子捕捉中心の役割を果たすことが示唆されている．また，溶液への γ 線照射により $\mathrm{Eu^{3+}}$ から $\mathrm{Eu^{2+}}$ に還元できることが報告されている．放射線化学の分野では分子を含む金属イオンと電子との反応速度は詳しく研究されており，1500 以上の例が蓄積されている．これらはフィラメンテーションに起因する反応の起こりやすさを推定するうえで重要なデータとなるであろう．

シュウ酸第二鉄カリウムの水溶液を 800 nm フェムト秒パルスで励起した結果を図 3-2 に示す．縦軸はトリス(1,10-フェナントロリン)鉄(II)イオン $[\mathrm{Fe(phen)_3}]^{2+}$ の濃度を 1 分当たりの 520 nm における吸光度変化で表している．点線は対数グラフに対して傾き 2.0 をもつ．生成量の飽和は 10 μJ/pulse より小さいエネルギーから起こっている．図 3-2 の対数表示に対する傾き 2.0 は $\mathrm{Fe^{3+}}$ の 2 光子励起と，それに続く $\mathrm{Fe^{2+}}$ への還元反応が起こっていることを支持している．これは上述の式(6)で示した 2 光子吸収の反応に相当する．図 3-3 は 1190 nm レーザーパルスを用いた場合の結果である．レーザー照射エネルギー 1.3〜12 μJ/pulse を 5 分から 751 分照射したときの，$[\mathrm{Fe(phen)_3}]^{2+}$ の濃度を，1 分当たりの 520 nm における吸光度変化で表している．白色光が観測できるエネルギー領域以下では $\mathrm{Fe^{2+}}$ への還元効率は急激に下がった．この現象は図 3-2 で示された結果と明確に異なる点であり，1190 nm 励起では還元の機構が 800 nm 励起の場合とは異なり，上述の式(1)で表される溶媒のイオン化とそれに続く式(2)の電子捕捉の反応であると推

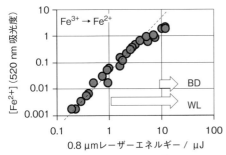

図 3-2 鉄イオン水溶液(0.1 M $\mathrm{K_3Fe^{III}(C_2O_4)_3}$，重水)へのフェムト秒レーザー(0.8 μm，100 fs，1 kHz)照射による $\mathrm{Fe^{3+}} \to \mathrm{Fe^{2+}}$ 変換のレーザーエネルギー依存性

縦軸はトリス(1,10-フェナントロリン)鉄(II)イオンの吸光度．点線は傾き 2.0 を示す．白色光レーザー(white light laser：WL)の矢印は白色レーザーが目視できる領域を，BD の矢印は溶媒の絶縁破壊による発光が見られる領域を示す．中華民国物理学会より許可を得て文献 9 より転載．

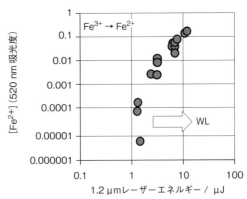

図 3-3 鉄イオン水溶液(0.1 M $\mathrm{K_3Fe^{3+}(C_2O_4)_3}$)へのフェムト秒レーザー(1190 nm，100 fs，1 kHz)照射による $\mathrm{Fe^{3+}} \to \mathrm{Fe^{2+}}$ 変換のレーザーエネルギー依存性

縦軸はトリス(1,10-フェナントロリン)鉄(II)イオンの吸光度．WL の矢印は白色レーザーが目視できる領域を示す．中華民国物理学会より許可を得て文献 9 より転載．

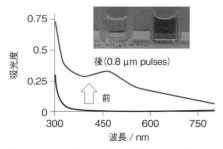

図 3-4 フェムト秒レーザー（0.8 μm，100 fs，5 μJ，1 kHz）を銀イオン水溶液（6 × 10^{-3} mol L^{-1} AgClO$_4$，0.01 mol L^{-1} PANa，0.13 mol L^{-1} 2-プロパノール）に 10 分照射した際の吸収スペクトル変化と銀微粒子生成の様子
中華民国物理学会より許可を得て文献 9 より転載．

定した．この波長では 3 光子吸収で励起する過程も含まれるかもしれない．しかし，3 光子吸収の効率は 2 光子吸収のそれと比べて大きく下がると考えられており，この場合は鉄錯体への 3 光子吸収による反応は観察されていないと推定される．

ポリアクリレート塩を含む水溶液中へのγ線励起により，銀イオンが還元されて銀微粒子を生成することが知られている．この場合の還元剤はγ線照射により生成された溶媒和電子である．フェムト秒パルス励起でも同様の反応，式（3）〜（5）で示した銀微粒子の生成が見られた．図 3-4 は銀イオンを含む溶液のフェムト秒パルス励起によるスペクトルと色の変化を示す．レーザー照射により溶液は無色透明から濃い茶色となった．可視部全体に吸収があり，450 nm 付近にスペクトル幅の広いピークが現れた．過去のフェムト秒パルス励起による微粒子生成の実験は 0.5〜6 mJ/pulse で行われており，明らかに BD 領域，すなわち溶媒の絶縁破壊が起こるプラズマ化学の領域であった．図 3-4 の変化は従来の 1/100 から 1/1000 のパルスエネルギーでも起こっており，フェムト秒フィラメンテーションの化学であることを示している．無機イオン還元反応のより詳しい議論は筆者らの最近の研究を参照されたい[9]．

3 酸素活性種の生成，ヒドロキシルラジカルによる有機化合物の酸化反応とナノ粒子生成

ナノ粒子の生成法には原料の塊を機械的に砕いて小さくする粉砕法，金属錯体やイオンを化学的に還元して凝集させる凝集法などがある．前述のようにフィラメント中の溶媒和電子による還元反応によっても銀の微粒子が生成する．一方，有機溶媒に高出力レーザーを集光照射すると，アブレーション，イオン化，絶縁破壊などのさまざまな現象が起こるが，レーザー出力が大きいと，最終的に炭化して煤が生じることがよく知られている．たとえば，ベンゼンに紫外ナノ秒レーザーを照射すると，煤のほかに縮合多環芳香族化合物が多種生成することから，結合解離と融合，そして脱水素化が起こっていることは明らかである．さまざまな種類のレーザー照射が試みられたが，近赤外フェムト秒レーザーを集光しても煤が生じ[10]，また直径 20 nm 程度のダイヤモンド様カーボンが生成したことも報告された．しかし，反応条件を変える余地がほとんどないため，粒子の粒径や形態の制御はもちろんのこと，表面性状を制御して凝集を防ぐことも困難である．ヘキサンやアセトンでは，同様のフェムト秒レーザー照射を行っても粒子は生じず，ポリインが生成することが報告されている．

一方，単一相ではなく，界面を利用して粒子を生成する研究も盛んである．気-固界面や，液-固界面をアブレーションすることで，ナノ粒子をつくる手法が知られており（図 3-5），とくに後者は液相レーザーアブレーション法とよばれている．液相レーザーアブレーションでは固体表面から飛びだしたイオンや原子が液体中で急速に冷却されることで凝集し，ナノ粒子が生じる機構が提案されている．レーザー照射条件を最適化することで粒子の形態や粒径

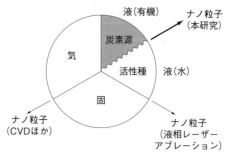

図 3-5 界面を利用したナノ粒子生成
CVD：chemical vapor deposition（化学蒸着）．

の制御ができることが示されている．液相レーザーアブレーション法の対象は主として金属であるが，炭素素材からはフラーレン，ポリイン，そしてカーボンオニオンや粒子などのナノ構造の炭素が生成することが複数報告されている．しかし，この方法では溶媒や照射方法を選択する以外に反応を大きく制御する要素がないため，炭素ナノ粒子の表面性状や組成を制御することはやはり困難である．また，生成物は疎水性であるために凝集が避けられない．一般に炭素粒子の表面性状を変えるには強酸を加えて長時間加熱したり，プラズマ処理したあとに官能基を結合させるなどの手法が用いられている．これらの処理により親水性となった炭素ナノ粒子は発光性を有するなど興味深い性質を示す[11]．

一方，気液固の3態間の界面を利用した手法とは異なり，われわれは有機/水の二液相界面を利用し，炭素源と活性種源を分離することで，効率よく親水性炭素ナノ粒子を生成できることを見いだした[12]．ベンゼン(上層)と水(下層)の2液相試料を調製した直後に，水相の底付近にフェムト秒レーザー(0.8 μm, 40 fs, 0.4 mJ, 1 kHz)を照射すると，フィラメントから激しく泡が発生するとともに誘導期間を経てベンゼン/水界面から黒色粒子が現れた．照射後に両相を混合しても粒子は水相にとどまり，ベンゼン相は無色透明のままであることから親水性の粒子のみが生じたと結論した〔図3-6(a)〕．界面を介してベンゼン相に照射した場合には黒色粒子が多量に生じ，両相に不溶の粒子がベンゼン相に凝集した〔図3-6(b)〕．さらに，試料を1日静置したあとに照射すると，誘導期間なしで，界面からではなく水相から黒色粒子が発生し，疎水性の炭素粒子が生じた．一方，ベンゼン相にレーザーを照射した場合には，水相は無色透明，ベンゼン相は黄色を呈するのみで粒子は生じない〔図3-6(c)〕．

生成した黒色粒子の形態観測を透過型電子顕微鏡および走査型電子顕微鏡で行ったところ，親水性粒子は直径20 nm以下のナノ粒子であることが明らかとなった．一方，分散した疎水性粒子は直径20 nm以下，また凝集した疎水性粒子の直径は200 μm以下であった．粒子の赤外吸収測定により，親水性の原因はヒドロキシ基の存在によるものであり，またラマン散乱測定によりDおよびGバンドを有する典型的な炭素粒子であることがわかった．一方，両相における低分子量分子を分析したところ，親水性粒子が生成した水相ではきわめて多数の生成物が検出された．一方，ベンゼン相にはおもにフェノールとビフェニルのみであった．また，疎水性粒子が生成したときの水相にはビフェニルのみが観測され，ベンゼン相には何も検出されなかった．反応前後でpHはほぼ変わらなかったが，水中には過酸化水素が発生した．水のみの場合と比べ，粒子が生成した条件では反応終了後に残存する過酸化水素量は少なく，用いた有機溶媒の種類によっても異なることがわかった．

以上の結果より，ナノ粒子はヒドロキシルラジカルによる逐次酸化反応により生成すると推測した．フェムト秒レーザーを水に照射すると，水がイオン化してラジカルカチオンと水和電子が生じる．水のみの場合に最終的に得られるのは水素，酸素，そして過酸化水素である[13]．前述のようにわれわれは，溶媒和電子により金属の還元反応が起こることを報告してきた．水和電子は金属を還元するか，あるいは酸素と反応してスーパーオキシドアニオンラジカルになる．還元反応が起きるかどうかは金属イオン濃度と酸素濃度に大きく依存する．一方，Birch還元のように溶媒和電子によってベンゼン環が還元さ

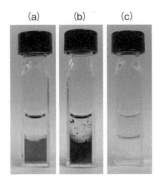

図3-6 フェムト秒レーザー(0.8 μm, 40 fs, 0.4 mJ, 1 kHz)を25分照射したあとの様子

レーザーを，水相の底付近に照射(a)，メニスカスを介してベンゼン相に照射(b)，ベンゼン相に照射(c)．日本化学会より許可を得て文献12より転載．

> **+ COLUMN +**
>
> ★いま一番気になっている研究
>
> ## フェムト秒レーザーの
> ## がん治療への応用
>
> フェムト秒フィラメントを発生させてがん治療に応用できるという D. Houde（カナダ・シャーブルック大学）らの報告がある〔R. Meesat, H. Belmouaddine, J.-F. Allard, C. Tanguay-Renaud, R. Lemay, T. Brastaviceanu, L. Tremblay, B. Paquette, J. R. Wagner, J.-P. Jay-Gerin, M. Lepage, M. A. Huels, D. Houde, *Proc. Nat. Acad. Sci. USA*, 110, 3651 (2013)〕. レーザー入射口，出射口付近でのダメージを抑えながらがんにはきわめて高い線量率(dose rate)を適用できるという. これは「フィラメントによる化学反応が放射線化学に似ている」ことを考えれば理解しやすい.
>
> 放射（γ, X, 電子）線，さらにはプロトンや炭素イオン照射ががん治療に利用されているが，それをフェムト秒レーザー照射で一部置き換えることができるかもしれない. よい点はがんと関係のない正常な組織を傷つけることなく，患部のみに照射して治療できる見込みがあることである. レーザーフィラメンテーションでは低エネルギーの電子を供給でき，線量率は従来の放射線照射のどの方法よりもけた違いに高くできるという. 対象とする生体組織からはかなりの散乱があるであろうし，深い部位にはファイバーによるレーザーパルスの導入などが必要になるであろう. フィラメンテーションによる化学反応の研究を基礎とし，DNAへの損傷の程度を調べ，動物実験を積み重ねて，実用化してほしい.

れるかどうかは興味深いところであるが，実験結果からは酸素との反応が優先すると思われる. しかし，スーパーオキシドアニオンラジカルは酸化力が弱いためベンゼンとは反応しない. 水のラジカルカチオンは二次反応を経てさまざまな酸素活性種となるが，ベンゼンを酸化しうるのはヒドロキシルラジカルのみである. しかし，ヒドロキシルラジカルの寿命は短いため，界面には到達しえない. そのため，まず水中に溶解したベンゼン分子がフィラメント中の酸素活性種によって酸化される. 次に，初期酸化生成物がフィラメント中あるいはその周囲で連続的に酸化され，さらに高分子化，脱水素化などを経て最終的に表面性状の異なる炭素ナノ粒子へと成長する. 最後に，生じたナノ粒子がベンゼンと水との界面にて凝集し，黒色のコロイド粒子として観測されると考えると，表面性状，黒色粒子発生までの誘導期間や発生場所の違いが説明できる. また，ベンゼン水溶液に比べて2液相試料では親水性粒子の生成量が格段に多い. ベンゼン/水の二液相界面が水中のベンゼン濃度を小さく保つため親水性粒子が生成し，さらに，界面を介して連続的にベンゼンを水相に供給するため，生成量が多くなることなどが明らかになっている[14].

④ まとめと今後の展望

強光子場化学の対象はこれまで気相の原子や分子が主であり，分子の整列，配向，変形，特異な反応誘起，そして多価分子イオンの生成とそれに伴うクーロン爆発など興味深い現象が次つぎと報告された[15]. しかしながら，積極的な化学反応を誘起するには対象を凝縮相へと転換する必要があった. その場合，それまでのナノ・ピコ秒レーザーにより誘起される化学反応と比較して，フェムト秒レーザーで誘起される化学反応が果たして同じなのか，それとも異なるのかが最も重要な点だと思われた. 固体に高出力レーザーを照射するとアブレーションが起きる. フェムト秒レーザーを用いると，グラファイト表面からは三価までの多価炭素イオンが生じ，表面の時間分解電荷計測により絶縁体では電荷が数百ピコ秒に渡って局在化していることが明らかになって

いる．気相のアントラセンを励起すると三価分子イオンまで明瞭に観測できるが，クラスターでは分子イオンは一価までしか観測されない．結晶でも一価の分子イオンしか観測されないが，二価炭素イオンのほかに二量体，三量体が観測されるなど特異な現象が見いだされている[16]．ナノ・ピコ秒レーザーアブレーションでは光化学的，光熱的，光力学的機構が提案されている．フェムト秒レーザーを用いると，これらとは異なり，クーロン爆発によりアブレーションが起き，さらに興味深い反応が起こることが新たに明らかになった．

一方，液体を対象とした場合には放射線化学やプラズマ化学に類似した反応が起こることは本節で述べた．放射線化学と異なるのは，多光子反応の存在と，チャープドパルスの利用により媒体の任意の深さにフィラメントを生成できる（コラム参照）ことにある．条件次第では還元のほかに酸化反応も起すことができ，とくに有機/水2相系では1ポット・1ステップ，そしてきわめて単純な実験条件の違いにより親水性と疎水性の炭素ナノ粒子をつくり分けることができることを示した．さらに，この手法では用いる有機溶媒によって炭素ナノ粒子の元素組成の制御が可能である．今後はサイズ，形態，表面性状，そして元素組成を制御した炭素ナノ粒子の生成法の確立が大きな目標である．

フェムト化学は化学反応の実時間観測を可能にし，フェムト秒レーザーパルスによりつくりだされた強光子場はAttosecond Physicsを生みだした．凝縮相においてフェムト秒レーザーはもっぱら観測の手段として用いられてきたが，筆者らは高強度フェムト秒レーザーパルスが誘起する特異的な化学反応を開拓していきたいと考えている．

◆ 文　献 ◆

[1] W. Liu, S. L. Chin, O. G. Kosareva, I. S. Golubtsov, V. P. Kandidov, *Opt. Commun.*, **225**, 193 (2003).

[2] S. L. Chin, T.-J. Wang, C. Marceau, J. Wu, J. S. Liu, O. Kosareva, N. Panov, Y. P. Chen, J.-F. Daigle, S. Yuan, A. Azarm, W. W. Liu, T. Seideman, H. P. Zeng, M. Richardson, R. Li, Z. Z. Xu, *Laser Physics*, **22**, 1 (2012).

[3] P. Rohwetter, J. Kasparian, K. Stelmaszczyk, Z. Hao, S. Henin, N. Lascoux, W. M. Nakaema, Y. Petit, M. Queißer, R. Salamé, E. Salmon, L. Wöste, J.-P. Wolf, *Nature Photonics*, **4**, 451 (2010).

[4] T. Fuji, T. Suzuki, *Opt. Lett.*, **32**, 3330 (2007).

[5] V. P. Kandidov, O. G. Kosareva, I. S. Golubtsov, W. Liu, A. Becker, N. Akozbek, C. M. Bowden, S. L. Chin, *Appl. Phys. B*, **77**, 149 (2003).

[6] T. Yatsuhashi, S. Ichikawa, Y. Shigematsu, N. Nakashima, *J. Am. Chem. Soc.*, **130**, 15264 (2008).

[7] D. Nishida, M. Kusaba, T. Yatsuhashi, N. Nakashima, *Chem. Phys. Lett.*, **465**, 238 (2008).

[8] D. Nishida, E. Yamade, T. Yatsuhashi, M. Kusaba, N. Nakashima, *J. Phys. Chem. A*, **114**, 5648 (2010).

[9] N. Nakashima, K. Yamanaka, T. Yatsuhashi, *Chin. J. Phys.*, **52**, 504 (2014).

[10] M. J. Wesolowski, S. Kuzmin, B. Moores, B. Wales, R. Karimi, A. A. Zaidi, Z. Leonenko, J. H. Sanderson, W. W. Dulcy, *Carbon*, **49**, 625 (2011).

[11] H. P. Liu, T. Ye, C. D. Mao, *Angew. Chem., Int. Ed.*, **46**, 6473 (2007).

[12] T. Yatsuhashi, N. Uchida, K. Nishikawa, *Chem. Lett.*, **41**, 722 (2012).

[13] S. L. Chin, S. Lagace, *Appl. Opt.*, **35**, 907 (1996).

[14] T. Hamaguchi, T. Okamoto, K. Mitamura, H. Matsukawa, T. Yatsuhashi, *Bull. Chem. Soc. Jpn.*, **88**, 251 (2015).

[15] 中島信昭，八ッ橋知幸，『レーザーと化学』，日本化学会 編，共立出版 (2012).

[16] T. Yatsuhashi, N. Nakashima, *J. Phys. Chem. C*, **113**, 11458 (2009).

Part Ⅱ 研究最前線

Chap 4: ②有機化学のイオン化と化学結合の組換えと切断

強レーザー場中分子の光電子放出と分子内励起過程

Photoelectron Emission and Intramolecular Excitation of Molecules in Intense Laser Fields

板倉 隆二
(日本原子力研究開発機構 量子ビーム応用研究センター)

Overview

強レーザー場中分子の解離性イオン化は，光電子放出，分子イオン内部の電子励起など複数の素過程が複雑に絡み合い，多様な反応チャンネルをもつ．各チャンネルへの反応経路の詳細を明らかにするため，（ⅰ）光電子放出（イオン化）過程と，（ⅱ）その後の分子内電子励起過程を分離して理解することが重要である．従来の光イオン測定では，過程（ⅰ）と過程（ⅱ）を分離できない．一方，光電子測定は過程（ⅱ）には関知しない．光電子と光イオンを同時に検出し，その相関を観測することができれば，過程（ⅰ）と（ⅱ）を分離して議論できる．

本章では，光電子・光イオン同時計数計測法を使って，強レーザー場中における解離性イオン化反応経路を明らかにした最近の成果を紹介する．

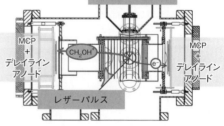

▲光電子・光イオン三次元運動量同時計数計測装置
［カラー口絵参照］

■ **KEYWORD** 📖マークは用語解説参照

- ■光電子・光イオン同時計数計測 (photoelectron-photoion coincidence) 📖
- ■光電子 (photoelectron) 📖
- ■分子イオン (molecular ion) 📖
- ■解離イオン (fragment ion) 📖
- ■生成イオン (product ion) 📖
- ■光電子放出 (photoelectron emission)
- ■電子励起 (electronic excitation)
- ■チャンネル指定光電子スペクトル (channel-specific photoelectron spectrum)
- ■エネルギー相関 (energy correlation)

1 強レーザー場中における光化学研究の背景

光反応は，電子励起を介することによって，熱（振動励起）反応では起こりえない反応を可能にした．しかし，光の強度が弱いときには，光は分子をある固有状態から別の固有状態へ遷移させる摂動的な役割を果たすにすぎず，反応経路は分子のもつ電子励起状態（ポテンシャル曲面）の性質によって決まってしまい，あらゆる反応が自由自在に起こせるわけではない．反応制御の観点からいえば，分子固有の性質に従う受動的なものであった．

一方，強レーザー場中に置かれた分子はレーザー場と強く結合する．その結果，光は状態間の遷移を誘起する脇役的な役割から，分子の状態そのものを変える主体的な役割を演じるようになる．レーザー電場が大きくなれば，状態間の遷移という摂動的な描像は破綻し，分子と光の結合した状態，いわゆるドレスト状態を取り扱うのが妥当である．ピコ秒，フェムト秒レーザーの発展とともにピーク強度の大きなレーザー電場が実現されるようになり，最も簡単な分子であるH_2^+を対象として，多くの実験および理論研究が行われ，分子のドレスト状態の詳細が明らかとなった[1]．

電子を多数もつ多原子分子の場合，強レーザー場は，多種多様な光反応を誘起できるという利点がある反面，イオン化を含む励起過程が複雑になり，反応機構を把握することが困難になる[2]．光電子放出が起こり，イオン価数が変わりうるため，複数の価数状態が共存する．イオン化や反応の機構の理解を進めることと並行して，レーザーパルス波形を自在に整形する技術と最適化制御理論とよばれる学習アルゴリズムを組み合わせて，ブラックボックス的に反応生成物の分岐比制御の試みがなされた[3]．その結果，ある程度の制御に成功したものの，特定の反応生成物だけを100％取りだすにはほど遠いのが現状である．制御の背景にある分子の励起機構が明らかでないため，最適化といっても大局的な最適値なのか，かぎられた探索領域における局所的な最適値なのか疑念が残る．盛んに行われた最適化制御実験も最近は下火になり，改めて励起・反応機構を明らかにしようという機運が高まってきた．

これまで，最終的に生成されるイオンの分岐比が測定され，解離生成物である解離イオンに関しては並進運動量も測定されてきた．解離イオンの並進運動量を詳細に解析することによって，最終的なイオン価数や構造を推定することはできたが[4]，最終状態に到達するまでの途中過程に関する情報を得ることは難しく，終状態の電子状態を同定することは困難である．レーザーの波長を分子イオンの電子遷移波長と一致させたときに，解離が促進されること[5]や，レーザーパルス波形に対する生成イオン分岐比の変化を基に電子励起機構の議論[6]が行われてきた．その議論では，光電子を放出した瞬間には電子基底状態のイオンが生成すると仮定していた．ところが，本章でも後述するように，電子励起状態のイオンも少なからず生成されるので，もう少し丁寧な議論が必要である．

一方，光電子の観測は，光電子放出直後の電子状態分布や中性励起状態を中間状態とした共鳴イオン化の寄与を明らかにした[7]．しかし，光電子を放出したあとにも，分子イオンとレーザー場の相互作用は継続しており，電子励起や二価へのイオン化が逐次起こりうる．光電子スペクトルは光電子放出以後の過程には関与しないため，反応の全体像を把握できないのが難点である．

強レーザー場中の分子は，レーザー場から獲得するエネルギー（吸収光子数）に分布をもち，イオン価数も一様でなく，分布がある．一方，強度，パルス幅など波長以外の要因による影響も大きく，レーザーパルス波形に対する依存性も重要である．観測される生成イオンは，逐次的に起こる光電子放出，電子励起，解離など，複数の過程が重畳した結果であり，一方，光電子の観測は光電子放出された直後の分子イオンの状態を見ることになる．したがって，イオンと光電子を同時に観測できれば，重畳してしまった，（ⅰ）光電子放出過程と，（ⅱ）その後の電子励起および解離過程とを分離できる．筆者らは，中性分子から一価へのイオン化およびそれに続いて起こる電子励起という連続する過程について，光電子と生成イオンの相関を知ることができれば，イオン化と電子励起過程の詳細に迫れると考えた．

本章では，筆者らが開発した光電子・光イオン三次元運動量同時計数計測装置を使ってエタノール分子を対象とした結果について紹介する[8].

2 光電子・光イオン同時計数計測

強レーザー場中にて生成した光電子と光イオンの相関を得るためには，片方の状態を測定したときに，もう片方の状態も特定できなければならない．つまり，一度の測定で"分布"を見る測定法では相関を得ることができない．一度の測定で一つの分子のみが観測される条件で，光電子と光イオンを同時に検出する必要がある．超高真空条件下（<10⁻⁸ Pa）に極微量の試料ガスを導入し，生成する光電子・イオンを高感度・高捕集効率で検出し，記録する．統計的に十分なデータを得るため，数千万，数億事象のデータ積算を行う．現実的な実験時間で積算を完了するためには，高繰り返し（1 kHz 以上）のレーザー増幅器の利用が必須である．

筆者らは，イオンと光電子の両方とも運動量を三次元収束できる静電レンズを採用し，一定の運動量以下の光電子およびイオンに対しては，4π 立体角すべて検出できる光電子・光イオン同時計数（photoelectron-photoion coincidence：PEPICO）計測装置を開発した．装置の詳細は文献[8]に譲るが，

イオン，光電子ともに，逆 Abel 変換を用いた数値処理なしで，三次元運動量を直接得られる点が本装置の特徴である．

3 生成イオンを指定した光電子スペクトル

PEPICO 法では，生成イオンチャンネルを指定した光電子スペクトルが得られる．レーザー強度が十分に弱い極限では，光電子放出した後にさらに電子励起が起こる確率はきわめて低いため，測定された光電子エネルギーによって決まる分子イオンのエネルギー準位は，生成イオンに直接つながる最終状態とみなしてよい．しかし，強レーザー場の場合，光電子放出直後の準位からさらに電子励起が起こりうる．そのため，生成イオンは光電子放出後の電子励起も含めたすべての相互作用の結果であり，レーザーパルスのなかで分子イオンが励起される度合いを示す．

パルス内では，多少の構造変形はあるにしても，パルス幅 50～100 fs 程度のうちに，解離が完了することはない．あくまで電子励起や振電相互作用による非断熱遷移が重要である．レーザーパルスが去った後に，分子内に残された励起エネルギーによって解離が誘起される．エタノールのように 10 個程度の原子で構成される比較的小さな有機化合物の場合，解離イオンが生成するエネルギー閾値は既知なことが多い．He ランプ〔He(I)：21 eV〕を光源とした PEPICO 測定によって生成イオンの生成比の励起エネルギー依存性も報告されている[9]．したがって，最終生成イオン種を見ることによって分子イオンがレーザー場から獲得した励起エネルギーの下限がわかる．つまり，光電子放出・電子励起経路上における二つの経由地点として，光電子エネルギーから決まる光電子放出直後の分子イオンの準位とイオン種によって決まる最低励起エネルギー準位とを決定できる．

波長 783 nm，パルス幅 35 fs，集光ピーク強度 9 TW cm⁻² のレーザーパルスを用いて得られたエタノールの光電子スペクトルを図 4-1 に示す．図 4-1（a）は，生成イオンを分離していない光電子スペクトルである．0 eV 付近に見られる 7 光子イオ

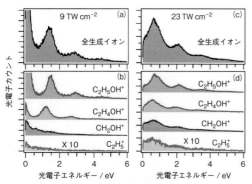

図 4-1 光電子・光イオン同時計測法により得られたエタノールの光電子スペクトル

レーザー波長 783 nm，パルス幅 35 fs，ピーク強度 9 TW cm⁻²〔(a)，(b)〕および 23 TW cm⁻²〔(c)，(d)〕のとき，生成イオンを分離せずに得られたスペクトル〔(a)，(c)〕と生成イオン（$C_2H_5OH^+$, $C_2H_4OH^+$, CH_2OH^+, $C_2H_5^+$）チャンネルを指定したスペクトル〔(b)，(d)〕．

+ COLUMN +

★いま一番気になっている研究

中性分子と分子イオンのダイナミクスを同時に扱う理論

　強レーザー場中の分子は，イオン化を起こし，複数のイオン価数状態に分布する．理論的に異なるイオン価数の状態のダイナミクスを同時に取り扱うことは難しく，これまでは，イオン価数ごとに電子励起・解離ダイナミクスを考えていたが，光電子放出とその前後の励起ダイナミクスは独立事象ではない．

　最近，中性状態と一価イオン状態の電子ダイナミクスを同時に取り扱う理論が登場している．Santraらは，複素吸収ポテンシャルを使ってイオン化を取り込み，生成したイオンについては縮約密度行列によってコヒーレントなダイナミクスを記述する方法を提案した〔S. Pabst, A. Sytcheva, A. Moulet, A. Wirth, E. Goulielmakis, R. Santra, *Phys. Rev. A*, 86, 063411（2012）〕．このモデルは，中性分子とコヒーレントな相関を失わずにイオンの各状態を取り扱うことができる．最近，イオン化後の状態間遷移も考慮した拡張を行い，強レーザー場中でイオン化した原子のアト秒過渡吸収実験をよく説明している．

　SpannerとPatchkovskiiは，第一原理計算による束縛多電子状態とグリッドを用いた光電子散乱波を組み合わせた理論モデルを提案した〔M. Spanner, S. Patchkovskii, *Phys. Rev. A*, 80, 063411（2009）〕．まだ，粗さは残るものの中性の電子励起，イオン化，分子イオンの電子状態間結合をすべて取り込んでいる．このモデルを使って，1,3-ブタジエン，n-ブタン，ウラシルなどの解離性イオン化実験の解釈が行われている．

ン化のピークを皮切りに，1.4，2.9 eV付近に8および9光子イオン化のピークが観測された．次に，生成イオン種ごとに分離した光電子スペクトルを図4-1（b）に示した．このレーザー強度では，解離しない分子イオン$C_2H_5OH^+$の生成が全イオン収量の6割近くを占めるため，生成イオンを区別しない光電子スペクトルは，$C_2H_5OH^+$に相関した光電子スペクトルに近い形をしているが，完全に同じではない．その差は，ほかの解離イオン，$C_2H_4OH^+$，CH_2OH^+，$C_2H_5^+$と相関した光電子スペクトル成分の寄与である．

　エタノールは一価イオンになると電子基底状態の一定の振動エネルギー以下でしか$C_2H_5OH^+$として安定に存在できず，その閾値を越えると水素原子が脱離することが知られている．電子励起した場合にもほかの解離チャンネルが開く．強レーザー場中のイオン化の場合においても，最終生成物として$C_2H_5OH^+$が観測された場合，終状態は電子基底状態の水素原子脱離閾値以下の振動レベルである．つまり，$C_2H_5OH^+$に相関した光電子スペクトルに現れるピークは，電子基底状態の低振動レベルへの多光子イオン化と帰属できる．水素脱離生成物である$C_2H_4OH^+$については，$C_2H_5OH^+$のスペクトルに近いが，ピーク位置が低エネルギー側へ約0.3 eVシフトしている．このシフトは水素脱離に必要なエネルギーに一致し，電子基底状態の水素脱離閾値以上の振動準位へのイオン化と帰属できる．CH_2OH^+，$C_2H_5^+$については，1光子エネルギー間隔で現れる離散的なピーク構造がなく，幅の広がったなだらかなスペクトル形状を示す．電子励起状態へのイオン化は，幅広いエネルギー領域のFranck-Condon重なりをもつことが知られており，図4-1（b）に示された光電子スペクトルでも電子励起状態の寄与が大きいと考えられる．これらの結果を総合すると9 TW cm^{-2}の強度では，弱光子場極限に近く，分子イオンの反応経路はイオン化した直後の状態によってほぼ決まっている．

　レーザー強度を23 TW cm^{-2}まで上げると励起機構は大きく変わる．図4-1（c）に生成イオンチャンネルを分離せずに測定した光電子スペクトル，図

4-1(d)に生成イオン種ごとに分けたスペクトルを示す．9 TW cm^{-2} の強度のときと異なり，CH_2OH^+ と $C_2H_5^+$ を生成するチャンネルの光電子スペクトルが $C_2H_5OH^+$，$C_2H_4OH^+$ 生成チャンネルの光電子スペクトルに類似している．このことは，CH_2OH^+ や $C_2H_5^+$ といった水素脱離以外の解離チャンネルにおいても，光電子放出の瞬間には，電子基底状態の分子イオンが生成することを意味する．CH_2OH^+ や $C_2H_5^+$ が生成するためには，光電子放出後，電子基底状態の分子イオンがさらに電子励起しなければならない．同じ解離イオンが生成される場合でも，レーザー強度に依存して，イオン化・電子励起経路が変わることが明確に示された．

4 解離イオンと光電子のエネルギー相関

ここまで生成イオン種の違いだけでも，$C_2H_5OH^+$ の最終的な励起状態について議論できたが，解離イオンが獲得した並進エネルギーは，解離閾値からどれだけ励起されていたかを示す指標となり，さらなる励起機構の詳細に切り込むことができる．生成イオンを指定した光電子スペクトルに基づいて分離したイオン化・電子励起経路に応じて，$C_2H_5OH^+$ が獲得できる励起エネルギーも変化することが明らかになった．

光電子スペクトルでは，ピーク幅が広がってしまいイオンのエネルギー準位構造の抽出が困難な場合（ピーク強度 9 TW cm^{-2} における CH_2OH^+ 生成チャンネル）でも，図4-2に示すように，解離イオンの並進運動温度を見ると相関する光電子エネルギーに依存した構造がはっきりと認識できる．$C_2H_5OH^+$ 生成チャンネルの光電子スペクトルと照らし合わせて，解離イオンと光電子のエネルギー相関を考察すると，$C_2H_5OH^+$ の電子基底状態生成に相当する約 0，1.4，2.9 eV の光電子が放出されたとき，CH_2OH^+ 解離イオンの並進温度は 460 K 以上となり，極大値を示す．一方，光電子エネルギーがこれらのピークの間の 0.8，および 2.3 eV の場合，光電子放出時にはおもに電子励起状態に分布があると考えられ，解離生成物である CH_2OH^+ の並進温度は，それぞれ，267，350 K の極小値を示している．つまり，イオン化直後に電子励起状態に分布して解離する場合よりも，電子基底状態から電子励起して解離するほうが，最終的には多くの内部エネルギーを獲得できることが明らかとなった．

5 まとめと今後の展望

強レーザー場中分子の多チャンネルのイオン化・電子励起経路を探索するのに PEPICO 法は有効な手法であり，ほかのグループでも使用されている[10]．光電子放出直後の状態と分子イオンが解離する直前の最終状態を決めることができ，強レーザーパルス波形に対する分子の応答を調べるうえでも非常に有効である．

本章では解離イオンと光電子のエネルギー相関に

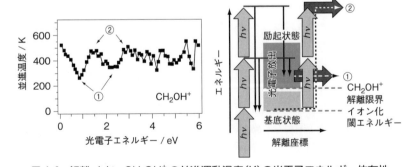

図 4-2 解離イオン CH_2OH^+ の並進運動温度 (K) の光電子エネルギー依存性
右挿入図は，イオン化・電子励起経路の概念図．光電子放出で電子励起状態に生成する経路①（破線）と電子基底状態に生成する経路②（点線）の2種類の経路がある．経路②では光電子放出後の電子励起が必須であり，最終的には多くの解離エネルギーを獲得する．右図の①，②で示した極小，極大値は，それぞれ経路①，②に対応する．

ついてのみ紹介したが，角度相関もイオン化に関与した分子軌道を知るうえで有益な情報を与える[11]．

本章で紹介したようなシングルパルスの実験では，時間分解の情報を得ることはできないため，そこを解決していくことが次の課題である．エタノールの場合には，振動モード数が多いせいか，解離イオンの並進エネルギー分布がボルツマン分布となったが，一般的には分子内エネルギー再分配が統計的になるとはかぎらず，励起エネルギー分布と合わせ，不明瞭な点も多い．電子励起が起こるタイミングや分子の構造変化と電子励起の関係，さらにはイオン化前の中性励起状態の影響などまだ課題は多い．イオン化・電子励起経路において，イオン化直後と解離直前の2点の間も逐次追跡するためには，ポンプ・プローブ実験が必要である．すでに，広帯域なアト秒極端紫外パルスをプローブとした時間分解光電子分光[12]や過渡吸収分光[13]が報告されている．これらの方法は，シングルショットで多くの状態をプローブできるマルチチャンネル測定であり，強レーザー場中で広く分布する状態に対して，イオン価数が異なるものも含めて，同時に測定できることが期待される．

反応制御に関連していえば，強レーザー場イオン化を100%の確率で起こすことは可能であるが，選択性に課題がある．強レーザー場中分子に対して高精度にデザインされたコヒーレント制御を実現するには，光電子を放出した分子イオンのコヒーレンスを考慮する必要があり，その場合，位相まで含めた光電子と分子イオンの相関が重要となる[13]．まだ，実験，理論ともに挑戦すべき課題は多く残されている．

◆ 文 献 ◆

[1] (a) P. H. Bucksbaum, A. Zavriyev, H. G. Muller, D. W. Schumacher, *Phys. Rev. Lett.*, **64**, 1883 (1990); (b) M. F. Kling, C. Siedschlag, A. J. Verhoef, J. I. Khan, M. Schultze, T. Uphues, Y. Ni, M. Uiberacker, M. Drescher, F. Krausz, M. J. J. Vrakking, *Science*, **312**, 246 (2006).

[2] (a) S. L. Chin, *Phys. Rev. A*, **4**, 992 (1971); (b) L. J. Frasinski, K. Codling, P. Hatherly, J. Barr, I. N. Ross, W. T. Toner, *Phys. Rev. Lett.*, **58**, 2424 (1987).

[3] (a) A. Assion, T. Baumert, M. Bergt, T. Brixner, B. Kiefer, V. Seyfried, M. Strehle, G. Gerber, *Science*, **282**, 919 (1998); (b) R. J. Levis, G. M. Menkir, H. Rabitz, *Science*, **292**, 709 (2001).

[4] A. Hishikawa, A. Iwamae, K. Yamanouchi, *Phys. Rev. Lett.*, **83**, 1127 (1999).

[5] (a) R. Itakura, J. Watanabe, A. Hishikawa, K. Yamanouchi, *J. Chem. Phys.*, **114**, 5598 (2001); (b) H. Harada, S. Shimizu, T. Yatsuhashi, S. Sakabe, Y. Izawa, N. Nakashima, *Chem. Phys. Lett.*, **342**, 563 (2001).

[6] (a) H. Yazawa, T. Tanabe, T. Okamoto, M. Yamanaka, F. Kannari, R. Itakura, K. Yamanouchi, *J. Chem. Phys.*, **124**, 204314 (2006); (b) H. Kono, Y. Sato, M. Kanno, K. Nakai, T. Kato, *Bull. Chem. Soc. Jpn.*, **79**, 196 (2006).

[7] (a) R. R. Freeman, P. H. Bucksbaum, H. Milchberg, S. Darack, D. Schumacher, M. E. Geusic, *Phys. Rev. Lett.*, **59**, 1092 (1987); (b) G. N. Gibson, R. R. Freeman, T. J. McIlrath, H. G. Muller, *Phys. Rev. A*, **49**, 3870 (1994).

[8] (a) K. Hosaka, R. Itakura, K. Yokoyama, K. Yamanouchi, A. Yokoyama, *Chem. Phys. Lett.*, **475**, 19 (2009); (b) K. Hosaka, A. Yokoyama, K. Yamanouchi, R. Itakura, *J. Chem. Phys.*, **138**, 204301 (2013); (c) T. Ikuta, K. Hosaka, H. Akagi, A. Yokoyama, K. Yamanouchi, F. Kannari, R. Itakura, *J. Phys. B*, **44**, 191002 (2011).

[9] Y. Niwa, T. Nishimura, T. Tsuchiya, *Int. J. Mass Spectrom. Ion Phys.*, **42**, 91 (1982).

[10] (a) A. Matsuda, M. Fushitani, A. Hishikawa, *J. Electron Spectrosc. Relat. Phenom.*, **169**, 97 (2009); (b) A. E. Boguslavskiy, J. Mikosch, A. Gijsbertsen, M. Spanner, S. Patchkovskii, N. Gador, M. J. J. Vrakking, A. Stolow, *Science*, **335**, 1336 (2012).

[11] H. Akagi, T. Otobe, A. Staudte, A. Shiner, F. Turner, R. Dorner, D. M. Villeneuve, P. B. Corkum, *Science*, **325**, 1364 (2009).

[12] M. Uiberacker, T. Uphues, M. Schultze, A. J. Verhoef, V. Yakovlev, M. F. Kling, J. Rauschenberger, N. M. Kabachnik, H. Schroder, M. Lezius, K. L. Kompa, H. G. Muller, M. J. J. Vrakking, S. Hendel, U. Kleineberg, U. Heinzmann, M. Drescher, F. Krausz, *Nature*, **446**, 627 (2007).

[13] (a) E. Goulielmakis, Z.-H. Loh, A. Wirth, R. Santra, N. Rohringer, V. S. Yakovlev, S. Zherebtsov, T. Pfeifer, A. M. Azzeer, M. F. Kling, S. R. Leone, F. Krausz, *Nature*, **466**, 739 (2010); (b) Z.-H. Loh, S. R. Leone, *J. Phys. Chem. Lett.*, **4**, 292 (2013).

Chap 5: ②有機化学のイオン化と化学結合の組換えと切断

強レーザー場による有機化合物および有機化合物水素結合体のイオン化および分子内高速転位反応

Fast Intra-molecular Rearrangement of Organic Molecules and Their Hydrogen-bonded Complexes After Ionization in Intense Laser Fields

星名 賢之助
（新潟薬科大学）

Overview

強レーザー場と分子の相互作用の研究により，分子操作や多重イオン化，光電場存在下でのドレスト状態形成と光反応制御などの新たな概念が構築されてきた．一方で，分子の多様性の根源ともいえる有機化合物は数千万種あるともいわれており，それらがつくりだす機能性物質や生命活動の分子レベルでの研究は，これからの強光子場研究の新たなターゲットの一つになるだろう．そのような多様性は，有機化合物の転位反応による物質変換，そして水素結合に代表される分子間相互作用による分子間選択性がつくりだしている．

本章では，有機化合物および有機化合物水素結合体の強光子場応答について，分子内水素転位，および解離性イオン化過程について最近の研究を紹介する．

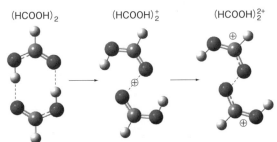

▲強光子場中においてギ酸二量体を維持しながら二重イオン化する過程［カラー口絵参照］

■ KEYWORD 📖マークは用語解説参照

- ■ギ酸二量体（formic acid dimer）
- ■分子内水素転位（intramolecular hydrogen rearrangement）📖
- ■プロトンスクランブリング（proton scrambling）
- ■水素結合体（hydrogen bonded system）
- ■解離性イオン化（dissociative ionization）
- ■クーロン爆発（Coulomb explosion）
- ■H_3^+ 📖
- ■H_3O^+
- ■量子化学計算（quantum chemical calculation）
- ■飛行時間型質量分析（time of flight mass spectrometry）
- ■マトリックス支援レーザー脱離イオン化（matrix assisted laser desorption/ionization：MALDI）📖

1 有機分子イオンにおける高速転位反応

有機分子の基本構造は，炭素を主とした分子骨格に，骨格を取り巻くように結合する水素原子からなる．強レーザー場との相互作用では，多くの有機分子が非破壊的に多重イオン化したのち，分子内クーロン反発に耐えられず，分子骨格の結合が切れるクーロン爆発過程が主過程として起こる．そのフラグメントの運動量ベクトルから分子骨格が再構築できるという観点から興味がもたれ，多価イオン衝突や電子衝突でも誘起される現象として知られていた．ところが，近年の超短パルス強レーザー場による精力的な分子科学研究において，元の分子構造から転位・異性化したあとにクーロン爆発を起こすという現象が頻繁に観測されるようになった．

短パルス強レーザー場の測定で断片化する前の分子内水素転位が十分に進行する現象が着目されたのが，アセトニトリル(CH_3CN)の強光子場イオン化解離反応のケースである[1]．二重イオン化されたCH_3CNは，最も弱い結合である$C-CN$結合が切れる2体解離のクーロン爆発過程を起こすが，そこには，$CH_3CN^{2+} \rightarrow CH_{(3-n)}^+ + H_nCN^+$ ($n = 0, 1, 2$)で表される三つの経路が同程度の量で見いだされた．すなわち，クーロン爆発過程に至る前にCH_3サイトからCNサイトへプロトン移動が完了していることになる．メタノールにおいても同様の過程$CH_3OH^{2+} \rightarrow CH_{(3-n)}^+ + H_{n+1}O^+$ ($n = 0, 1, 2$)が見いだされ，これらのフラグメントの射出方向分布より，プロトン移動が用いたレーザーパルス時間幅内(60 fs)で十分に進行することが明らかとなった[2]．

このような高速プロトン(水素原子)移動は，分子内原子移動度が増大するイオン種，とくに準安定状態をもつ二価イオンの水素転位として顕著に見られる現象である．これは，イオンになると分子内に電荷を保持することにより中性分子と比較して安定状態は不安定化する一方で，遷移状態のエネルギー，すなわち異性化障壁は，クーロン反発の軽減により相対的に低下するためと考えることができる．

ここで，超短パルスレーザーによる強光子場でこのような高速転位過程が観測されたことの意義は何であろうか．一つは，水素移動のような直接追跡することの難しい高速過程を，実時間で追跡できる可能性があることである．そして，もう一つは，多様性に富んだ有機化合物のレーザー場による反応制御がデザインできることである．実際に，Xuらはレーザー波形整形により，パルス幅が長くなることでメタノールにおけるプロトン移動が加速されるという反応制御の一例を見いだしている[3]．そのような背景において，実は超短パルスレーザーによる強光子場利用の主目的を洗練されたイオン化手法という単純な役割に止めておいても，有機化合物の多様性は新たな知見を次つぎと与えてくれる．

本章では，その最近の研究として，強光子場による有機化合物からのH_3^+およびH_3O^+脱離反応，そして，有機化合物の水素結合体のイオン化と反応過程について紹介する．

2 強レーザー場イオン化された有機分子からのH_3^+脱離機構

分子骨格の結合切断を伴うクーロン爆発過程に見いだされたプロトン移動が，前節のようにメタノールで見られたが，それと同時に分子骨格を保持しつつ水素原子のみが集合して脱離する過程，とくに正三角形型のH_3^+が生成するクーロン爆発信号が近赤外(near infrared：NIR)フェムト秒レーザーイオン化による質量スペクトルに見いだされた[4]．H_3^+はイオン(H_2^+) - 分子(H_2)反応で生成するイオン種として，実験室や宇宙空間における存在が知られていた．その一方で，単分子反応により生成する過程があることが，多くの有機分子の軟X線照射や電子衝撃二価イオン化に伴う脱離反応として1996年に報告されている[5]．最近のフェムト秒レーザーイオン化により再び注目されたのが端緒となり，はじめて明らかとなったH_3^+脱離機構，すなわち水素がいかに転位してH_3^+として分子骨格から離れていくかを見てみよう．

筆者らは，メタノールをはじめ，アルカン，アルキンなど代表的な有機分子12種について，フェムト秒強レーザー場イオン化によるH_3^+信号を質量スペクトルにより測定した[6]〔図5-1(a)〕．対象としたすべての有機分子からH_3^+信号が検出され，分裂

したピークは二価イオンのクーロン爆発過程による反跳のため，H_3^+ が大きな運動エネルギー（3.5〜5 eV）を伴っていることよる．一見して明らかに H_3^+ 量が多いのがエタン，ついでアレンであることは，少なくともメチル基が H_3^+ 脱離の必要条件ではないこと，そして中性分子における水素原子の位置関係と H_3^+ 生成量には相関がないことが推察できる．水素転位に関する実験的な情報を増やすためには，重水素（D）置換体を用いて，$H_{3-n}D_n^+$ 生成比（HHD^+，HDD^+，HHH^+，DDD^+）と初期構造の相関を調べる実験が有効である．たとえば，図 5-1（b）に示すように，エタンの D 置換体 H_3C-CD_3 からは HHD^+ や HDD^+ が HHH^+，DDD^+ よりも 5〜6 倍（統計的には 9 倍）多く生成される[7]．また，メタノールの D 置換体 D_3C-OH からは HDD^+ : DDD^+ = 15 : 85 程度（統計的には 67 : 33）であり，

必ずしもプロトンスクランブリングが進行して統計的に近い分岐比で $H_{3-n}D_n^+$ が脱離したというわけではない．

計算化学的アプローチからは，アレン[8]，エタン[9]，およびメタノール[10]における H_3^+ 脱離について，共通する反応機構があることが報告されている．それは，いずれも H_3^+ が脱離する前に，中性 H_2 と $[M-2H]^{2+}$（親分子から二つの H 原子が外れた二価イオン）から構成される錯体，あるいは遷移状態，$H_2 \cdots [M-2H]^{2+}$ を経由することである．その後，H_2 ユニットが $[M-2H]^{2+}$ からプロトンを一つ取り込んで $[M-3H]^+$ + H_3^+ として脱離していく．エタンのエネルギー図〔図 5-1（c）〕において，H_3^+ 脱離前に錯体に近い CH_2-CH_4 型とジボラン型間でプロトンスクランブリングが十分に起こったとして，この遷移状態 $H_2 \cdots CH_2CH_2^{2+}$ を経由する部分に同位体

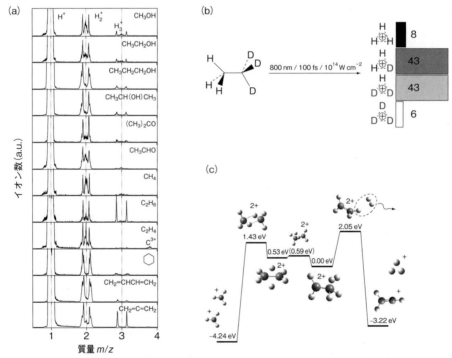

図 5-1 有機化合物の強レーザー場（800 nm，10^{14} W cm^{-2}，100 fs）イオン化による飛行時間型質量スペクトル（a），重水素置換エタン CH_3CD_3 からの $H_nD_{3-n}^+$ 分岐比（b），エタン二価イオンからの H_3^+ 脱離（c）

（a）信号が分裂しているのは，多重イオン化後にクーロン爆発過程により大きな運動エネルギーを伴い射出されたからである．レーザー偏光方向は TOF（time of flight）軸に対して平行である．（b，c）遷移状態 $H_2 \cdots CH_2CH_2^{2+}$ を経由して H_2 ユニットがプロトンを一つ引き連れながら H_3^+ が脱離していく．

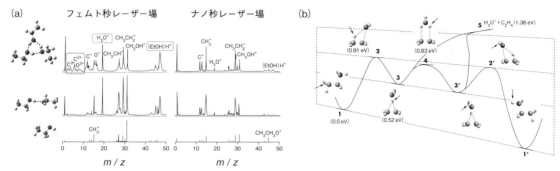

図 5-2 エタノール単体，二量体，三量体の構造と，レーザーイオン化による質量スペクトル（a），量子化学計算によるプロトン化エタノールにおける水素スクランブリング過程と H_3O^+ 脱離経路（b）

（a）レーザー条件は，フェムト秒レーザー場（800 nm，10^{14} W cm^{-2}，100 fs），右図はナノ秒レーザー（532 nm，1.5×10^{11} W cm^{-2}，10 ns）である．試料ガスはエタノール/He 混合蒸気を用い，下から 7 kPa（蒸気圧），75 kPa，および 100 kPa の条件で測定している．高質量側の信号パターンより，それぞれ，単体，二量体，三量体が主成分である．

効果を取り入れることにより，図 5-1（b）の，分岐比を再現することができた[7]．

有機化合物の二価イオンは，共有結合 1 個分の電子が取り去られると同時にクーロン反発を分子内にもつために本来はすみやかに解離する．この $H_2\cdots[M-2H]^{2+}$ 錯体形成は，二価イオン $[M-2H]^{2+}$ が比較的安定な場合に，水素分子形成により共有結合を一つ減らした錯体に構造組換えが起こった結果の準安定状態と考えられる．H_3^+ 脱離経路に乗り移らずに $H_2 + [M-2H]^{2+}$ にそのまま解離する経路も存在し，H_3C-CD_3 の場合に観測された $C_2H_nD_{4-n}^{2+} + H_{3-n}D_{n-1}$（$n = 1, 2, 3$）の分岐比は $H_2^+ : HD^+ : D_2^+ = 31 : 48 : 21$ であった[11]．

3 水素結合体における強レーザー場イオン化とフラグメンテーション

「有機化合物の性質」といえば，一般的には凝集した分子集団としての性質のことになるが，有機分子の凝集を促す分子間相互作用のうち，分子の特性を支配しているのはおもに水素結合といっても過言ではない．そこで，水素結合体を形成した有機化合物と強レーザー場の相互作用により，どのような現象が誘起されるだろうか．

筆者らは，水素結合により凝集するエタノールについて，強レーザー場照射によるフラグメンテーションが水素結合体形成，とくにサイズの小さい二量体 $(C_2H_5OH)_2$，三量体 $(C_2H_5OH)_3$ の形成によってどのように変化するかを調べた[12]．量子化学計算により得られた最安定構造は，図 5-2（a）のように三量体になると環状構造を形成し，四量体以降はこのコアに単体が付加していくという特徴がある．図 5-2（a）では，単量体，二量体，三量体が主となる分子線に対し，フェムト秒レーザー場とナノ秒レーザー場により生成したフラグメントイオンの質量スペクトルを比較している．フェムト秒レーザー場で観測されたイオン種の特徴としては，二量体が主となると，二量体イオンにおける分子間プロトン移動により $(C_2H_5OH)H^+$ が観測され始め，同時に H_3O^+ が格段に増大する．エタノール単体からも $C_2H_5O^+$ の単分子反応により H_3O^+ が脱離するが，観測された大量の H_3O^+ はプロトン化エタノール $C_2H_7O^+$ からの脱離に由来する．ここでも，前節で見られたようなプロトンスクランブリングが起きるはずである．

量子化学計算により得られた $C_2H_5O^+$ のエネルギー図〔図 5-2（b）〕より，$C_2H_7O^+$ は $C_2H_4\cdots H_3O^+$ 錯体 **3** を経由して生成するが，H_3O^+ が脱離する前のプロトンスクランブリングは比較的明確な二段階過程である．生成直後のプロトン化エタノールの安定構造 **1** の OH_2 サイトの二つの水素のうち一つは

+ COLUMN +

★いま一番気になっている研究者

Marcos Dantus
（アメリカ・ミシガン州立大学教授）

　薬物開発の基礎となるプロテオミクス研究において，タンパク質のアミノ酸配列を決定することは不可欠である．一般的には巨大分子であるタンパク質を酵素により数十個程度のペプチドに分解したのち，質量分析により観測した断片をもとにその配列を決定する．具体的には，エレクトロスプレー法やMALDI法により気化イオン化し，質量選別後に衝突誘起解離（collision-induced dissociation：CID）による断片化により，再び質量分析（CID MS/MS）を行う．Dantus教授のグループは，このCIDの役割をフェムト秒強レーザーイオン化解離（femtosecond laser-induced ionization dissociation：FID）に置き換えたとき（FID MS/MS）の有用性について調べる研究を進めている〔C. L. Kalcic, G. E. Reid, V. V. Lozovoy, M. Dantus, *J. Phys. Chem. A*, **116**, 2764（2012）〕．

　最小単位のアミノ酸としてチロシン（Y）を用いた予備実験では，[Y＋H]$^+$のCID MS/MSでは脱アミノ基，脱水信号など熱分解反応による断片が観測される．一方，FID MS/MS（35 fs，800 nm，7.5×10^{13} W cm^{-2}）ではイオン化が優先されたのちに断片化する．すなわち，二価イオン[Y＋H]$^{2+}$から始まる断片化信号が見られることになり，CID MS/MSとは相補的な情報が得られる．さらに，同手法を10個のアミノ酸からなるペプチド（P）に適用して比較した．[P＋H]$^+$のCID MS/MSではおもに主鎖がさまざまな位置で1か所切れた熱分解断片が観測される．一方，FID MS/MSでは，それらに加えてペプチドが二価イオン化されたのちに側鎖が取れる信号[P＋H－X]$^{2+}$が見られる特徴があり，Xからペプチドに含まれるアミノ酸が即座に特定できることを見いだした．たとえば，メチオニン（側鎖－$CH_2CH_2SCH_3$）を含むペプチドでは，C_3H_6Sに対応するX＝74の信号がメチオニンを含む標識となる．

　このように，フェムト秒強光子場では，特定分子サイトのイオン化のあとに，熱拡散（エネルギー再分配）に先んじて起こる，側鎖の高速脱離に基づいた相補的情報を提供することが示された．さらに，選択的解離を誘導するような化学修飾の工夫やレーザー波形整形技術により，より有効な手段として活用されていくだろう．

エタノールのヒドロキシ基の水素であるが，その水素原子（プロトン）は $\mathbf{3} \rightleftarrows \mathbf{4} \rightleftarrows \mathbf{3'}$ のH_3O^+のギア様回転経由によりOサイトからCサイトへ運ばれ，初期のメモリーは薄れていく．図5-2（b）に同一の水素原子を矢印で示す．速度定数の比$k(\mathbf{3} \rightarrow \mathbf{5})/k(\mathbf{3} \rightarrow \mathbf{4})$を6と仮定すれば，D置換体$CH_3CH_2OD$，$CH_3CD_2OH$，$CD_3CH_2OH$の実験による(H, D)$_3O^+$比（たとえば，$CH_3CD_2OH$の場合は$H_3O^+$：$H_2DO^+$：$HD_2O^+$：$D_3O^+$ ＝ 16：49：30：5）がほぼ完全に再現できる．この水素交換は前節で取りあげた二価イオンの場合よりも漸進的で，100 ps程度かそれよりも速いと見積もられている．高精度の実時間観測をするには適した系といえる．

　図5-2（a）のスペクトルの比較において，もう一つ注目されるのが，三量体が主となるとスペクトルにC^{2+}，C^{3+}，O^{2+}など多価原子イオンが見られることである．一価イオンに由来する分子フラグメントH_3O^+やCH_3^+はそれに伴い減少している．ナノ秒YAGレーザーを用いて同じ三量体が多い分子線の条件で測定したスペクトルと比較してみると，そこには多価原子イオン生成はまったく見られず，その違いは際立っている．すなわち，三量体形成により，フェムト秒強レーザー場による多重イオン化確率が増大したことを示している．このレーザー場強度では，二量体は一価イオン化後の解離性プロトン移動によるH_3O^+生成が主過程であり，多価イオンはほとんど観測されない．しかし，1分子が付加したリング構造を形成する三量体以上になると，イオン化

と同時にいわゆるクラスターで見られるレーザーヒーティングのような多重イオン化に伴う激しい断片化が起こり始めると考えられ，1分子が付加することによる大きな光応答の変化は興味深い．

　水素結合系として，カルボン酸は二つの水素結合により比較的強い二量体を形成する．DNAや薬物と受容体の関係においても，生体分子の認識は複数の水素結合が関与することが多く，カルボン酸二量体は，そのような系へつながる最も基本的なモデルとなりうる．筆者らはエタノールと同様の条件で，最も単純なカルボン酸であるギ酸（HCOOH）について，単量体，二量体，三量体における強レーザー場イオン化により生成するフラグメントを調べた[13]．エタノールと類似している点として，二量体形成によるH_3O^+生成が見られ，これはプロトン化ギ酸$HC(OH)_2^+$における転位反応から$CO \cdots H_3O^+$を経由した脱離反応である．一方，二量体，三量体が形成されても，エタノール三量体で見られたような原子多価イオンの増大は見られない．エタノール三量体との違いが何に起因するものであるか，水素結合体のイオン化確率に関する理論的な解釈を待ちたいところである．

　ギ酸のスペクトルにおいて見いだされた新しい反応経路として，二量体が二重イオン化後に解離するクーロン爆発過程$(HCOOH)_2^{2+} \rightarrow 2\,HCOOH^+$がある．これは$HCOOH^+$のピークの両側に現れるクーロン爆発に特有な小さなピークとして観測された．量子化学計算による$(HCOOH)_2^{2+} \rightarrow 2\,HCOOH^+$の解離経路のエネルギー図は，図5-3のようになり，水素結合によるギ酸二量体は，二価イオンにおいても解離障壁が約0.7 eVの準安定状態をもつことが見いだされた．これは，1電子ずつ取り去られたカルボニル酸素が，互いに近づき共有結合をつくるように分子内回転した二量体として安定な構造をとるためである（図5-3）．測定したスペクトルから，反跳した二つの$HCOOH^+$は全運動エネルギー3.6 eVを伴っており，ほぼ図5-3の解離経路に沿って離れていくと考えられる．この解離経路にのるためには，イオン化に伴い中性の環状構造から少しでも二価イオンに近づいた分子構造へ変化する必要があるが，ここには少なからず強レーザー電場による効果があると考えられる．実際，ギ酸二量体は定常電場中（$5 \times 10^9\,V\,m^{-1}$，光強度$3.3 \times 10^{12}\,W\,cm^{-2}$に相当）で水素結合部が歪むという計算も報告されており[14]，今回のケースでも二重イオン化に至る過程において，二重水素結合体から$O \cdots O$結合体に形状が近づき，かつ分子配向に適したOCO軸が電場方向に並ぶ方向への構造変形が誘起された可能性が考えられる．

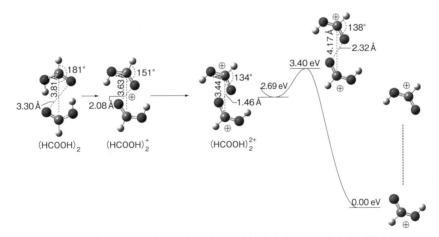

図5-3　ギ酸二量体の中性，一価イオンにおける安定構造，および二価イオンの準安定構造からの解離経路
　イオン化に伴い，カルボニル酸素を近づけるように安定構造が変化する．このような構造変化が，二量体二価イオンから二つの単体一価イオンに解離するクーロン爆発過程をたどるときに必要であると考えられる．

ごく最近の酢酸二量体の結果[16]と併せて，理論的アプローチが待たれる．

4 まとめと今後の展望

小さなサイズの有機化合物および有機化合物の水素結合体のフェムト秒レーザーイオン化に伴う反応について見てきた．イオン化後の水素転位，水素分子脱離については，計算化学からのアプローチもあって，その経路と時間スケールがわかってきており，実験との対応も一致をみている．一方，短パルス強レーザー場におけるイオン化過程については，とくに水素結合体における実験データはまだ不十分で，明確な解釈はされていない．今後，サイズを厳密に選別した実験データの蓄積と理論的アプローチによる解明が期待される．

有機化合物と強レーザー場の相互作用の一つの開拓分野として，現在筆者らが興味をもち進めているのは，不揮発性物質の質量分析法として 2000 年のノーベル化学賞受賞対象となったマトリックス支援レーザー脱離イオン化(matrix assisted laser desorption ionization：MALDI)法への応用である．これまで，光化学，レーザー医療，レーザー加工において，ナノ秒レーザーがフェムト秒レーザーに置き換わることが，新たな段階に進む契機になったように，MALDI 法においてもフェムト秒強光子場技術によるブレイクスルーが期待される．現段階では，脱離用レーザーにフェムト秒レーザーを用いた研究例が報告され始めた段階であり，多光子過程を通じて紫外ナノ秒レーザーと同じ過程が起こるという報告にとどまっている[15]．MALDI 法に対してフェムト秒強光子場を組み合わせるオプションはさまざまで，今後，ペプチドやタンパク質に対する相互作用により観測されるであろう現象の積み重ねにより，より複雑で機能性をもった分子系の分析が新たな局面を迎えるかもしれない．

◆ 文　献 ◆

[1] A. Hishikawa, H. Hasegawa, K. Yamanouchi, *J. Electron Spectros. Related Phenomena*, **141**, 195 (2004).

[2] T. Okino, Y. Furukawa, P. Liu, T. Ichikawa, R. Itakura, K. Hoshina, K. Yamanouchi, H. Nakano, *Chem. Phys. Lett.*, **423**, 220 (2006).

[3] H. Xu, T. Okino, T. Kudou, K. Yamanouchi, S. Roither, M. Kitzler, A. Baltuska, S.-L. Chin, *J. Phys. Chem. A*, **116**, 2686 (2012).

[4] Y. Furukawa, K. Hoshina, K. Yamanouchi, H. Nakano, *Chem. Phys. Lett.*, **414**, 117 (2005).

[5] J. H. D. Eland, *Rapid Commun. Mass Spectrom.*, **10**, 1560 (1996).

[6] K. Hoshina, Y. Furukawa, T. Okino, K. Yamanouchi, *J. Chem. Phys.*, **129**, 104302 (2008).

[7] R. Kanya, T. Kudou, N. Schirmel, S. Miura, K.-M. Weitzel, K. Hoshina, K. Yamanouchi, *J. Chem. Phys.*, **136**, 204309 (2012).

[8] A. M. Mebel, A. D. Bandrauk, *J. Chem. Phys.*, **129**, 224311 (2008).

[9] P. M. Kraus, M. C. Schwarzer, N. Schirmel, G. Urbasch, G. Frenking, K.-M. Weitzel, *J. Chem. Phys.*, **134**, 114302 (2011).

[10] K. Nakai, T. Kato, H. Kono, K. Yamanouchi, *J. Chem. Phys.*, **139**, 181103 (2013).

[11] K. Hoshina, H. Kawamura, M. Tsuge, M. Tamiya, M. Ishiguro, *J. Chem. Phys.*, **136**, 064324 (2011).

[12] K. Hoshina, M. Tsuge, *Chem. Phys. Lett.*, **489**, 154 (2010).

[13] K. Hoshina, H. Hagihara, M. Tsuge, *J. Phys. Chem. A*, **116**, 826 (2012).

[14] A. A. Arabi, C. F. Matta, *Phys. Chem. Chem. Phys.*, **14**, 13738 (2011).

[15] J. M. Wichmann, C. Lupulescu, L. Wöste, A. Lindinger, *Rapid Commun. Mass Spectrom.*, **23**, 1105 (2009).

[16] M. Amada, Y. Sato, M. Tsuge, K. Hoshina, *Chem. Phys. Lett.*, **624**, 24 (2015).

Chap 6 : ③理論化学からの挑戦

強光子場誘起水素マイグレーション

Hydrogen Migration Induced by Intense Laser Fields

中井 克典　山内 薫
(東京大学大学院理学系研究科)

Overview

水素マイグレーションとは，分子に高強度極短レーザーパルスを照射することによって起こる水素原子の分子内移動反応である．この分子内水素原子移動反応は，多価イオン化後にフラグメントイオンどうしがクーロン力で離れてしまう前に完了していることから，フェムト秒のタイムスケールで起こると考えられている．ポンプ・プローブ法を使った実験や，理論的なポテンシャル面の形状に基づいて，レーザーパルス中で起こる水素マイグレーションの存在が明らかにされつつある．

また，アレンやブタジエンでは水素マイグレーションに伴って，切断される分子骨格の化学結合の位置が変わることが観測されており，水素原子を移動させることによる解離反応の制御が期待されている．

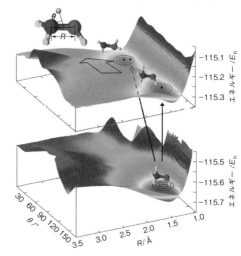

▲水素マイグレーションのポテンシャルエネルギー曲面を用いた解釈

■ **KEYWORD** 📖マークは用語解説参照

- ■強レーザー場 (intense laser field)
- ■炭化水素分子 (hydrocarbon molecules)
- ■水素マイグレーション (hydrogen migration)
- ■コインシデンス運動量画像法 (coincidence momentum imaging method)
- ■フラグメントイオン (fragment ion)
- ■クーロン爆発 (Coulomb explosion) 📖
- ■放出運動エネルギー (released kinetic energy)
- ■ポテンシャルエネルギー曲面 (potential energy surface)
- ■第一原理分子動力学シミュレーション (first-principle molecular dynamics simulation)
- ■プロトン分布図 (proton distribution map)

1 水素マイグレーション

メタノール分子(CH_3OH)に強レーザー場を照射した際に得られた飛行時間型(time of flight：TOF)質量スペクトル〔図6-1(a)〕には，H_3^+が観測される[1]．当初，この三原子水素分子イオンは，おそらくメチル基の三つの水素原子が結合をつくって生成したのだろうと思われたが，分子のどの部分の水素原子から生成したのかは，この質量スペクトルだけからではわからなかった．そこで，同位体置換種CD_3OHを用いて同じ実験を行った．その結果，図6-1(b)のTOF質量スペクトルが得られた．この図のなかにD_3^+が観測されていることは予想どおりであり，やはりH_3^+はメチル基の水素原子から生成されることがわかる．しかし，強度は弱いものの，HD_2^+に帰属できるピークが$m/z=5$に明瞭に観測されている．実は，このピークの発見が契機となり，われわれの研究室での水素マイグレーション過程の研究が大きく発展した．

HD_2^+が生成するためには，ヒドロキシ基のHとメチル基の二つのD原子が，分子内で出会わなければならない．そのためには，分子のなかを，これらの原子が動き回らなければならないことになる．これはどのように説明できるだろうか．

このフラグメントイオンの水素の由来について詳細に調べる有力な手法が，コインシデンス運動量画像(coincidence momentum imaging：CMI)法である[2]．このCMI法では，レーザーパルス1発につきイオンシグナルがくるかどうか，というほどの非常に希薄な気体分子試料に対してレーザーパルスを照射し，コインシデンス条件のもと，同時に生成された二つ以上のフラグメントイオン種を確定し，それらのフラグメントイオンのもつ運動量を位置敏感型検出器によって観測する．たとえば，メタノールを強レーザー場によってイオン化させると，CH_3^+とOH^+が同時イベントとして検出されたことから，二価のメタノール親イオンが生成し，それがクーロン爆発過程で解離したことが明確となった．すなわち，$CH_3OH^{2+} \rightarrow CH_3^+ + OH^+$の反応の存在が確定できる．同様に，メタノールの場合は，$CH_3OH^{2+} \rightarrow CH_2^+ + OH_2^+$や，$CH_3OH^{2+} \rightarrow CH^+ + OH_2^+$の反応の存在も確定している．このことは，クーロン爆発以前に，少なくとも1個または2個の水素原子が移動していることを示している[3]．多価イオン化はレーザー電場が存在している時間内に起こり，多価イオンが生成した直後にクーロン爆発が起こると考えられるので，レーザーパルスの時間とほぼ同程度(40〜60 fs)の時間で水素が移動していると推測できる．

2 超高速水素マイグレーション

6.1節で紹介した水素マイグレーションは，どのくらいの速さで起こるのだろうか．それを定量的に調べる方法の一つは，フラグメントイオンの放出される角度分布を観測することである．もしも，レーザー照射後にただちに解離反応が起こるとすれば，直線偏光のレーザー光を使った場合には，CMI法で得られたフラグメントイオンの放出角度がレーザー偏光方向に沿って分布するようになる．しかし，フラグメントイオンの放出が，レーザーに照射されたあとに，ゆっくりと起こるのであれば，親分子が三次元空間で何回も回ることができるため，放出方向は等方的になる．したがって，フラグメントイオンの放出方向の分布を観測すれば，フラグメントイオンがどれほどの時間をかけて親分子から放出されたかを知ることができる．

たとえばメタノールの場合，図6-2に示すようにCH_3^+とOH^+のようにCO結合が解離する場合は異

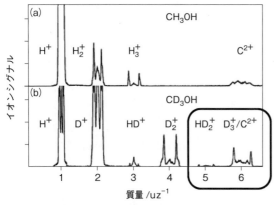

図 6-1 CH_3OH(a)，CD_3OH(b)に強レーザーパルスを集光した際に得られたTOF質量スペクトル

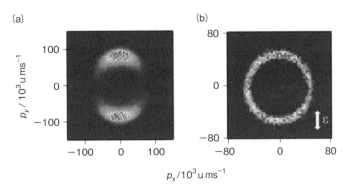

図 6-2　放出フラグメントイオンの運動量角度分布
（a）$CH_3^+ + OH^+$，（b）$H_3^+ + COH^+$

方性が高い分布を示していることから，分子の回転周期よりも短い時間内にクーロン爆発によってフラグメントに解離していることがわかる[3]．一方，H_3^+ を放出する解離過程の場合はほぼ等方的な分布を示していることから，分子の回転と匹敵するほどの長い時間，二価イオンの状態で存在した後にクーロン爆発が起こっていることを示唆している[4]．

3 ポンプ・プローブ法から見る超高速水素マイグレーション

フラグメントイオンのもつ運動量の角度分布からは，結合の切断に要する時間に関する情報を得ることができ，運動量の大きさからは，親分子の幾何学的構造に関する情報を得ることができる．クーロン爆発によって生じたフラグメントイオンは，解離性親イオンが生成したときのポテンシャルエネルギーの大きさによって，最終的な運動量の大きさが変化する．すなわち，二価カチオンがクーロン反発型のポテンシャルエネルギー曲面(potential energy surface：PES)をもっていると仮定すれば，図 6-3 に示すように，フラグメント間の距離が小さいときに多価にイオン化されればフラグメントの運動量は大きくなり，フラグメント間の距離が大きいときに多価にイオン化されればフラグメントの運動量は小さくなる．フラグメントイオンの運動量から放出運動量エネルギーを求めることができるので，点電荷近似をしたクーロン反発ポテンシャルを用いることによって，クーロン爆発によって解離する直前のフ

ラグメント間の距離を推定することができる．

この手法を，ポンプパルス光を分子に照射後，遅延時間をおいてからプローブパルス光を照射して信号の時間変化を観測するポンプ・プローブ法と組み合わせれば，親分子の幾何学的構造の変化を時々刻々追跡することができる．ポンプ・プローブ CMI 法では，ポンプレーザーパルスによって中性分子をイオン化または電子励起し，ある遅延時間を置いてからプローブレーザーパルスを照射して多価

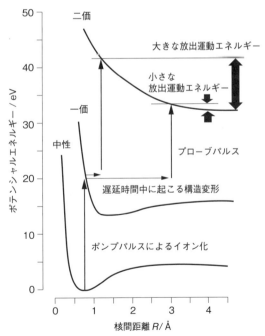

図 6-3　遅延時間を変えたときの結合距離と放出運動エネルギーの変化の概念図

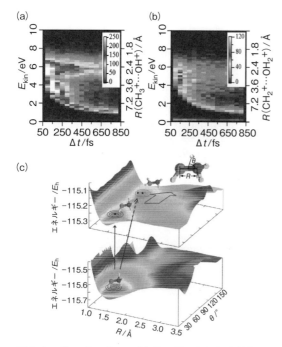

図 6-4 ポンプ・プローブ実験で得られた反応機構と PES を用いた解釈

(a) $CH_3OH^{2+} \rightarrow CH_3^+ + OH^+$, (b) $CH_3OH^{2+} \rightarrow CH_2^+ + OH_2^+$,
(c) 量子化学計算で得られたポテンシャルエネルギー曲面.

イオンを生成させる.そして,その放出運動エネルギーの遅延時間依存性を調べることによって解離直前の分子の幾何学的構造の時間変化を追跡する.この方法によりメタノールの構造変形の様子を調べた結果を図 6-4 に示す[5].

この計測における遅延時間の最小値は 50 fs である.この遅延時間において,すでに水素マイグレーション反応(b)によって生成したフラグメントイオンが観測されていることから,50 fs よりも以前に炭素原子側から酸素原子側への水素原子の移動が完了していることがわかる.さらに水素原子が移動しないで CO 結合が切断される経路(a)においても,また水素原子が移動してから CO 結合が切断される経路(b)においても,遅延時間に依存せずにほぼ一定の放出運動エネルギーを示す成分と,放出運動エネルギーが遅延時間とともに減少する二つの成分が観測されている.このことは,ポンプレーザーパルスによって構造が変化しない成分と,時間が経つにつれて構造が伸長している成分,すなわち解離をし

ていく成分が同時に存在していることを示唆している.

また,構造変形をしない成分の放出運動エネルギーの大きさを比較すると,水素原子移動を伴わない経路では 5.9 eV,水素原子移動を伴う反応では 5.2 eV をそれぞれ中心とする放出運動エネルギーの信号が観測されている.この違いは,水素マイグレーションを伴わない経路(a)に比べ,水素マイグレーション経路(b)のほうが,クーロン爆発をする際のフラグメント間の距離が長いことを示している.図 6-4(c)に示すように,量子化学計算で得られた PES においては,A(水素が移動していない構造)と B(水素が移動したあとでの構造)の二つの安定構造が一価の PES 上に存在し,それぞれの平衡構造における C–O 原子間距離は 1.37 Å と 1.46 Å と求まっている.この距離は,実験結果と一致した傾向を示しており,実験結果の解釈を支持するものである.

4 第一原理分子動力学法を用いた H_3^+ イオン放出シミュレーション

水素マイグレーションの議論では,多価イオンが生成した直後にクーロン爆発が起こると仮定して,実験結果を説明した.一方で,すでに 6.2 節で述べたように,メタノール二価カチオンから H_3^+ が生成するまでには,分子の回転周期(ps オーダー)に匹敵する程度の時間がかかる.そこで,第一原理分子動力学法を用いて CD_3OH^{2+} から D_3^+ や HD_2^+ が生成する機構を調べた[6].二価カチオンが生成後,D_3^+ のフラグメントイオンが生成するまでの過程における水素の位置とその電荷に注目したところ,図 6-5 に示すように,中性の D_2 が二価カチオン内に生成して,長時間(数 100 fs)存在し続け,D_2 として振動し,回転していることが示された.このような中性の D_2 の生成は計算で得られた D_3^+ や HD_2^+ の放出に至るすべてのトラジェクトリーで見いだされており,HD_2^+ や D_3^+ の生成に中心的な役割を果たしていると考えられる.

メタノールのほかにもシクロヘキサン(C_6H_{12})[7],アレン$(CH_2=C=CH_2)$[8],メチルアセチレン$(CH_3-$

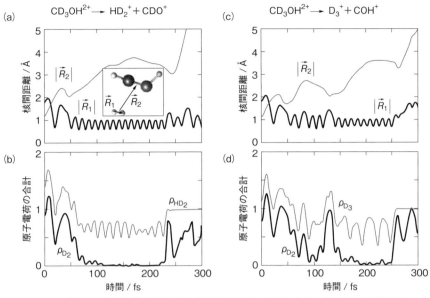

図 6-5 第一原理分子動力学計算により示された二価カチオン内の中性水素分子

C≡CH)[9], エタン(CH₃CH₃)[10]などにおいても H_3^+ の生成が観測されており，その放出方向は等方的である．したがって，これらの炭化水素分子においても，親分子が二価のカチオンになっても比較的長い時間，二価カチオンのまま存在し，その期間に中性の H_2 が存在している可能性がある．

また，部分的に重水素置換を行ったエタン CD_3CH_3 を用いて実験を行ったところ，4種類の三原子水素分子イオン，H_3^+, H_2D^+, HD_2^+, D_3^+ が二価の親イオン $CD_3CH_3^{2+}$ から放出され，その放出方向の分布はいずれも等方的であった．さらに，これらの生成比は，H_3^+ : H_2D^+ : HD_2^+ : D_3^+ = 8 : 43 : 43 : 6 と求められ，これは水素原子と重水素原子が分子内で統計的に混ざり合ったと仮定した場合の理論値 1 : 9 : 9 : 1 ともよく一致した[10]．このことは，$CD_3CH_3^{2+}$ が準安定に存在している比較的長い時間に，H_2, D_2, HD などの中性の水素分子が二価カチオン内に現れて，電荷移動を伴う結合の組換え反応を何回も起こしていることを示唆している．また，この水素原子群の間で起こる，電荷移動を伴う結合の組換え反応が，二価カチオンの長寿命化の原因であると考えることもできそうである．

5 水素位置と選択的な化学結合解離

CMI 法は三価以上のカチオンの3体解離過程を調べる場合にも有効な方法である．たとえば，アレンを用いた実験では，図 6-6 に示すように H^+ + C_2H^+ + CH_2^+ と H^+ + CH^+ + $C_2H_2^+$ の二つの3体解離経路に対して，クーロン爆発を起こす直前の構造を三つのフラグメントイオンのもつ運動量の相関からプロトン分布図として図示することができる[11]．3体解離直前の水素イオンの位置に注目すると，水素の位置は分子骨格の全体にわたって分布を示しており，さらにそのイベント数から，水素原子の位置によって二つの等価な二重結合のどちらが切断されやすいかが決まることも示された．

また，部分的に重水素化したメチルアセチレンの三価カチオン CD_3CCH^{3+} の3体解離過程においても，プロトン分布図を用いた解析から，CD_3CCH^{3+} → H^+ + CD_2^+ + C_2D^+ や CD_3CCH^{3+} → H^+ + $C_2D_2^+$ + CD^+ の経路による3体解離反応では，H と D の交換反応が起こることが示されている．また，H と D の交換に加えてさらにもう一つ D が移動するという三つの水素原子が関与する水素スクランブリング反応が CD_3CCH^{3+} → D^+ + CHD^+ + C_2D^+ や CD_3CCH^{3+} → D^+ + C_2HD^+ + CD^+ の経路による3

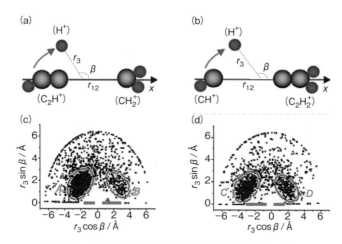

図6-6 3体解離直前のアレン分子内のプロトン分布
3体解離経路 $H^+ + C_2H^+ + CH_2^+$ と $H^+ + CH^+ + C_2H_2^+$ の座標の定義(a, b), およびプロトン分布図(c, d).

体解離反応において起こっている可能性が示されている[9]. さらに, 1,3-ブタジエン($CH_2=CH-CH=CH_2$)においても, プロトン分布図の解析から, 二つの水素原子が移動していることが示されている[12].

◆ 文 献 ◆

[1] Y. Furukawa, K. Hoshina, K. Yamanouchi, H. Nakano, *Chem. Phys. Lett.*, **414**, 117 (2005).

[2] H. Hasegawa, A. Hishikawa, K. Yamanouchi, *Chem. Phys. Lett.*, **349**, 57 (2001).

[3] T. Okino, Y. Furukawa, P. Liu, T. Ichikawa, R. Itakura, K. Hoshina, K. Yamanouchi, H. Nakano, *Chem. Phys. Lett.*, **423**, 220 (2006).

[4] T. Okino, Y. Furukawa, P. Liu, T. Ichikawa, R. Itakura, K. Hoshina, K. Yamanouchi, H. Nakano, *Chem. Phys. Lett.*, **419**, 224 (2006).

[5] H. Xu, C. Marceau, K. Nakai, T. Okino, S. L. Chin, K. Yamanouchi, *J. Chem. Phys.*, **133**, 071103 (2010).

[6] K. Nakai, T. Kato, H. Kono, K. Yamanouchi, *J. Chem. Phys.*, **139**, 181103 (2013).

[7] K. Hoshina, Y. Furukawa, T. Okino, K. Yamanouchi, *J. Chem. Phys.*, **129**, 104302 (2008).

[8] H. Xu, T. Okino, K. Yamanouchi, *Chem. Phys. Lett.*, **469**, 255 (2009).

[9] T. Okino, A. Watanabe, H. Xu, K. Yamanouchi, *Phys. Chem. Chem. Phys.*, **14**, 4230 (2012).

[10] R. Kanya, T. Kudou, N. Schirmel, S. Miura, K.-M. Weitzel, K. Hoshina, K. Yamanouchi, *J. Chem. Phys.*, **136**, 204309 (2012).

[11] H. Xu, T. Okino, K. Yamanouchi, *J. Chem. Phys.*, **131**, 151102 (2009).

[12] H. Xu, T. Okino, K. Nakai, K. Yamanouchi, S. Roither, X. Xie, D. Kartashov, M. Schöffler, A. Baltuška, M. Kitzler, *Chem. Phys. Lett.*, **484**, 119 (2010).

Chap 7: ③理論化学からの挑戦

時間依存断熱状態法による強レーザー場分子ダイナミクス

Theoretical Investigation of Molecular Dynamics in Intense Laser Fields by a Time-dependent Adiabatic State Approach

河野 裕彦（東北大学大学院理学研究科） 加藤 毅（東京大学大学院理学系研究科）

Overview

強い光は単に化学反応を引き起こすだけでなく，その制御の可能性も秘めている．本章では，強い光のなかで電子や原子核はどのように動くのかという問いに答える超高速分子動力学理論の現状と展望について述べる．レーザー電場の時間変化に追従する時間依存断熱電子状態を用いて原子核の運動を記述する時間依存断熱状態法を説明し，その応用例紹介する．

とくに，パルス列を使った C_{60} のモード選択的振動励起やそれに続く炭素結合骨格の転位反応，さらには大きな分子の反応制御と密接に関連する非統計的解離に関するシミュレーションの結果を紹介する．また，化学的にも興味深いポリヒドロキシフラーレンからカーボンナノフレークへのピコ秒の超高速変換過程についても解説する．

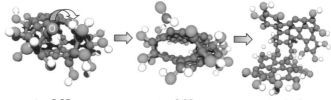

$t = 2.35$ ps　　　$t = 6.32$ ps　　　$t = 11.0$ ps

▲ポリヒドロキシフラーレン（$C_{60}(OH)_{24}$）の反応 [カラー口絵参照]

■ **KEYWORD** 📖マークは用語解説参照

- インパルシブラマン励起（impulsive Raman excitation）
- 振動エネルギー再分配（intramolecular vibrational energy redistribution）
- ストーン–ウェールズ転位（Stone-Wales rearrangement）
- トンネルイオン化（tunnel ionization）
- 非統計的解離（nonstatistical dissociation）
- 分子振動制御（molecular vibration control）
- ポリヒドロキシフラーレン（polyhydroxy fullerene）
- 密度汎関数強束縛法（density-functional based tight-binding method）
- レーザー場誘起非断熱遷移（laser field-induced nonadiabatic transition）

1 強い光が引き起こす化学反応とその制御

高強度フェムト秒レーザーは原子・分子内のクーロン力と拮抗する強い力を瞬時に電子に及ぼす精密な道具である．水素原子の1s軌道の電子が原子核から受ける引力は5.1×10^{11} V m^{-1}の電場に対応し，光強度Iに換算すると3.5×10^{16} W cm^{-2}である．それぞれの値が，電場と光強度の原子単位系における単位量である．このような光のなかでは，原子・分子内のクーロンポテンシャルが大きく歪み，その障壁を電子が透過するトンネルイオン化や高次高調波発生など，光との相互作用に関して摂動論では説明できない現象が起こる[1]．また，電子が大きく揺さぶられるため，原子核が感じるポテンシャルが変わる．その結果，分子の構造変化が進み，化学結合の切断，あるいは結合の組み替えが起こる[2,3]．

このような強いレーザー光は，結合選択的な反応制御の道具としても期待されている[2,3]．一般に，分子に注入されたエネルギーは，振動エネルギー再分配過程(intramolecular vibrational energy redistribution：IVR)[4]によって，複数の化学結合あるいは振動モードにピコ秒程度で急速に散逸するため，光励起によって結合選択的な反応を起こすことは困難とされている．光強度を上げていくと，多光子吸収やStarkシフトの効果によって，さらに多くの反応チャンネルが開く．一方，光強度が大きいと，パルス幅や光位相の調整による波形整形によって，電子状態を短時間で大規模に"操作"し，ポテンシャル面を変形させて，IVRの方向を制御できる可能性がある．実際，遺伝的アルゴリズムに基づいた波形整形技術を用いて，Levis[2]やGerber[3]らは10^{13} W cm^{-2}程度の光で多原子分子の分解反応を起こし，解離生成物の収率や分岐比を大きく変えることに成功した．

ここでは，強い光が引き起こす化学反応を理解するための動力学理論の現状を，筆者らの時間依存断熱状態法を使った研究を中心に解説する．

2 レーザー場中のH$_2^+$のダイナミクスと時間依存断熱状態法：核波束計算への応用

強レーザー場中のイオン化や解離を理論的に研究するために，まず，少数多体系に対して，時間tの関数であるレーザー電場$\varepsilon(t)$との相互作用を含んだ時間依存Schrödinger方程式(time dependent Schrödinger equation：TDSE)を精度よく解くグリッド基底法(波動関数を空間上の各位置における振幅で表す方法)を開発した．H$_2^+$やH$_2$に適用し[5,6]，電子座標rに加え，核間距離Rも量子力学的変数とする全系の波動関数$|\Psi(r, R, t)\rangle$の時間変化(波束の運動)をBorn-Oppenheimer近似(断熱近似)を用いずに厳密に求めた．

高強度近赤外光をH$_2$に照射すると，垂直イオン化によりH$_2^+$の基底電子状態$1s\sigma_g$が生成する．H$_2^+$の電子と核の時間発展を上記の方法で追跡した[7,8]．H$_2^+$の平衡核間距離$R_e = 2a_0$はH$_2$より長いため，垂直イオン化直後からH$_2^+$の核間距離が伸びる〔a_0($= 0.53$ Å)はBohr半径〕．電場$\varepsilon(t)$の波長が$\lambda = 760$ nmで，ピーク強度が$I = 10^{14}$ W cm^{-2}程度の場合，5 fs経過したところで核間距離$R = 4a_0$程度まで達し，急激にイオン化が始まる．このR_eより2倍程度長い結合距離でイオン化が促進される現象は増強イオン化とよばれ[8]，多原子分子の強レーザー光による多価イオンの生成もこの機構で説明できる．

$|\Psi(r, R, t)\rangle$の電子状態成分はイオン化に伴う連続状態を含むが，イオン化直前までの核の動きは二つの核の周辺に大きな存在確率をもつ束縛電子状態に支配されている．たとえば，$\lambda = 760$ nmの光の一周期は2.5 fsと非常に短いが，$R < 4a_0$の領域では，$\varepsilon(t) > 0$のとき分子軸に沿って左方向に動く力を受けた$1s\sigma_g$電子は左の核付近に束縛された状態になる．このような$\varepsilon(t)$の時間変化に電子が断熱的に追従する状態は，(電子の座標)$\times \varepsilon(t)$で表せる電気双極子相互作用を含んだ瞬間電子ハミルトニアン$H_{el}(r; R, t)$の固有関数として定義でき[7~10]，時間依存断熱状態とよばれている．

一般に，近赤外などの長波長領域では，分子の束縛電子状態や核の動きは，$H_{el}(\{R_j\}, t)$の固有関数$\{|n(\{R_j\}, t)\rangle, n = 1, 2, \cdots\}$と対応する固有値(断熱ポテンシャル面)$\{E_n(\{R_j\}, t)\}$を使って記述できる($\{R_j\}$は全核座標を表す．電子の座標は省略した)．つまり，全波動関数$|\Psi(\{R_j\}, t)\rangle$は時間依存断熱状

態$\{|n(\{R_j\},t)\rangle$を使って展開できる[7~10].

$$|\psi(\{R_j\},t)\rangle = \sum_{n=1}^{N} \chi_n(\{R_j\},t)|n(\{R_j\},t)\rangle \quad (1)$$

$\chi_n(\{R_j\},t)$は$E_n(\{R_j\},t)$上を動く核波動関数とみなせ,その時間変化は式(1)を全系のTDSEに代入して得られる$\{\chi_n(\{R_j\},t)\}$に関する結合方程式を解けば求められる.ここで時間依存断熱状態は,一般には電場によるStarkシフトを繰り込んだ形で求められるので,一つの$|n(\{R_j\},t)\rangle$には複数の時間に依存しない非摂動断熱状態が含まれている.したがって,式(1)は,$|\Psi(\{R_j\},t)\rangle$を非摂動断熱状態で展開した場合よりも,強いレーザー場中での分子の振舞いをより少ない展開項で表現できる.

H_2^+のダイナミクスを表す主要な束縛電子状態は$1s\sigma_g$と光学的に許容な第一励起状態$1s\sigma_u$なので,この2状態を基底としてH_2^+の$H_{el}(R,t)$を対角化した例を考える[7~9].$1s\sigma_g$と$1s\sigma_u$の線形結合で表される固有関数$|1(R,t)\rangle$と$|2(R,t)\rangle$が時間依存断熱状態で,線形結合の係数は$\varepsilon(t)$の関数になる.光の偏光方向が分子軸zと平行な場合,対応する固有値は原子単位系を使って

$$E_{2,1}(R,t) = \frac{1}{2}[E_g(R)+E_u(R)]$$
$$\pm \frac{1}{2}\sqrt{[E_u(R)-E_g(R)]^2 + 4|\langle g|z|u\rangle \cdot \varepsilon(t)|^2}$$
$$= \frac{1}{2}[E_g(R)+E_u(R)] \pm R|\varepsilon(t)|] \quad (R \gg R_e) \quad (2)$$

で与えられる.$E_g(R)$と$E_u(R)$はそれぞれ$1s\sigma_g$と$1s\sigma_u$の断熱エネルギー,$\langle g|z|u\rangle \approx R/2$は両状態間の遷移双極子モーメントである.図7-1に示されているように,$E_1(R,t)$が低いポテンシャル曲線を与え,$E_2(R,t)$が高い曲線を与える.

$\varepsilon(t)=0$の瞬間は,$|1(R,t)\rangle$と$|2(R,t)\rangle$はそれぞれ$1s\sigma_g$と$1s\sigma_u$に等しい.H_2^+の電子が感じるポテンシャルは$z=\mp R/2$に位置する二つのプロトンのまわりに深い井戸をもつ.$\varepsilon(t)\neq 0$のときは,一つの井戸の電子が感じる静電的なポテンシャルは$R|\varepsilon(t)|/2$だけ下がり,他方の井戸は$R|\varepsilon(t)|/2$だけ上がる.低い井戸と高い井戸に電子が局在した状

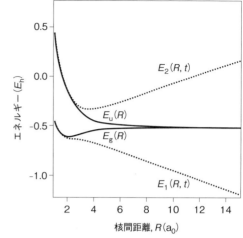

図7-1 H_2^+の電子状態$1s\sigma_g$と$1s\sigma_u$の断熱ポテンシャル$E_g(R)$と$E_u(R)$および電場強度5.1×10^{10} V m^{-1}の瞬間の時間依存断熱状態ポテンシャル$E_1(R,t)$と$E_2(R,t)$

核間距離RはBohr半径a_0を単位としている.E_hは原子単位系のエネルギーの単位であるHarteeで,27.2 eVである.

態がそれぞれ$|1(R,t)\rangle$と$|2(R,t)\rangle$である〔式(2)の二つ目の等式を参照〕.

$R<4a_0$では,始状態を$1s\sigma_g$とすると,電子状態はその後も$|1(R,t)\rangle$にとどまり,電子分布は二つの核間を$\varepsilon(t)$の周期(符号変化)に応じて断熱的に行き来する.$R>4a_0$では,井戸間の障壁が高くなり,電子は核間を移行することができず,どちらかの核に局在する[7~9].この電子の局在の原因がレーザー電場誘起の非断熱遷移である.すなわち,$\varepsilon(t)$が0に戻ってくると,二つのポテンシャル面が接近し,$E_1(R,t)$上の$\chi_1(R,t)$の一部が$E_2(R,t)$面へ乗り移り,$\chi_2(R,t)$が生じる(逆も起こりうる).遷移の確率は,ギャップが$E_u(R)-E_g(R)$小さく,光の振動数が高くなるほど起こりやすい.

これらの結果は,強レーザー場中の分子の電子や核の動きが,レーザー電場$\varepsilon(t)$の変化に追従する時間依存断熱電子状態とそれらの間のレーザー場誘起非断熱遷移の確率を使って説明できることを示している.多原子分子の電場存在下での電子ハミルトニアン$H_{el}(\{R_j\},t)$の固有関数は,分子軌道法や密度汎関数(density functional theory:DFT)法などを使って求めることができる[10].たとえば,エタノー

ルの選択的結合解離の問題に本手法を適用し[7,9]，C—C 結合と C—O 結合は約 3.5 eV のほぼ等しい結合エネルギーをもつが，時間幅 30 fs の高強度近赤外パルスに対しては，C—C 結合のほうが C—O 結合より 10 倍切れやすいという実験結果[11]を解釈した．要点は，生成した一価カチオンの複数のポテンシャルがレーザー電場によって短い C—C 距離（～4 a_0）で接近し，E_1 上の振動波束 χ_1 がレーザー電場誘起非断熱遷移によってエネルギーの高い解離性の断熱面 E_2 や E_3 に乗り移り，C—C 結合が切れやすいことにあった．

式 (1) を全系の TDSE に代入すると，核波動関数 $\{\chi_n(\{R_j\}, t)\}$ が従う時間依存結合方程式が得られる．上記のエタノールの例のように，少数の分子の自由度だけを考慮する場合は，分子振動を量子波束として扱うことができる．多自由度の場合は，量子的な取扱いは困難となり，核の動きを古典力学で評価することになる．時間非依存の断熱基底を使った展開においては，電子状態計算の多配置自己無撞着場 (multi-configuration self-consistent field) 法にならって，核波動関数を各振動自由度に対する波動関数の積とその配置係数を使って展開する多配置時間依存 Hartree (multi-configurational time-dependent Hartree) 法[12]が開発され，これまで不可能であった多自由度系の核波動関数の時間発展の計算ができるようになった．

3 時間依存断熱状態法の多原子分子への応用：第一原理分子動力学

大きな分子では，励起エネルギーだけに依存する"統計的解離"がナノ秒程度の長い時間スケールで起こると考えられていたが，C_{60} の解離とイオン化の比率がパルス幅や波長を変えることによって制御できることが報告されている[13]．さらには，特定の解離フラグメント（たとえば，C_{50}^+）の収率を光の波形整形技術を使って増大させる実験が行われ，その結果，一定間隔で短いパルスが繰り返されるパルス列が収率を最大にすることがわかった[14]．

時間依存断熱状態法は C_{60} のような大きな分子にも適用できる[15,16]．まず，パルス列による分子振動

制御の可能性を調べるため，B3LYP/3-21G レベルの DFT 法を使って求めた時間依存断熱ポテンシャル面上の原子核の動きを古典力学で評価した．照射光が波長 $\lambda = 1800$ nm の近赤外で，光強度のピーク値 $I_{peak} = 7 \times 10^{14}$ W cm^{-2}，パルス幅（光強度の半値全幅）$T_p = 70$ fs のガウス型パルスの場合，偏長と扁平の構造変形を繰り返す $h_g(1)$ モード（振動周期 $T_{vib} = 125$ fs）に 14 eV，全対称の伸縮振動である $a_g(1)$ モード（$T_{vib} = 67$ fs）に 4 eV が注入されていた．これらラマン活性モードの大振幅励起 (impulsive Raman excitation) は，高強度短パルスとのラマン型相互作用 $-\alpha\varepsilon^2(t)/2$ によって引き起こされる．ここで，α は分子分極率である．光電場の振動は分子振動よりずっと速いので，$\varepsilon^2(t)$ は光の 1 サイクルで平均した光強度の半分 $I(t)/2$ で置き換えられ，$-\alpha I(t)/4$ が実効的な相互作用になり，ポテンシャル面を大きく歪める．その結果，周期 T_{vib} のラマン活性モードは $T_p = T_{vib}/2$ の時間幅をもつパルスによって最も効率よく励起される．

これらの振動は大振幅であっても調和的であり，2 ps 程度持続していたので，二つのパルスを用いた振動制御を試みた[15,16]．たとえば，パルス間の間隔 τ を $h_g(1)$ の振動周期に近い 134 fs とした場合，1 番目のパルスで誘起された $h_g(1)$ の振動が 2 番目の

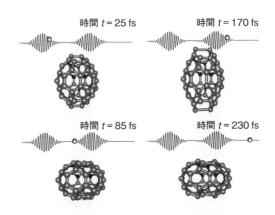

図 7-2 光強度 7×10^{14} W cm^{-2}，パルス長 30 fs の二つの近赤外パルスと相互作用する中性 C_{60} の古典トラジェクトリーのスナップショット

各時刻での電場強度を●印で示す．時間依存断熱状態は B3LYP/3-21G を使って求めた．1 番目のパルスの中心を時刻 $t = 0$ とした．

+ COLUMN +

★いま一番気になっている研究者

E. K. U. Gross
（ドイツ・マックスプランク微細構造物理学研究所所長）

　密度汎関数理論（density functional theory：DFT）は，比較的大きな分子の最適化構造や振動スペクトルをHartree–Fock計算と同程度の計算コストで精度よく求めることができるため，化学研究の現場で大変人気がある．励起状態の計算には線形化された時間依存のDFT（time-dependent DFT：TDDFT）が用いられる．TDDFTでは摂動によって駆動される電子過程を記述するため，時間に依存した交換相関ポテンシャルが利用される．

　時間依存の電子密度と交換相関ポテンシャルの1対1対応を理論的に下支えしているのがRunge–Gross定理〔E. Runge, E. K. U. Gross, Phys. Rev. Lett., 52, 997 (1984)〕である．Gross博士の研究は厳密な多体理論から出発して，現在では化学反応の解析・制御方法の探求に及んでいる．定常状態にある分子に，電子励起に必要なエネルギーが注入されると分子のなかで電子雲の再配列（運動）が誘起される．この運動の時間スケールは原子核のそれよりも速く，1フェムト秒（1 fs = 1×10^{-15} s）以下である．TDDFT法によって計算できるのは全電子密度の時間変化であるが，電子局在関数（electron localization function：ELF）を導入することで，原子中の電子殻や分子の化学結合を可視化できる．

　ELFは定常状態のHartree–Fock解を念頭に開発されたが，2005年にGross氏らはTDDFT計算の結果を解析できるTDELFを開発した〔T. Burnus, M. A. L. Marques, E. K. U. Gross, Phys. Rev. A, 71, 010501(R) (2005)〕．これによって，分子のなかの電子の振舞いを化学結合の生成と消滅の動力学として議論することが可能となった．

パルスと同期して増幅され（図7-2），分子全体では60 eVものエネルギーを獲得していた．τを変えることにより，ほかの$a_g(1)$などのラマン活性モードをより強く励起することもでき（モードスイッチング），パルス列による振動励起制御の可能性が示された．これは，C_{60}のような大きな分子でも，特定の振動モードを選択的に励起できることを意味している．

　振動励起後からC_2脱離などの解離に至るナノ秒の分子ダイナミクスは，密度汎関数強束縛（density functional tight-binding：DFTB）法[17]に基づいた動力学計算（DFTB/MD）を使って追跡した[16]．DFTB法は半経験的手法で計算負荷が軽いながらもDFT法に近い計算精度を有する．C_{60}の解離過程は振動励起のエネルギーE_{in}に大きく依存した．$E_{in} > 75$ eVでは，励起直後の振動の1周期内に炭素骨格ケージの大きな解裂が起こり，小さい炭素フラグメントが脱離した．他方，$E_{in} < 75$ eVでは，まず，孤立五員環則に従ったC_{60}の最安定構造から五員環どうしを結ぶC=C結合が回転するStone–Wales（SW）転位[18]がナノ秒程度経過したあとで起こった（活性化エネルギー約7.5 eV）．その結果，五員環隣接構造が出現し，C_2が脱離した（解離エネルギー約10 eV）．詳しく調べると，同じE_{in}でも，$h_g(1)$モード励起のほうが$a_g(1)$励起よりC_2脱離前に起こるSW転位の回数が多く，炭素結合構造が大きく変化していた．

　励起モードの違いはC_2脱離自体にも現れていた．$a_g(1)$励起では，C_2脱離の解離速度はRice–Ramsperger–Kassel–Marcus（RRKM）理論など化学反応の統計理論に従い，E_{in}とともに対数スケールでなだらかに増加した．これに対して，$h_g(1)$励起では，解離速度が$E_{in} = 75$ eVあたりで3桁近く急激に上昇し，解離種の運動量分布もエネルギーの全振動モードへの等分配を仮定した統計理論から大きく外れ，非統計的解離がナノ秒領域においても存在していることが示唆された．Laarmannらの実験[14]においては，パルス列によって励起された特定の振

動モードが複数回のSW転位をとおして特異な炭素骨格構造をつくり，そのような中間体を経て特定の解離生成物の収率を最大にする非統計的解離が起こっていると考えられる[16]．

頑強なC_{60}に対して，ポリヒドロキシフラーレン，たとえば$C_{60}(OH)_{24}$は，近赤外定常レーザーを照射すると，低強度（$<10^3$ W cm^{-2}）でも高温（>2500 K）に達し，カーボンナノチューブや多層フラーレンになる[19]．高温の$C_{60}(OH)_{24}$の挙動をDFTB/MDにより追跡すると，まず，H_2OとCOが脱離し，多くのC—C結合が切れてケージが完全に割れ，ヒドロキシ基を外縁部にもつ平面に近い単層カーボンナノフレークが生成する．これらの反応の活性化エネルギーは6 eV以下と低く，そのため超高速に10 ps程度で反応が完了する．生成したフレーク同士が会合し，ナノチューブなどへ成長すると考えられる．軽いH原子の移動が，脱水やCO脱離，ひいては強いC—OやC—C結合の切断を先導していることは興味深い．

4 まとめと今後の展望

強い光が引き起こす化学反応を理解するための時間依存断熱状態法と，それを応用した研究例を述べた．式（1）の分子波動関数は，複数の（時間依存）断熱状態を使ったBorn-Huang展開とみなせるが，最近になって，分子波動関数を「電子と核の波動関数の積」で厳密に表す一項展開も提案されている[20, 21]．この方法を使った見かけの単純化は支配方程式を複雑にして実用的ではないが，素性の明確な方程式のなかに近似関係を導入していけば，新しい動力学の基盤となる可能性もあり注目を集めている．強い光と分子との相互作用の本質的理解は，基本的には光との相互作用を取り込んだTDSEの非摂動論的解法から出発する必要があり，理論的にも挑戦的な課題となっている．

◆ 文 献 ◆

[1] "Progress in Ultrafast Intense Laser Science I," ed. by K. Yamanouchi, S. L. Chin, P. Agostini, G. Ferrante, Springer (2006).
[2] J. R. Levis, G. M. Menkir, H. Rabitz, *Science*, **292**, 709 (2001).
[3] P. Nuernberger, D. Wolpert, H. Weiss, G. Gerber, *Proc. Natl. Acad. Sci. USA*, **107**, 10366 (2010).
[4] J. Jortner, R. D. Levine, "Mode Selective Chemistry," ed. by J. Jortner, R. D. Levine, B. Pullman, Kluwer (1991), p. 535.
[5] I. Kawata, H. Kono, Y. Fujimura, *J. Chem. Phys.*, **110**, 11152 (1999).
[6] K. Harumiya, H. Kono, Y. Fujimura, I. Kawata, A. D. Bandrauk, *Phys. Rev. A*, **66**, 043403 (2002).
[7] H. Kono, Y. Sato, N. Tanaka, T. Kato, K. Nakai, S. Koseki, Y. Fujimura, *Chem. Phys.*, **304**, 203 (2004).
[8] A. D. Bandrauk, H. Kono, "Advances in Multi-Photon Processes and Spectroscopy, vol. 15," ed. by S. H. Lin, A. A. Villaeys, Y. Fujimura, World Scientific (2003), p. 147.
[9] H. Kono, Y. Sato, M. Kanno, K. Nakai, T. Kato, *Bull. Chem. Soc. Jpn.*, **79**, 196 (2006).
[10] Y. Sato, H. Kono, S. Koseki, Y. Fujimura, *J. Am. Chem. Soc.*, **125**, 8020 (2003).
[11] H. Yazawa, T. Shioyama, Y. Suda, M. Yamanaka, F. Kannari, R. Itakura, K. Yamanouchi, *J. Chem. Phys.*, **127**, 124312 (2007).
[12] "Multidimensional Quantum Dynamics: MCTDH Theory and Applications," ed. by F. Gatti, G. A. Worth, H. D. Meyer, Wiley-VCH (2009).
[13] V. R. Bhardwaj, P. B. Corkum, D. M. Rayner, *Phys. Rev. Lett.*, **91**, 203004 (2003).
[14] T. Laarmann, I. Shchatsinin, A. Stalmashonak, M. Boyle, N. Zhavoronkov, J. Handt, R. Schmidt, C. P. Schulz, I. V. Hertel, *Phys. Rev. Lett.*, **98**, 058302 (2007).
[15] K. Nakai, H. Kono, Y. Sato, N. Niitsu, R. Sahnoun, M. Tanaka, Y. Fujimura, *Chem. Phys.*, **338**, 127 (2007).
[16] N. Niitsu, M. Kikuchi, H. Ikeda, K. Yamazaki, M. Kanno, H. Kono, K. Mitsuke, M. Toda, K. Nakai, *J. Chem. Phys.*, **136**, 164304 (2012).
[17] M. Elstner, D. Porezag, G. Jungnickel, J. Elsner, M. Haugk, T. Frauenheim, S. Suhai, G. Seifert, *Phys. Rev. B*, **58**, 7260 (1998).
[18] A. J. Stone, D. J. Wales, *Chem. Phys. Lett.*, **128**, 501 (1986).
[19] V. Krishna, N. Stevens, B. Koopman, B. Moudgil, *Nat. Nanotechnol.*, **5**, 330 (2010).
[20] L. S. Cederbaum, *J. Chem. Phys.*, **128**, 1244101 (2008).
[21] A. Abedi, N. T. Maitra, E. K. U. Gross, *Phys. Rev. Lett.*, **105**, 123002 (2010).

Chap 8 : ④再散乱を用いた分子イメージング

強光子場中での分子内電子の再散乱過程の理論

Theory for Electron Rescattering Processes in Molecular Induced by Intense Laser Fields

森下 亨
（電気通信大学大学院情報理工学研究科）

Overview

分子内のクーロン電場に匹敵する電場強度の高強度のレーザーを原子や分子に照射すると，レーザー電場強度がピークとなる極短時間にトンネルイオン化し，アト秒領域の時間幅をもった電子パルスが生成される．イオン化電子は電場によって加速され，その後，電場の位相の反転に伴って逆向きに加速され，元の分子まで戻ってきて弾性およびさまざまな非弾性散乱を引き起こす．このレーザーの1周期内で起きる超短時間の物理過程は「再散乱過程」とよばれ，戻ってきた電子が分子イオンと再結合してコヒーレント光を放出した場合が高次高調波発生(high-order harmonic generation：HHG)であり，極端紫外からX線領域のコヒーレント光源としても利用されている．HHGがアト秒電子パルスの再結合であることを利用して，アト秒極短パルスの発生とその応用研究も進められている．またHHGスペクトルやそのほかの再散乱過程に対応する観測量は，再散乱時の分子の情報を含んでおり，これらを分析することによって分子状態を決定する分子イメージングの研究が盛んに行われている．

本章では，まず再散乱過程の研究にこれまでよく用いられているいくつかの理論について概観する．そして理論的背景を踏まえて，筆者らが構築した「断熱理論」という新しい理論について概説し，今後の展望を議論する．

■ **KEYWORD** 📖マークは用語解説参照

- トンネルイオン化(tunneling ionization)📖
- 断熱理論(adiabatic theory)📖
- シーガート状態(siegert state)📖

1 背 景

　高強度レーザーによって誘起される再散乱過程が発現する可能性は，1987年にKuchevによって指摘された[1]．レーザー場中では，原子・分子内の電子が何らかの過程によって，たとえば最低限の個数の光子を吸って分子ポテンシャルから脱してイオン化すると，その後イオン化電子はレーザーの周期電場によってポンデロモーティブエネルギー $U_p = F^2/2m\omega^2$（F, m, ω はそれぞれ，電場強度，電子質量，角周波数）程度加速され，その電子と親イオンとの弾性および非弾性散乱が議論された．その後，トンネルイオン化-加速・伝播-再散乱という「3ステップモデル」（図8-1）と，強レーザー場中では分子ポテンシャルの影響が小さいとした「強光子場近似」が提案された．これらの模型や近似は，物理的直観に合致して多くの物理現象を説明し，今日まで広く用いられているものの，その適用範囲がはっきりしない．いかなる理論もすべての物理現象を記述することは不可能であり，その適用範囲を明確にすることは，実験結果を解析するうえだけでなく，理論を改良するうえでも大変重要である．

　そこで本章の背景として，理論の適用範囲という点に注意しながら，3ステップモデルと強光子場近似に関連するこれまでの再散乱過程の理論的研究の発展について概観する．

1-1　3ステップモデルと分子イメージング研究

　まずは，3ステップモデルについてみてみよう．1993年にCorkumは，再散乱過程についてのいわゆる3ステップモデルを提案した[2]．すなわち，① 初期電子パルスの生成を準静的な電場中での「トンネルイオン化」によって評価し，② 電場中での電子の運動を「古典力学による加速と伝播」によって再散乱エネルギーを求め，③ 再散乱の確率を近似計算する，という3ステップにおける物理量を個別に求め，それらを組み合わせることによって，光電子スペクトル，高次高調波スペクトル，2電子イオン化のレーザー強度依存性を評価した．そして，それまでに知られていた実験結果を定性的に説明した．ここで特筆すべきことは，HHGが急激に減少するカットオフエネルギーをはじめて説明したことである．つまり，古典力学計算から再散乱電子の最大エネルギーが $3.17\,U_p$ となり，再衝突電子のイオンへの再結合であるHHGのカットオフエネルギーが，イオン化エネルギー I_p との和，つまり $3.17\,U_p + I_p$ で近似されることを明らかにした．

　翌1994年，PaulusらはCorkumのモデルを高エネルギー超閾イオン化（high-energy above threshold ionization：HATI）に適用して，レーザー場中で加速された電子と親イオンとの弾性散乱において，後方散乱の成分が最大約 $10\,U_p$ という高エネルギーを得ることを運動学的に求めた[3]．

　3ステップモデルが提唱されると，その物理的描像が明快であるので，これを用いてHHGの短波長化，アト秒極短パルス発生，分子イメージングなど，

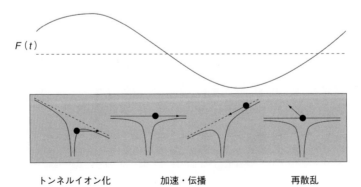

図 8-1　再散乱過程の概念図
レーザー電場がピークとなる極短時間でトンネルイオン化が起こり，アト秒電子パルスが生成される．そして電場によって加速され，レーザー位相の反転に伴って逆向きに加速される．そして元の位置まで戻ってきて，親イオンと再散乱する．

再散乱過程についての研究が盛んに行われるようになった．実験的研究に関しては，本書のほかの章を参照されたい．

さて，3ステップモデルで扱われるそれぞれのステップでの物理過程の評価は，それ自体容易なものではなく，状況に応じてさまざまな近似が導入され，モデルの簡略化が行われた．たとえば，3ステップモデルの再散乱については，電子と標的分子イオンとの相互作用が小さいとして無視した再散乱電子波動関数を平面波で近似した解析が頻繁に使用された[4]．平面波近似について適用範囲に着目してみると，これは電子と標的分子イオンとの相互作用を摂動として散乱問題を取り扱うBorn近似と等価であり，分子の束縛エネルギーに比べて十分高エネルギー領域で有効な近似である．再散乱過程の実験的研究によく用いられる，800 nm, $10^{14} \sim 10^{15}$ W cm^{-2} 程度のレーザーによって得られるエネルギーの $3U_p$ は数十から数百 eV 程度であり，このエネルギー領域での散乱過程についての妥当性は吟味されなければならない．

そこで筆者らは，2006年，電子と親イオンの相互作用の重要性を考慮し，散乱部分を精確に取り扱ったモデルを提唱した[5]．まず，最終段階の再散乱部分を物質固有の物理量である散乱断面積 σ で表し，残りの部分については，標的物質によらずレーザーのパラメータのみに依存する再散乱電子波束の運動量の大きさについての分布関数 W で表す．そしてHHGなどの再散乱過程のスペクトル S が，これら二つの積として

$$S \propto \sigma W \quad (1)$$

という分離公式で表されることを提唱した．S が HHG の場合は σ として光再結合断面積，S が HATI の光電子スペクトルの場合は σ として弾性散乱断面積とする．さらに最衝突電子の運動量分布 W は標的の微細な構造によらないので，参照物質を用いて数値計算あるいは実験結果から用意しておくことができる．筆者らは，原子標的について，時間に依存するSchrödinger方程式の厳密数値解を用いて，HHGおよび光電子スペクトルについて分離公式が典型的なレーザーパルスに対してよく成立することを確かめた[5]．その後，複数のグループによって検証実験が行われた[6,7]．最近では，非逐次2電子イオン化過程，HATIの光電子スペクトルから原子内電荷分布の再構築[8]，さらに二原子分子，三原子分子をはじめとして，N_2O_4 といったより大きな分子についての精密実験の分析や，再散乱過程における O_2^+ 分子イオンの核間距離の精密測定といった多くの実験結果の分析に利用されている[9]．

このように分離公式(1)は，典型的な強レーザー実験に対する再散乱過程をよく説明するが，どのようなレーザーパラメータで成立するかといった，適用範囲の決定につての問題は未解決であった．そこで筆者らは，量子力学の基礎方程式であるSchrödinger方程式から分離公式を導出して，その適用範囲を吟味することによって理論的枠組みを確固たるものとし，多電子系や核振動の効果を含めた理論の拡張を目指している．

1-2 量子力学に基づく理論

3ステップモデルを量子力学的な理論によって説明する試みは，分子イオンとの相互作用がレーザー場に比べて小さいとして摂動的に取り扱った強光子場近似に基づいて行われた．クーロン相互作用のない，時間に依存する空間に一様な電場中の「自由電子」状態は解析的に記述され，Volkov状態とよばれる．これは，調和振動子と同様に，明確な古典－量子の対応が知られている[10]．Keldysh[11]，Faisal[12]，Reiss[13]は，Volkov状態を基底として，初期の束縛状態からのイオン化を論じ，それらはKeldysh理論またはKFR理論として知られている．

Corkumの3ステップモデルが発表された直後の1994年に，Lewensteinらは，KFR理論に基づいてHHGスペクトルに対する確率振幅を求め，3ステップモデルと対応した「初期イオン化」「伝播」「再散乱」の三つの部分からなる簡便な表式で表した[14]．現在，HHGの計算に対して「強光子場近似」として最もよく使用される表式の一つである．

光電子スペクトルについては，1994年にBeckerらが，Volkov状態を用いて弾性再散乱を記述し，解析的に計算可能なデルタ関数ポテンシャルについ

て光電子スペクトルの角度分布について論じた[15]．こうしたKFR理論または強光子場近似では，量子－古典対応がよいVolkov状態を基に理論を構築しているので，再散乱過程のスペクトル中のカットオフの位置といった運動学的な量を見積もるのに有用であった．

しかし，原子・分子構造に起因する物理量の記述には大きな困難を伴っており，物理的直観に基づくさまざまな「改良」が加えられた．例として，Keldyshの理論では，初期のイオン化（トンネルイオン化）に対して，基底状態からVolkov状態への直接的な遷移で記述し，それに伴う基底状態の占有確率の減少は考えない．しかし，この減少をトンネルイオン化のレートを使って人工的に取り入れると，高強度の場合のHHGの実験結果との一致がよくなることがあり，どのような形で減少させるか，しばしば議論される．また，イオン化状態のVolkov状態に分子イオンとの相互作用からの効果を取り入れるために，イオン化ポテンシャル，クーロン位相，クーロン散乱振幅，Starkシフトしたエネルギーなど，さまざまな項を組み込み，厳密計算や実験結果との比較が論じられた．

こうして追加された項は，Volkov状態を基底として展開した場合の高次項の一部という見方が検討された．しかし，最大の問題は，高次の効果を制御するパラメータがないので，レーザー強度や分子ポテンシャルの形状，スペクトルの領域など，どういった条件下で近似がよくなるのかが予想できないことである．また，Keldysh理論から派生した多くの理論は，光との相互作用のゲージ変換に対して計算結果が異なるという問題も含んでいる．

2 断熱理論

一方で筆者らは，「断熱理論」という高強度レーザー場中の原子・分子ダイナミクスを記述する，適用範囲が明確な新しい理論を構築した[16, 17]．そして，それに基づいて，分離公式の導出やイメージングといった応用研究を推進している．断熱理論では，再散乱過程の実験で扱われる近赤外から赤外領域の波長のレーザー電場の時間変化のスケールが，分子内の電子の運動の時間スケールに比べて十分小さいという事実に着目し，ゆっくりと変化する外場に追従する電子状態の変化を「断熱的」に取り扱う．つまり，時々刻々変化する波動関数を，おのおのの時刻での電場中の定常状態を用いて記述するのである．

本章では，理論の概略を示し，基礎方程式である時間に依存するSchrödinger方程式から出発して，観測される物理量が時間に依存しないSchrödinger方程式の解からどのように導かれ，そして表現されるのかを説明する．

まず，レーザー場の変化と電子運動の時間スケールの比で表される無次元の量である断熱パラメータ ε を定義して，$\varepsilon \to 0$ での漸近展開によってSchrödinger方程式の解を構築する．角周波数 ω の単色光の場合，断熱パラメータ ε は，光子エネルギー $\hbar\omega$ とイオン化ポテンシャル I_p の比，$\varepsilon = \hbar\omega/I_p$ となる．典型的な例として，水素原子（$I_p = 13.6\,\mathrm{eV}$），波長800 nmの近赤外（$\hbar\omega = 1.55\,\mathrm{eV}$）の場合，$\varepsilon = 0.12$ 程度となり，十分小さいとみなせる．

ここで重要なのは，断熱パラメータ ε はレーザー強度と無関係であるので，断熱理論は，分子ポテンシャル障壁を超える，いわゆる超障壁領域の高強度レーザー場に対しても適用が可能であることである．つまり，いかなるレーザー強度に対しても十分 ε を小さくすると，（つまり，長波長にすると）断熱理論で得られる結果は，Schrödinger方程式の解に近づくのである．厳密には，電場のピーク強度 F_0 とイオン化ポテンシャルの比に関連する無次元の量 $\xi = 2F_0/\kappa^3$，$(\kappa = \sqrt{2I_p})$ を導入すると，断熱理論は，$\varepsilon \ll \min(\xi^2, 1)$ の条件下（図8-2参照）で成立する．つまり，断熱理論は，ある ε に対して高強度であるほどよく成立する（低強度の場合は反対に摂動的になる）．

以下に見るように，レーザー場中で分子の電子状態が歪む効果などは，自然に理論に含まれており，分子構造を含まないVolkov状態で記述されるKFR理論とは対照的である．余談であるが，よく知られたKeldyshパラメータ γ は，断熱パラメータ ε と電場強度に関連するパラメータ ξ の比 $\gamma = \varepsilon/\xi$ で表される．γ は長波長領域において，いわゆるト

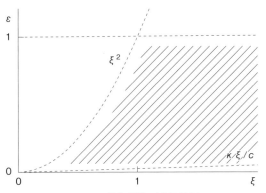

図 8-2 断熱理論の適用範囲
斜線部分は断熱理論の適用範囲を表す．横軸は電場強度，縦軸は断熱パラメータを表す無次元の量．下部の細い部分は相対論的効果による．文献 17 より転載．

ンネルイオン化と多光子イオン化を区別するのに頻繁に用いられるが，何かの展開に用いられるパラメータではないことに注意しよう．

筆者らの断熱理論では，ε と ξ に対して物理現象がスケールされるが，γ は特別な意味をもたない．以下では，Schrödinger 方程式から実験観測量である光電子スペクトルがどのように導かれるか，断熱理論の骨子を概略し，分離公式 (1) がより詳細な形で得られることを示す．

2-1 断熱理論に基づく光電子スペクトルの表式

小さい値の断熱パラメータ ε を使って，ゆっくりとしたレーザー電場の時間変化を εt で表す．つまり，相互作用 $\boldsymbol{F}(\varepsilon t) \cdot \boldsymbol{r}$ の下での 1 電子分子の Schrödinger 方程式 (原子単位系)

$$-i\frac{\partial}{\partial t}\psi(t) = \left[-\frac{1}{2}\Delta + V(\boldsymbol{r}) + \boldsymbol{F}(\varepsilon t) \cdot \boldsymbol{r}\right]\psi(t) \quad (2)$$

について $\varepsilon \to 0$ での漸近展開を考える．ただし，初期状態は，レーザー場がないときの固有関数 $\phi_0(t)$ であったとする．$V(\boldsymbol{r})$ は分子ポテンシャルで，簡単のため，十分遠方で $V(\boldsymbol{r}) \to 0 \, (r \to \infty)$ とする．クーロン長距離力については後述する．Schrödinger 方程式の解を

$$\Psi(t) = \psi_\mathrm{a}(t) + \psi_\mathrm{r}(t)$$

のように断熱部分 ψ_a と再散乱部分 ψ_r の二つの部分に分け，それぞれの関数の位相 A と振幅 S について

$$\psi_\mathrm{a}(t) \sim A_\mathrm{a}(t) e^{iS_\mathrm{a}(t)}, \quad A_\mathrm{a}(t) = O(\varepsilon^0),$$
$$S_\mathrm{a}(t) = O(\varepsilon^{-1})$$

$$\psi_\mathrm{r}(t) \sim A_\mathrm{r}(t) e^{iS_\mathrm{r}(t)}, \quad A_\mathrm{r}(t) = O(\varepsilon^{-3/2}),$$
$$S_\mathrm{r}(t) = O(\varepsilon^{-3})$$

と展開する．

ここで，断熱部分と再散乱部分の $\varepsilon\,(\sim\hbar\omega/I_\mathrm{p})$ のべきの物理的意味は以下のようである．断熱部分 ψ_a はトンネルイオン化の波束を表し，その振幅 A_a はトンネルイオン化のレートに依存するがレーザーの波長にはよらないため ε^0 となり，位相部分 S_a は波動関数が $e^{iI_\mathrm{p}t}$ のようにイオン化ポテンシャル I_p に比例する角振動数をもつので ε^{-1} となる．一方，再散乱部分 ψ_r については，トンネルイオン化電子波束は，トンネルイオン化してから再散乱するまで電場と垂直方向には自由に拡散するので，再散乱までの時間が長いほど波束の振幅は小さくなる．長波長，すなわち光子エネルギーが小さいほど再散乱までの時間がかかり，結果として振幅は $\varepsilon^{3/2}$ となる．また，位相は，再散乱までの時間に電場から受ける作用で決まり，ε^{-3} となる．これらの関数を Schrödinger 方程式に代入し，ε のべきで比較することによって，$\psi_\mathrm{a} + \psi_\mathrm{r}$ の具体的な表式を得る．上のような展開の形が妥当かどうかは展開する前にはわからず，展開の結果をもって知ることができる．

ψ_a と ψ_r は，Schrödinger 方程式を積分方程式に書き直し，得られた時間積分に鞍点法を用いることによって閉じた形で得られる．鞍点法とは，関数の位相の停留点によって積分を評価する方法であり，量子力学の経路積分など，理論物理のいろいろな場面で使用される．これは積分値を求めるだけでなく，おのおのの鞍点に対して再散乱電子の古典的軌道に対応させることができ，物理的描像を明確にする．詳細を省いて時間積分の結果を示すと，断熱部分 ψ_a は

$$\psi_\mathrm{a}(t) = \phi_0(t)\,e^{-is_0(t)}$$
$$s_0(t) = E_0 t + \int_{-\infty}^{t}[E_0(t') - E_0]\mathrm{d}t \quad (3)$$

となる. ここで $E_0 = -I_p$ は初期状態の束縛エネルギーで, $E_0(t)$, $\phi_0(t)$ は, 時刻 t での電場 $F(t)$ が印加された瞬間での (t をパラメータとした) 時間に依存しない Schrödinger 方程式

$$\left[-\frac{1}{2}\Delta + V(r) + F(t)\cdot r - E_0(t)\right]\phi_0(t) = 0 \quad (4)$$

の解である. これは, 静電場中でのトンネルイオン化状態を表し, シーガート状態とよばれ, 分子の構造 $V(r)$ と $F(t)\cdot r$ の影響が正確に取り込まれている. 断熱部分の関数は t をパラメータとした定常状態の解であるシーガート状態により構築され, 電場の変化に追従して, 文字通り「断熱的」に時々刻々変化するのである. 本章において着目している理論の適用条件 $\varepsilon \ll \min(\xi^2, 1)$ は, 鞍点法を用いた式 (3) の導出に際して示される.

次に, 再散乱部分の波動関数 ψ_r を見てみよう. これは断熱部分と同様に積分方程式の鞍点法によって得られ, 主要部分は, トンネルイオン化時の電場に垂直方向の自由拡散を定量的に表す運動量分布に対する振幅 $A_0(t)$, 電場よって得られる作用の位相 $S(t)$, 再散乱時の散乱波動関数 $\varphi(t)$ を用いて

$$\psi_r(t) = \frac{-i}{2\pi}\sum_i \frac{A_0(t_i)}{[(t-t_i)^3 F(t_i)]^{\frac{1}{2}}} \cdot \varphi(t)\cdot\exp[-iS(t_i) - is_0(t_i)]$$

と表される. t_i は鞍点法によって求められるトンネルイオン化の時刻であり, i についての和は, トンネルイオン化の異なる鞍点 (古典軌道) に対するものである. トンネルイオン化状態の垂直運動量分布 $A_0(t)$ は時間によらない Schrödinger 方程式の解 (4) から求められ, 再散乱部分の波動関数も断熱部分と同様に定常解であるシーガート状態から構築される. 3 ステップモデルの各ステップが, トンネルイオン化 (A_0), 伝播 (S), 再散乱 (φ) として自然な形で含まれていることがわかる.

ここまで時間に依存する波動関数がおのおのの時刻での電場に対応する定常解であるシーガート状態より記述されることを見てきた.

次に, 観測量であるイオン化の確率について見てみよう. これは, 漸近展開によって求めた波動関数を用いて $t \to \infty$ でのイオン化のフラックスによって得られる. 断熱部分の確率振幅の主要部分は

$$I_a(k) = e^{i\pi/4}(2\pi)^{1/2}\sum_i \frac{A_0(t_i)}{F^{1/2}(t_i)}\exp[iS(t_i) - is_0(t_i)]$$

となり, その運動量 k 分布は, トンネルイオン化の垂直運動量分布 $A_0(t_i)$ によって特徴づけられる. また, 再散乱部分の確率振幅は

$$I_r(k) = e^{i\pi/4}(2\pi)^{1/2}\sum_{ir}\frac{A_0}{[(t_r-t_i)^3 F(t_i) S_r'']^{1/2}}\cdot f\cdot\exp[iS_r]$$

と表され, トンネルイオン化の垂直運動量振幅 A_0 と, 再散乱電子の電場のない状況での散乱振幅 f とともに時間に非依存の量の積で特徴づけられる. クーロン長距離力の場合には, 発散や対数位相について特別な取扱いが必要である. S_r は, 再散乱に対する作用の位相のすべての和であり, S_r'' はその 2 階微分の鞍点での値である. r についての和は, 再散乱の異なる鞍点に対するものである. 実験で観測される光電子運動量スペクトルは, 断熱部分と再散乱部分の二つの確率振幅のコヒーレント和の二乗で表され, 波動関数と同様に時々刻々の電場に対応する定常解であるシーガート状態によって構築される量により記述される.

断熱部分と再散乱部分の二つの確率振幅のコヒーレント和の二乗をとることによって, 光電子スペクトルは複雑な干渉パターンを示す. 例として, 1 サイクルパルスについて厳密数値計算との比較を図 8-3 に示す. 予想されるように, 断熱理論は, 長波長かつ高強度であるほど数値厳密解との一致がよくなることがわかる.

以上が光電子スペクトルに関する断熱理論の骨子である. HHG についても同様の理論が展開される. また, 漸近展開を正しく行っているので, 断熱および再散乱の各項のそれぞれについてゲージ不変であることも示される. また, 余談であるが, 断熱部分

のイオン化スペクトルは，レーザー強度が小さくなる極限，すなわち $\varepsilon \ll \xi^2$ かつ $\xi \ll 1$ の極限で Keldysh 理論のものと一致することも示される．つまり強光子場近似は，その名とは逆に，レーザー強度が小さい場合に成立することがわかっている．これはレーザー強度を表す ξ の大きさに制限のない断熱理論とはまったく異なる条件である．

2-2 分離公式

さて，トンネルイオン化と再散乱の鞍点の分析から，断熱部分の振幅は $2U_p$ を超えると急激に減衰し，HATI の $10U_p$ 付近の高エネルギー部分では再散乱部分からの寄与が大部分であることがわかる．その結果，断熱部分との干渉はなくなり，スペクトルについて簡単な表式が得られる．われわれは，まず簡単な一次元系について，散乱断面積に相当する反射率 R を使って $10U_p$ のカットオフ近傍での光電子スペクトルが，

$$S = R \cdot \{\Gamma |c|^2\} \cdot \left\{\frac{2^{8/3} \pi^2 |u_f|^{4/3}}{|\eta|^{\frac{2}{3}}(t_f - t_i) F(t_i)} |Ai(\xi(k))|^2\right\}$$

と表されることを導いた．反射率 R より右側部分は，分離公式（2）中の再散乱波束 W に相当し，その物理的意味は以下のようである．

中央の中括弧内の Γ と $|c|^2$ は，それぞれ始状態に対するイオン化レートとイオン化時の存在確率であり，合わせて $\Gamma|c|^2$ はトンネルイオン化電子の確率を表す．$\Gamma|c|^2$ より右側の残りの部分は「伝播」部分と理解され，η は，再散乱時の電場とその時間変化の値から得られる $O(\varepsilon^1)$ の量である．$Ai(\zeta(k))$ は，作用から決まる位相の関数 $\zeta(k)$ を引数として，同じ運動量 k を与える二つの経路（いわゆるショートとロング）の干渉を表す Airy 関数である．また，t_f と u_f は，対応する再散乱時刻と速度である．

このように，断熱理論によって分離公式が解析的に導くことが示され，波束 W の中身についての具体的な関数形も明らかにされ，「トンネルイオン化-加速・伝播-再散乱」という 3 ステップモデルが厳密にはどのように表されるかが示された．三次元系についても同様に導かれることがわかっている．新しい分離公式の適用範囲は，カットオフ近傍であると

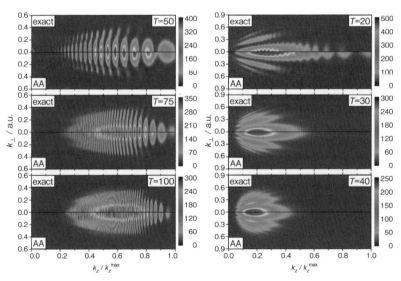

図 8-3 1サイクルパルス $F(t) = -F_0\sqrt{2e}\tau e^{-\tau^2}$，$\tau = 2t/T$ を水素原子（ガウス関数により長距離部分を除いたもの）に照射したときの光電子スペクトル［カラー口絵参照］

ピーク電場強度は，左が $F_0 = 0.1$，右が 0.4 a.u. である．k_z, $k_\perp$ はそれぞれレーザー偏向方向に平行，垂直成分の運動量．古典理論で許容する最大運動量 k_z^{max} で横軸は規格化されている．T が大きくなって波長が長くなるほど，また F_0 が大きくなって高強度になるほど厳密数値解（exact）と断熱理論（AA）との一致がよくなることがわかる．文献 17 より転載．

いうこともわかる．

3 まとめと今後の展望

本章では，高強度レーザー場によって誘起されるトンネルイオン化電子の再散乱過程についての理論的研究の一部について概観した．そして，断熱理論という新しい理論について，その適用範囲とともに概略を説明し，再散乱過程の3ステップモデルを厳密に表す分離公式を導出した．断熱法は，長波長，高強度レーザー場中の分子を正確に記述し，再散乱過程などの強レーザー場中の分子ダイナミクスを正しく理解する強力な理論である．

再散乱過程の研究は，高次高調波や高エネルギー電子生成など高次の非線形現象の理解に重要であり，またアト秒極短パルス発生とそれを使った非線形分光や分子の超高速イメージングといった応用研究にも重要な役割を果たしている．今後，より精密な実験および理論研究が展開されるであろう．とくに分子イメージングといった，標的物質の情報の抽出には，分子構造とレーザー場からの影響をともにきちんと扱った理論の構築が重要となるであろう．その一つである断熱理論では，周期的に変化するレーザー場中の分子のイオン化についての情報を，時間を固定した一定場での分子状態，つまり式(4)の解であるシーガート状態から抽出する．実は，この「時間を固定した一定電場での分子状態」（つまりトンネルイオン化状態）をどうやって正確に記述するか，というのは量子力学誕生直後からの基礎的な問題の一つであり，高強度レーザー物理の分野でホットなテーマの一つである．筆者らはこの問題について，新しい理論的手法を開発し，その適用範囲を考慮しつつ，断熱理論とともに研究を進めている[18~20]．これについては紙面の都合により触れることができなかったので，いずれかの機会で紹介したい．

高強度レーザー科学は，これまでに光源開発，精密計測，などの実験研究と，簡便なモデル構築，厳密数値計算，解析理論が絡み合って発展してきた．今後のさらなる発展に少しでも貢献したい．

◆ 文 献 ◆

[1] M. Y. Kuchev, *Pis'ma Zh. Eksp. Teor. Fiz.*, **1987**, 45 〔*JETP Lett.*, **45**, 404 (1987)〕．

[2] P. B. Corkum, N. H. Burnett, F. Brunel, *Phys. Rev. Lett.*, **62**, 1259 (1989)．

[3] G. G. Paulus, W. Becker, W. Nicklich, H. Walther, *J. Phys. B*, **27**, L703 (1994)．

[4] J. Itatani, J. Levesque, D. Zeidler, H. Niikura, H. P'epin, J. C. Kieffer, P. B. Corkum, D. M. Villeneuve, *Nature (London)*, **432**, 867 (2004)．

[5] (a) T. Morishita, A.-T. Le, Z. Chen, C. D. Lin, *Phys. Rev. Lett.*, **100**, 013903 (2008); (b) 森下 亨, 日本物理学会誌, **64**, 544 (2009)．

[6] M. Okunishi, T. Morishita, G. Prümper, K. Shimada, C. D. Lin, S. Watanabe, K. Ueda, *Phys. Rev. Lett.*, **100**, 143001 (2008)．

[7] D. Ray, B. Ulrich, I. Bocharova, C. Maharjan, P. Ranitovic, B. Gramkow, M. Magrakvelidze, S. De, I. V. Litvinyuk, A. T. Le, T. Morishita, C. D. Lin, G. G. Paulus, C. L. Cocke, *Phys. Rev. Lett.*, **100**, 143002 (2008)．

[8] T. Morishita, T. Umegaki, S. Watanabe, C. D. Lin, *J. Phys.: Conf. Ser.*, **194**, 012011 (2009)．

[9] C. D. Lin, A.-T. Le, Z. Chen, T. Morishita, R. Lucchese, *J. Phys. B: At. Mol. Opt. Phys.*, **43**, 122001 (2010)．

[10] R. P. Feynman, A. R. Hibbs, "Quantum Mechanics and Path Integrals," McGraw-Hill, New York (1965)．

[11] L. V. Keldysh, *Zh. Eksp. Teor. Fiz.*, **47**, 1945 (1964) 〔*Sov. Phys. JETP*, **20**, 1307 (1965)〕．

[12] F. H. M. Faisal, *J. Phys. B*, **6**, L89 (1973)．

[13] H. R. Reiss, *Phys. Rev. A*, **22**, 1786 (1980)．

[14] M. Lewenstein, Ph. Balcou, M. Yu Ivanov, Anne L'Huillier, P. Corkum, *Phys. Rev. A*, **49**, 2117 (1994)．

[15] (a) W. Becker, A. Lohr, M. Kleber, *J. Phys. B*, **27**, L325 (1994); (b) *J. Phys. B*, **28**, 1931 (1995)．

[16] O. I. Tolstikhin, T. Morishita, S. Watanabe, *Phys. Rev. A*, **81**, 033415 (2010)．

[17] O. I. Tolstikhin, T. Morishita, *Phys. Rev. A*, **86**, 043107 (2012)．

[18] P. A. Batishchev, O. I. Tolstikhin, T. Morishita, *Phys. Rev. A*, **82**, 023416 (2010)．

[19] V. H. Trinh, O. I. Tolstikhin, L. B. Madsen, T. Morishita, *Phys. Rev. A*, **87**, 043426 (2013)．

[20] V. N. T. Pham, O. I. Tolstikhin, T. Morishita, *Phys. Rev. A*, **89**, 033426 (2014)．

Chap 9: ④再散乱を用いた分子イメージング

再衝突電子を用いたアト秒分子内電子波束測定法

Attosecond Measurements Using Re-colliding Electron Pulses

新倉 弘倫
(早稲田大学先進理工学部)

Overview

新規の超短レーザーパルス発生技術と新しい概念に基づく測定法の開発により，フェムト秒を超えてアト秒の時間スケールでの分光測定が可能になっている．アト秒の時間分解能が達成されることで，化学反応などに伴う分子構造の変化 (核間距離の変化) だけでなく，分子内の電子運動・電子相関過程や分子軌道の変化がどのように起こるのかを，時間分解で測定できると考えられている．

アト秒へのブレークスルーは 2000 年頃に行われたが，そのおもな方法として，高強度レーザーパルスを原子や分子に照射したときに生じる高次高調波と呼ばれる極端紫外領域のレーザー光をプローブまたはポンプ光として用いる方法や，その発生過程である電子再衝突過程を利用した方法がある．本章では，再衝突電子を用いたアト秒分光法の概念とその応用について概観する．

■ KEYWORD

- ■アト秒科学(attosecond science)
- ■高強度レーザー場(intense laser field)
- ■トンネルイオン化(tunnel ionization)
- ■電子再衝突(electron re-collision)
- ■高次高調波(high-harmonic generation)
- ■電子波束(electron wave packet)
- ■振動波束(vibrational wave packet)
- ■分子軌道(molecular orbital)

1 アト秒測定法

21世紀に入り，測定の時間分解能はフェムト秒（1フェムト秒 = 10^{-15} s, 1 fs）領域からアト秒領域（1アト秒 = 10^{-18} s, 1 as）に到達した．アト秒の時間分解能が達成されることにより，分子構造の変化よりも速い時間スケールで変化する電子運動（電子波束の時間発展）や，電子相関過程などを直接測定できると期待されている．1980年代にはレーザーのパルス幅は数 fs まで圧縮されたが，レーザーパルスの分散を制御するという従来の方法では 1 fs の壁を突破できなかった．そのおもな理由は，紫外～赤外領域の波長では，レーザー電場の1周期が数 fs（800 nm の場合は約 2.66 fs）であるため，かりに電場が1回しか振動しないレーザーパルスをつくったとしても，アト秒のパルス幅には到達できないからである．したがって，より波長の短い極端紫外領域のレーザーパルスを用いるか，新たな物理概念の提案が必要だった．

一方，チャープパルス増幅などの方法により，テーブルトップで数十 fs 領域の高強度のレーザーパルスをつくりだせるようになった．赤外領域の高強度のレーザーパルスを気相の原子や分子に照射したとき，レーザー電場の強度が原子・分子内の電子が核から受けるクーロン場と同程度になると（～10^{10} V m^{-1}），レーザー電場のピーク強度付近でトンネルイオン化とよばれる現象が生じ，原子や分子から電子が放出される（図9-1）．トンネルイオン化過程の確率はレーザー電場の強度に対して非線形的に増大するので，適切なレーザー電場のピーク強度では（$I \sim 10^{14}$ W cm^{-2}），トンネルイオン化過程は電場ピーク付近の数百 as の時間領域で生じる．放出された電子は高強度のレーザー電場のなかにあるので，レーザー電場により加速・減速される．

トンネルイオン化後，レーザー電場ベクトルの方向が変わると，放出された電子は元の原子や分子の方向に加速されて戻り，衝突する．この過程を電子再衝突過程といい，後述のようにレーザー電場の波長が 800 nm の場合にはトンネルイオン化してから約 1.7 fs 後に最大の衝突確率をもつ．最大の衝突エネルギーはレーザー電場のピーク強度 I に比例し，波長の二乗に比例する．たとえば，波長 800 nm で $I = 1.5 \times 10^{14}$ W cm^{-2} の場合には，最大の衝突エネルギーは約 30 eV になる．

電場により加速された電子が元の原子や分子に衝突すると，次のようなさまざまな過程が生じうる．まず，再衝突する電子が元の原子・分子と弾性的に散乱される電子散乱過程がある．また電子の再衝突により，原子や分子内の電子が励起されたり，二次イオン化される過程がある．再衝突の際に衝突エネルギーが輻射のエネルギーに変換されると（輻射性再結合過程），ほぼ衝突エネルギーに等しい光が発生する．この光は高次高調波とよばれ，再衝突のエネルギーは数十 eV から数百 eV になるので極端紫外から軟 X 線領域の波長をもつ．このトンネルイオン化-電子再衝突過程は3ステップモデルとよばれるアト秒科学の基礎となる重要な過程である[1]．

このモデルによると，電子再衝突の間だけ光が放出されることになるが，電子再衝突はレーザー電場の1周期以内の時間に生じるので，発生する高次高調波のパルス幅はアト秒領域になりうる．2001年には，この高次高調波がアト秒のパルス幅をもっていることが示され（約 650 as）[2]，高次高調波をプローブまたはポンプ光としたアト秒科学がこれ以降展開している．

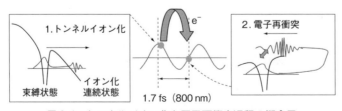

図9-1 トンネルイオン化と電子再衝突過程の概念図
トンネルイオン化はレーザー電場のピーク付近で生じ，放出された電子はレーザー電場の1周期以内に加速されて元の分子に戻り再衝突する．[カラー口絵参照]

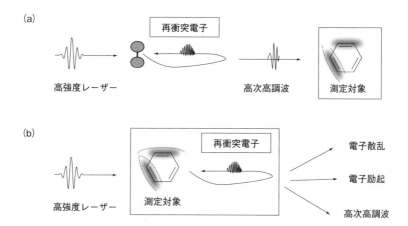

図9-2 アト秒光パルス（高次高調波）をプローブ光とした測定方法（アト秒パルスを用いた測定法）（a），再衝突電子をプローブ電子とした測定方法（アト秒再衝突電子を用いた測定法）（b）

（a）では高強度レーザーを原子分子に照射し，高次高調波を発生させてそれを測定対象に照射するのに対して，（b）では測定対象そのものから再衝突する電子を引きだし，それを元の試料に当てて，その結果として生じたさまざまな過程を測定することで，元の測定対象の電子構造やダイナミクスを測定する．

高次高調波を利用したアト秒測定法では，まず高強度のレーザーパルスを原子に照射し，トンネルイオン化-電子再衝突過程によりアト秒のパルス幅をもつ極端紫外光を生成する．次に，このパルスを測定対象となる原子や分子に照射し，その結果として発生した光電子スペクトルやイオン収量を測定するという2段階の方法を用いる〔図9-2（a）〕．それに対して筆者らは，「再衝突する電子」そのものを，アト秒領域の測定のためのプローブパルスとして用いることができることを2002年に示した[3]．この方法では，図9-2（b）に示すように，測定対象となる原子や分子に赤外領域の高強度レーザーパルスを照射し，トンネルイオン化過程により「再衝突する電子」を引きだす．

次に，電子再衝突過程によって生じた弾性散乱過程・イオン化過程や高次高調波発生過程などを調べることにより，元の原子や分子の電子状態やさまざまな時間変化についての情報をアト秒精度で得るという方法である．筆者らは分子時計法という方法を新たに開発することで，再衝突電子の時間構造と空間構造を同定した[3]．それによれば，ある電場周期のピーク付近でトンネルイオン化過程により放出された電子は，まず電場周期の約2/3（図9-1に示すように，800 nmでは約1.7 fs）のときに，最大の衝突確率で元の原子・分子に再衝突する．再衝突せずに通り過ぎた電子は，電場ベクトルの方向が変わるたびに，2回目・3回目の衝突を行いうる．

トンネルイオン化時にしみでた電子波動関数（電子波束）は運動量成分に広がりをもつので，再衝突までの間に空間的に広がる．たとえば，1回目に衝突するときには，電場周期の約2/3のときを中心に＜1 fs程度続く（800 nmの電場の場合）．電子波束はレーザー電場の電場ベクトルの方向とは垂直な方向にも広がり，1回目の衝突のときには約1 nm程度のガウス型の広がりをもつ．すなわち，再衝突する電子は「アト秒時間領域・ナノメートル」のコヒーレントな電子パルスであると見なすことができる．

この再衝突電子を用いたアト秒測定法は，高次高調波によるアト秒光パルスを用いる方法と比較して，測定装置が簡単になるという利点のほかに，後述のように分子軌道（分子の電子波動関数）の位相を測定できるという大きな特徴を有する．

2 再衝突電子によるアト秒振動波束運動の測定

次に筆者らは再衝突電子を用いて，分子の構造変化をアト秒の時間分解能で測定できることを示した[4]．再衝突電子は前述のように，トンネルイオン化してから電場周期の約2/3のときに最大の衝突確率で元の原子や分子に衝突する．すなわち，元のレーザー電場の波長を変えることにより，電子再衝突のタイミングをアト秒精度で変化させることができることになる．筆者らは波長の異なる高強度レーザーパルスを重水素分子(D_2)に照射し，再衝突の結果として生じた重水素原子イオン(D^+)の運動エネルギーを測定することで，D_2^+の電子基底状態における振動波束運動をアト秒の精度で測定した．

この機構は以下のとおりである〔図9-3(a)〕．すなわち，レーザー電場のピーク付近でトンネルイオンが生じて電子が放出されると，D_2はD_2^+になる．このとき，イオンの電子基底状態における平衡核間距離は中性分子のそれよりも大きいので，イオン化に伴うFranck-Condon領域が平衡核間距離からずれるために，イオン化に伴って振動波束が生成することになる．すなわち，トンネルイオン化過程により，イオン化連続状態を運動する(再衝突)電子波束と，D_2^+の電子基底状態のポテンシャル曲面を運動する振動波束(振動運動)とが同時に生成する．D_2^+の電子基底状態における振動波束の1周期は約16 fs程度であるので，電子再衝突が起こるまでの間に若干だけ振動波束は時間発展する(振動が伸びる)．電子の再衝突が起こると，D_2^+の励起状態などに励起され，解離する．このとき解離種であるD^+の運動エネルギーは，解離ポテンシャルの形状から衝突時の核間距離に変換できるので，再衝突のタイミングを変えながら運動エネルギー分布を測定することで，刻一刻の振動波束の時間変化を測定できることになる．本実験では 800 nm, 1200 nm, 1530 nm, 1850 nm の高強度レーザーパルスを使用し，再衝突までの時間をそれぞれ 1.7 fs, 2.7 fs, 3.4 fs, 4.2 fs に変えた．この方法を用いて，1.7 fsから4.2 fsの

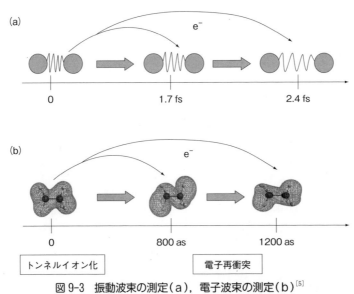

図9-3 振動波束の測定(a)，電子波束の測定(b)[5]
(a) トンネルイオン化によって，再衝突電子(波束)と振動運動(振動波束)が同時に生成する場合．電子再衝突までに振動波束は時間発展する．再衝突のタイミングを変え，再衝突の結果として生じた電子励起過程(解離過程)を測定することで，再衝突時の振動波束運動を測定する．(b) トンネルイオン化によって，再衝突電子(波束)と，束縛状態に電子波束が同時に生成する場合．同様に電子再衝突までに電子波束は時間発展する．再衝突の結果として生じた高次高調波のスペクトル強度と偏光方向を測定することにより，電子波束の時間発展を追跡できる．高次高調波のエネルギーは再衝突時間に対応する．

間に，最短 700 as の精度で，振動波束のピーク位置が約 0.9 Å から 1.1 Å に変化していることを測定した．

この方法を一般化すると，「互いに相関のある波束対（ここでは電子波束と振動波束）を生成し，その片方（または両者）をレーザー電場でアト秒の精度で制御することにより，もう片方の波束の運動を測定する」方法であるといえる．すなわち，振動波束だけではなく「同時に生成しうる」さまざまな波束対に対して測定が可能であると考えられる．今後，高強度のより波長の短いパルスが生成できれば，より短い時間領域（ゼプタ秒など）における波束ダイナミクスが，ここで提案した相関波束対の制御という方法により測定できると考えられる．

3 再衝突電子によるアト秒電子波束運動の測定

次に，再衝突電子を用いた電子状態および電子波束運動の測定法について概観する．ここで電子のコヒーレントな性質に注目すると，トンネルイオン化-電子再衝突過程は次のように記述できる．すなわち，トンネルイオン化過程により，原子や分子の核からのポテンシャルに束縛された電子波動関数が，束縛状態に残る成分（Ψ_b）と，イオン化連続状態に時間発展する部分（Ψ_c）とに分離する．このとき，二つの電子波動関数の成分は，同じ波動関数から分離するので，決まった位相関係をもつ．それぞれの波動関数は連続状態と束縛状態を時間発展し，再衝突時に空間的に重なり合う．このとき，連続状態の波動関数はレーザー電場により加速されているので，瞬間的な de Broglie 波長は加速に応じて短くなる．二つの波束の相互作用により双極子モーメントの時間変化 $d(t)$ が生じ，その結果として輻射（高次高調波）が発生する．この過程は近似的に以下の式で表される．

$$d(t) \sim \langle \Psi_b | er | \Psi_c \rangle + c.c. \qquad (1)$$

ここで e は電荷素量，r は電子の位置を表す．この双極子モーメント〔または $d(t)$ を二階微分して得られる双極子加速度〕をフーリエ変換した $|\mathrm{d}(\omega)|^2$ がそれぞれの波長における高次高調波のスペクトル強度，その位相 $\phi(\omega)$ がスペクトル位相となる．したがって，高次高調波のスペクトル強度と位相を測定し，再衝突する電子波束 Ψ_c を何らかの方法で同定すれば，式（1）から束縛状態の波動関数 Ψ_b を求めることができる．

2004 年にこの方法を用いて，窒素分子の最高占有軌道（σ_g 軌道）が，測定された高次高調波スペクトルから再構成された[6]．σ_g 軌道は軸対象なので，再構成するべき分子軌道は二次元の $\Psi(x, y)$ となる．したがって，分子軸に対してさまざまな角度（θ）から電子を再衝突させ，その結果として生じた高次高調波のスペクトル $d(\omega, \theta)$ を測定し，二次元フーリエ変換を用いて分子軌道を再構成する．この方法では，分子軸と再衝突電子の入射角 θ を変えるために，分子を配列させる技術が用いられた．すなわち直線偏光のパルスを二つ用意し，まずポンプパルスで気相の窒素を偏光軸の方向に配列させ，次にプローブパルスで高次高調波を発生させる．このとき，トンネルイオン化と電子再衝突の方向は，プローブパルスの偏光方向に沿って起こる．二つのパルスの相対的な偏光方向を調整し，分子軸と電子再衝突の角度を 0 度から 90 度に変える．また再衝突電子 Ψ_c を求めるためには，Ψ_c を平面波で展開し，そのエネルギーごとの成分をアルゴンのスペクトル強度で規格化するという方法が用いられた．

しかし分子配列を利用した方法では，たとえば π_g 軌道のように波動関数の節が顕著な場合には，トンネルイオン化の確率が分子軸からの角度に大きく依存する．この場合，Ψ_c が角度 θ に大きく依存してしまい，Ψ_b を求めることが困難である．そこで筆者らは，分子配列を制御する代わりに，トンネルイオン化してから再衝突するまでの電子の軌道を制御することで，分子軸に対する再衝突角度 θ を変える方法を用いた[7]．この方法では，二つの異なる波長のレーザーパルス（たとえば 800 nm と 400 nm）を互いに偏光が垂直になるように重ね合わせる．すると電場ベクトルの方向がトンネルイオン化から電子再衝突までの間に変化することになり，再衝突電子の衝突角度が分子軸に対して制御される．さらに高次高調波の偏光方向に注目し，再衝突電子

の衝突角(θ)の関数として発生した高次高調波の偏光方向(ϕ_{HHG})を測定することで，分子軌道の対称性が区別できることを示した．すなわちσ_g軌道の場合には，分子軸と平行な方向から再衝突電子が入射すると，発生する高次高調波の偏光方向はそれと平行な方向になるが，π_g軌道の場合には，高次高調波の偏光方向は電子の入射方向とは垂直になる．この「2波長を用いた高次高調波測定法」は，従来の光電子分光や電子運動量分光法と同様に，分子軌道の対称性を知ることができる新たな方法であるといえる．

また2004年，2005年には，分子のなかに電子波束運動が生じていると，その時間変化は高次高調波のスペクトル強度のへこみとして観測されうることを量子力学的計算によって示した[6, 8]．これは，ある適切な位相整合条件のもとでは，「高次高調波のエネルギーは電子再衝突が生じた時間に対応する」という原理を利用している．たとえば，800 nm のパルスを用いた場合，最大の再衝突エネルギー（高次高調波のカットオフエネルギー）を与える再衝突時間はトンネルイオン化してから約1.7 fs 後であり，エネルギーが低くなるにつれて，再衝突の時間は短くなる．これは電子波束運動の高次高調波スペクトルへのマッピング法とよばれる．

この原理と2波長を用いた高次高調波測定法とを組み合わせると，分子軌道の時間変化をアト秒の時間スケールで追跡することができる．2011年には，トンネルイオン化過程によってエタン分子内に生成した電子波束運動を，800 as から 1400 as 程度の時間領域で測定した結果を発表した[5]．この時間領域では，エタン分子の主要な分子構造（C—C振動など）はほぼ停止しており，分子の構造変化とそのなかを動く電子運動とを分離して測定したものといえる．

4 まとめと今後の展望

以上，再衝突電子を用いたアト秒測定法について概観した．まとめれば，再衝突する電子波束はアト秒時間領域のパルス幅をもち，その空間的な広がりが1 nm 程度の「コヒーレントな電子パルス」であり，その軌道はレーザー電場によってアト秒・オングストローム単位で制御することができる．トンネルイオン化-電子再衝突過程はコヒーレントな過程であるので，電子再衝突の結果として生じた高次高調波のスペクトル強度・位相・偏光方向は，元の原子や分子の電子状態（電子波束）や振動波束の空間分布および位相の変化を敏感に反映しうる．この方法はとくに，電子波動関数（分子軌道）の位相情報を得ることができる方法として注目されており，新たな化学反応動力学の測定法として今後の発展が期待される[9]．

◆ 文 献 ◆

[1] P. B. Corkum, *Phys. Rev. Lett.*, **71**, 1994 (1993).
[2] M. Hentschel, R. Kienberger, Ch. Spielmann, G. A. Reider, N. Milosevic, T. Brabec, P. Corkum, U. Heinzmann, M. Drescher, F. Krausz, *Nature*, **414**, 509 (2001).
[3] H. Niikura, F. Légaré, R. Hasbani, A. D. Bandrauk, M. Y. Ivanov, D. M. Villeneuve, P. B. Corkum, *Nature*, **417**, 917 (2002).
[4] H. Niikura, F. Légaré, R. Hasbani, M. Y. Ivanov, D. M. Villeneuve, P. B. Corkum, *Nature*, **421**, 826 (2003).
[5] H. Niikura, H. J. Wörner, D. M. Villeneuve, P. B. Corkum, *Phys. Rev. Lett.*, **107**, 093004 (2011).
[6] J. Itatani, J. Levesque, D. Zeidler, H. Niikura, H. Pépin, J. C. Kieffer, P. B. Corkum, D. M. Villeneuve, *Nature*, **432**, 867 (2004).
[7] H. Niikura, N. Dudovich, D. M. Villeneuve, P. B. Corkum, *Phys. Rev. Lett.*, **105**, 053003 (2010).
[8] H. Niikura, D. M. Villeneuve, P. B. Corkum, *Phys. Rev. Lett.*, **94**, 083003 (2005).
[9] H. J. Wöner, J. B. Bertrand, D. V. Kartashov, P. B. Corkum, D. M. Villeneuve, *Nature*, **466**, 604 (2010).

Chap 10：⑤分光学と構造化学への展開

アト秒フリンジ分解計測によるフーリエ変換分子分光

Fourier Transform Molecular Spectroscopy by Attosecond Fringe-resolved Antocorrelation Measareueint

古川 裕介　鍋川 康夫　緑川 克美
（理化学研究所光量子工学研究領域）

Overview

強レーザー場と原子の非線形現象の一つに高次高調波発生がある．高次高調波発生は，近赤外領域の波長を軟X線領域の波長へ変換できるユニークな短波長変換技術である．レーザー技術および理論が成熟した結果，高次高調波発生過程からフェムト秒よりも短い時間のパルス幅をもつアト秒パルスの発生が実現されて，アト秒科学という新しい研究分野が開拓されている．

ところで，最もシンプルな高次高調波発生によって生じる高次高調波パルスは，時間領域で観るとアト秒パルスが一定の間隔の時間で並ぶアト秒パルス列であり，周波数領域で観ると奇数次の高調波が離散的に並んだ周波数スペクトルをもつ．

本章では，アト秒パルスおよびアト秒パルス列のパルス計測からその応用研究について，筆者の研究成果を中心に紹介する．

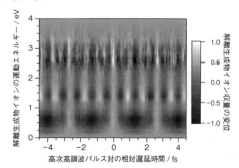

▲高次高調波パルス対による解離性イオン化過程の解離生成物の遅延時間依存運動エネルギースペクトルに現れるフリンジ分解自己相関信号
[カラー口絵参照]

■ **KEYWORD** 📖マークは用語解説参照

- 孤立アト秒パルス(isolated attosecond pulse)
- アト秒パルス列(attosecond pulse train)📖
- 高次高調波発生(high-order harmonic generation)📖
- フリンジ分解自己相関(fringe-resolved autocorrelation)
- 解離性イオン化(dissociative ionization)
- 時間分解分光(time-resolved spectroscopy)
- フーリエ変換分光(Fourier transform spectroscopy)
- 非線形フーリエ変換分光(nonlinear Fourier transform spectroscopy)
- 振動波束(vibrational wavepacket)
- 量子ビート(quantum beat)
- 極端紫外(extreme ultraviolet)
- ポンプ・プローブ測定(pump-probe measurement)

1 フェムト秒レーザーからアト秒パルスの発生

分子が化学反応を起こすと，始状態から遷移状態を経て終状態に至るまで分子は時々刻々とその構造を変える．この構造変形の様子を実時間で追跡していく実験的研究は，化学反応の視覚化によって理解を深め，その化学反応の制御を実現するために大変重要である．フェムト秒化学では，コマ撮り写真を撮影するような時間分解分光という実験手法を用いて，分子を構成する原子の運動すなわち構造変形や分子振動そして分子結合の切断などの分子ダイナミクスを実時間で観測する[1]．

このフェムト秒時間分解分光実験において鍵となる装置が，一瞬の分子の構造を切り取ることができるフェムト秒レーザーであった．パルスレーザーの短パルス化技術の向上とともにフェムト秒レーザーのパルス時間幅は年々短くなり，10 fs よりも短いパルス幅の近赤外超短パルスが実用化されている．この近赤外フェムト秒レーザーパルスを用いたさまざまな研究テーマが強光子場化学として展開されている．

それらの研究テーマの一つとして高次高調波発生という非線形現象がある．高次高調波発生は強レーザー場によって原子より放出された電離電子がレーザー電場の波に揺すられたのち，元の原子に再結合するときに電子の運動エネルギーが電磁波に変換される現象である．変換された電磁波のスペクトルは原子に照射した強レーザー場を基本周波数とする連続する奇数次高調波スペクトルとして観測され，極端紫外から軟X線領域に達する数十次に及ぶ次数の高調波が発生することから高次高調波発生とよばれている．

一方，発生した高次高調波の時間プロファイルは，アト秒パルスとよばれる 1 fs を切るパルス幅の超短光パルスが強レーザー電場の周波数の半周期ごとに連続して出現するパルス列となっている．高次高調波がアト秒パルス列であることはまず理論的に予見され，2001 年に Paul らによって実験的に示された[2]．同年，Hentschel らはアト秒パルス列の1本のアト秒パルスのみが孤立している超短パルス，孤立アト秒パルスの存在を実験的に実証した[3]．アト秒パルスは 1 fs 以下の時間分解能で物質ダイナミクスを研究するためのアト秒科学における最も重要な道具の一つである．

2 アト秒パルスのパルス計測

高次高調波の極端紫外領域まで広がる特徴的なスペクトルは従来の分光器を利用して測定できる．一方，高次高調波の時間プロファイルはフェムト秒レーザーパルスのパルス幅計測に用いられる手法をそのまま利用して測定できなかった．なぜなら，従来のパルス幅計測で用いられる固体の非線形媒質が極端紫外領域の光には利用できないためである．そこで高次高調波のアト秒パルス計測では，非線形光学結晶の代わりにアルゴン[1]やクリプトン[2]などの気体原子のイオン化過程が利用される．

アト秒パルスのパルス計測では，アト秒パルスの発生に用いるフェムト秒パルスを参照光として用いる相互相関計測法とアト秒パルス自身を参照光とした自己相関計測法がある．フェムト秒パルスを参照光とした相互相関計測法は，アト秒パルスを光ゲートとして作用させてフェムト秒レーザーパルスの電場波形の測定を行い，光ゲートのゲート幅すなわちアト秒パルスのパルス幅を求める．このアト秒ストリーク法ともよばれる実験方法は，クリプトン原子の Auger 過程における緩和過程のアト秒時間分解分光実験で利用され，アト秒科学において原子や分子の超高速ダイナミクスを解明するための重要な実験手法である[4]．

一方，アト秒パルスの自己相関計測法では，アト秒パルスによる原子の2光子吸収イオン化過程が利用される．関川らは，ヘリウム原子の超閾イオン化で放出される電子の収量を自己相関信号とした計測を行い，孤立アト秒パルスの生成を確認した[5]．また，アト秒パルス列のパルス計測では，鍋川らが，希ガス原子の高次高調波の2光子吸収イオン化過程で生成する原子イオンや光電子を自己相関信号として，特定次数のパルス幅計測を行っている[6,7]．自己相関信号を得る非線形媒質は，原子にかぎらず分子も利用できる．鍋川らは，窒素分子の解離性イオン化過程の解離生成物である窒素イオンの生成量が

二つのアト秒パルス列の電場プロファイルによって形成されるフリンジ分解自己相関波形であることを見いだし，アト秒パルスの電場プロファイルをはじめて直接観測した[8]．

高次高調波発生によって生成するアト秒パルス列のパルスプロファイルは，これまで述べたように周波数領域では複数の奇数次高調波が存在し，時間領域では複数のアト秒パルスの列となり複雑なプロファイルである．このため，高次高調波パルスの複雑なプロファイルが実験結果の解釈を困難にしてしまう可能性が高いため，アト秒パルス列としての高次高調波の応用研究に比べて孤立アト秒パルスの研究のほうが進んでいる．この欠点を克服するために回折格子や帯域の狭い反射特性をもつ多層膜ミラーを用いて複数の次数からなる高次高調波から任意の次数を取りだしてスペクトルを単純化して実験されることがある．一方でわれわれは，複数の次数からなる高次高調波のうちどの次数が原子あるいは分子と作用したかを知り測定結果の解釈を単純化する方法を開発した．

3 極端紫外領域のフーリエ変換分光

アト秒パルス列で誘起される窒素分子の解離性イオン化過程で生成する解離生成物である窒素原子イオンの収量から，アト秒パルス列の自己相関関数を得ることができる[8]．

アト秒パルス列のパルス対の相対遅延時間を掃引して得られる窒素原子イオン収量の遅延時間依存性についてフーリエ変換すると，周波数領域スペクトルに9次，11次，13次の三つの次数に相当する周波数ピークが出現し，これらの次数の高調波の2光子吸収過程によって窒素原子イオンが解離生成したことがわかる．アト秒パルス列の自己相関計測は高次高調波のフーリエ変換分光である．この高次高調波のフーリエ変換分光では，フーリエ変換で得られる周波数ピークが，高次高調波パルス対によって誘起された2光子以上の多光子過程に起因するということが重要である．

極端紫外領域では1光子過程によるイオン化過程や解離過程を無視することはできないが，1光子過程に起因する信号量はパルス対の遅延時間に依存しない．したがって，フーリエ変換を行うことによって測定結果から1光子過程に起因する信号は直流成分として除去でき，非線形過程や多光子過程を効率的に抽出できるため，極端紫外領域での非線形現象の観測に有効であると期待できる．そこで高次高調波のフリンジ分解自己相関計測法を非線形フーリエ変換分光と名づけている．

この実験手法を用いた二酸化炭素分子の解離性イオン化過程の研究では，解離生成物のイオン種ごとに異なるフリンジ分解自己相関波形が得られ，それぞれイオン種の解離過程についてフーリエ変換スペクトルの違いから考察されている[9]．

4 水素分子の高調波フーリエ変換分光

窒素分子や二酸化炭素分子の高次高調波のパルス対を用いたフーリエ変換分光では，フーリエ変換スペクトルから特定の次数の高調波の2光子吸収過程あるいは3光子吸収過程の抽出に成功しているが，解離生成物に至る中間状態または終状態についての量子状態の情報までは得ていない[10,11]．分子ダイナミクス研究において，分子の構造や電子状態，振動状態などの内部エネルギー状態の知見はたいへん重要である．そこで筆者らは，高次高調波によって誘起される水素分子の解離性イオン化過程について，フリンジ分解自己相関計測の測定結果に解離生成物の運動エネルギーと水素分子のポテンシャルエネルギー曲線の情報を加えて考察し，解離性イオン化過程の励起スキーム［図10-1(a)］を電子状態とともに振動準位の帰属も含めて解明し，アト秒化学に高調波フーリエ変換分光が有用であることを示した[10]．なお，実験では水素原子の同位体である重水素原子でできた重水素分子を用いている．

水素分子に高次高調波を集光照射すると，解離生成物として水素原子イオンが検出される．水素原子イオンの運動エネルギースペクトルには，運動エネルギーの値として$0.4\,\mathrm{eV}$(A)，$1.4\,\mathrm{eV}$(B)そして$2.6\,\mathrm{eV}$(C)に三つのピークが観測された［図10-1(b)］．これらの三つのピークに注目して，高次高調波のパルス対を用いた非線形フーリエ変換分光を

行ったところ〔図10-1(c)〕,フーリエ変換スペクトルには高次の高調波の周波数ピークではなく基本波,3次高調波,5次高調波の周波数ピークがそれぞれ観測された〔図10-1(d)〜(f)〕.

前述のようにフーリエ変換スペクトルに現れる周波数ピークは多光子過程で吸収される光子エネルギーに対応する.水素分子をイオン化して解離させるためにはおよそ12次高調波の光子エネルギーに相当する18 eVの励起エネルギーが必要である.したがって,フーリエ変換スペクトルには光子エネルギーの低い基本波,3次高調波,5次高調波の周波数ピークしか観測されていないが,フーリエ変換スペクトルに見られなかった高次の高調波の寄与があると考えられる.そこで,フーリエ変換スペクトルの小さな周波数ピークに注目すると,3次高調波のピークとともに8次に相当する周波数ピークが〔図10-1(e)〕,また5次高調波のピークとともに6次に相当する周波数ピーク〔図10-1(d)〕が観測されていた.この実験の高次高調波は奇数次の高調波のみで構成されており,偶数次の周波数ピークは二つの高調波の差周波であると考えてよい.すると,両方の偶数次ピークともに11次の高調波との差周波ピークであることになり,11次高調波と低次高調波の2光子吸収過程によって水素分子の解離性イオン化過程を観測していたことがわかる.

さらに,水素原子イオンの運動エネルギーと水素分子イオンのポテンシャル曲線および励起エネルギーのエネルギー保存の関係について考察した.その結果,11次以上の高次の高調波によって水素分子イオンの電子基底状態の振動励起状態にイオン化したのち,基本波,3次あるいは5次高調波によって解離性の電子励起状態への電子遷移を経て解離していることがわかった.高次高調波によって誘起された水素分子の解離性イオン化過程は,イオン化過程と解離性ポテンシャルへの電子状態遷移の段階的2光子励起過程であると帰属された.非線形フーリエ変換分光は高次高調波の非線形過程のみならず多光子過程が段階的励起過程である場合も観測可能な実験手法である.

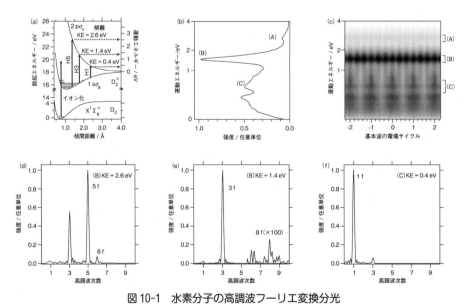

図10-1 水素分子の高調波フーリエ変換分光
(a)水素分子の解離性イオン化過程の段階的2光子励起スキーム,(b)解離生成物である水素原子イオンの運動エネルギースペクトル,(c)高次高調波パルス対の相対遅延を掃引して取得した運動エネルギースペクトルの遅延時間依存性データ,(d)〜(f)運動エネルギーピーク(A)〜(C)のフーリエ変換スペクトル.KE:運動エネルギー.

+ COLUMN +

★いま一番気になっている研究者

Marc J. J. Vrakking
（ドイツ・マックスボルン研究所 教授）

Marc J. J. Vrakking 教授らは，分子の光解離イオン化での解離生成物イオンや光電子の運動量が測定できる運動量画像（velocity-map imaging spectrometer：VMI）計測装置を用いたアト秒パルスと近赤外数サイクルレーザーパルスによるポンプ・プローブ測定を行い，重水素分子の解離性イオン化過程における電子の局在化のメカニズムを明らかにするなど，VMI 計測装置を用いて強レーザー電場に誘起される原子・分子ダイナミクスを精力的に研究されている〔G. Sansone, F. Kelkensberg, J. F. Pérez-Torres, F. Morales, M. F. Kling, W. Siu, O. Ghafur, P. Johnsson, M. Swoboda, E. Benedetti, F. Ferrari, F. Lépine, J. L. Sanz-Vicario, S. Zherebtsov, I. Znakovskaya, A. L'Huillier, M. Yu. Ivanov, M. Nisoli, F. Marín, M. J. J. Vrakking, Nature, 465, 763 (2010)〕．

近年，光イオン化実験のための新しい実験装置として非同軸光パラメトリック増幅器（non-collinear optical parametric amplifier：NOPA）とイオンや電子の運動量ベクトル計測装置（reaction microscope）を組み合わせた実験システムを開発した〔F. J. Furch, S. Birkner, F. Kelkensberg, A. Giree, A. Anderson, C. P. Schultz, M. J. J. Vrakking, Opt. Express, 21, 22671 (2013)〕．

NOPA 技術を用いることによって，400 kHz の高繰り返しかつ強レーザー電場イオン化が誘起できるほど，十分なパルスエネルギーをもつキャリアエンベロープ位相（carrier envelope phase：CEP）が安定化された数サイクルパルスを発生させている．高繰返しの超短パルスレーザーシステムを用いると，きわめて短い測定時間で十分な回数のコインシデンスイベントを取得できるため，強レーザー電場イオン化の CEP 依存性の測定などにきわめて有用である．また，NOPA の励起レーザーの性能を向上させて超短パルスのパルスエネルギーを高くすれば高次高調波発生を起こすことも可能である．近い将来，400 kHz の高繰返しのアト秒パルスと運動量ベクトル計測装置を組み合わせたポンプ・プローブ測定が実現すると，サブフェムト秒の時間スケールでの原子や分子の光イオン化過程の理解が進むと期待される．

5 水素分子イオンダイナミクスの時間分解測定

高次高調波によって誘起される水素分子の解離性イオン化過程が，段階的2光子吸収過程であることは，水素分子をイオン化するポンプ過程と水素分子イオンを解離するプローブ過程を用いた高次高調波のパルス対のポンプ・プローブ測定であるといいかえることができる．つまり，ポンプ過程からプローブ過程までのわずかな時間の分子ダイナミクスを時間分解分光によって実時間追跡することが可能である．ポンプ過程によって水素分子はイオン化し，電子基底状態の水素分子イオンになるため，観測されるダイナミクスはこの電子基底状態における分子ダイナミクスとなる．ここでは二つの水素原子の核間距離の変化すなわち振動運動を考える．

振動運動の定常状態は振動の量子準位とその波動関数で表されるが，振動運動に比べて十分短い時間で励起が起きた場合は振動波束が生成したと記述できる．振動波束は，複数の振動準位がコヒーレントに重なり合った量子波束であり，振動波束が生成したあとただちに時間発展し，波束の形は時々刻々と時間変化する．ここで，振動波束が二つの振動準位のみからつくられていると仮定すると，振動波束は，二つの振動準位間の振動準位エネルギー差に相当する量子ビートとして周期的な時間発展を示す．重水素原子でできている重水素分子イオン（D_2^+）の電子基底状態の振動準位 $v=0$ と $v=1$ の振動準位エネルギー差は 47 THz の周波数であり，21 fs の周期に対応している．

この二つの振動準位間の量子ビートを時間領域で

観測するためには，ポンプパルスとプローブパルスのパルス幅が21 fsよりも十分に短いことが要求される．そこで，パルス幅が12 fsであるチタンサファイアレーザーパルスを用いた高次高調波発生によって10 fsを切る高次高調波を生成し，水素分子の解離性イオン化過程の時間分解測定を行った（図10-2）．高調波フーリエ変換分光（図10-1）では，高次高調波のパルス対の相対遅延時間の掃引範囲は基本波の電場の数サイクル程度としてフリンジ分解自己相関波形を測定している．一方，分子内の核の動きは速い振動運動であっても10 fs程度であるため，振動ダイナミクスを精度よく実時間観測するためには，相対遅延時間の掃引範囲を100 fsより長く設定して時間分解測定をしなければならない．そこで，高次高調波のパルス対の相対遅延時間を0.14 fsごとに最大160 fsまで掃引して解離生成物の重水素原子イオンの運動エネルギースペクトルを測定した[11]．運動エネルギースペクトル上の2.6 eVと1.4 eVに現れたピークの信号量はポンプ光とプローブ光の間の時間遅延の変化に対して22 fsと26 fsの異なる周期で変動する様子が観測された〔図10-2（a），（b）〕．二つの変動周期の4 fsの違いは，観測されている量子ビートが異なる振動準位の組合せの振動波束で記述されることに由来する．

この実験結果を再現するために次のような時間分解ポンプ・プローブ実験の励起スキームの量子動力学シミュレーションを行った．極端紫外短パルスによる重水素分子のイオン化によって重水素分子イオンの電子基底状態に振動波束を生成した．与えた時間遅延の間，振動波束は電子基底状態のポテンシャル上を時間発展する．時間遅延ののち，5次高調波，3次高調波，基本波の高調波パルスによって電子励起状態の連続状態へ遷移させて解離生成物の運動エネルギースペクトルを得た〔図10-2（d）～（f）〕．

シミュレーション結果は実験で得られた周期的な時間変動をよく再現しており，高次高調波発生を利用した真空紫外・極端紫外短パルスの時間分解分光が分子ダイナミクスの実時間追跡に十分に応用できることを示すことができた．なお，水素分子イオンの振動波束の時間分解分光については赤外超短レー

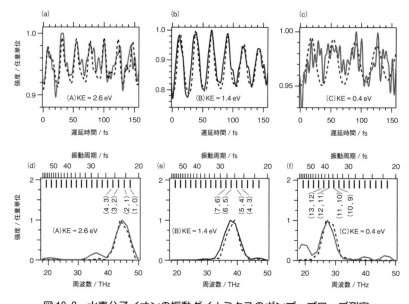

図10-2 水素分子イオンの振動ダイナミクスのポンプ・プローブ測定
（a）～（c）解離生成物イオンの運動エネルギースペクトルのピーク（A）～（C）の信号強度の遅延時間依存性プロファイル．実験結果（実線）とシミュレーション結果（点線）．（d）～（f）解離生成物イオンの信号強度の遅延時間依存性プロファイル（a）～（c）のフーリエ変換スペクトル．図上の横軸は周波数軸に対応する振動周期．（v, v'）は量子ビート周波数を生成する振動量子数の組合せ．KE：運動エネルギー．

ザーパルスを用いた実験がいくつかの研究グループによって報告されている[12].

6 まとめと今後の展望

分子ダイナミクスの実時間観測という試みは，パルスレーザーの短パルス化に伴いピコ秒からフェムト秒，そしてフェムト秒からアト秒へと観測可能な時間スケールが短くなってきた．フェムト秒レーザーパルスによってフェムト秒化学が拓かれたように，高次高調波発生からアト秒パルス生成というブレークスルーを経て，アト秒化学への扉が開かれた．フェムト秒レーザーパルスを用いれば分子のなかの核の動きを観測し，その核波束ダイナミクスのコヒーレント制御が可能であることと同様に，アト秒パルスを用いてサブフェムト秒の時間分解で観測すれば，電子の動きや電子波束ダイナミクスの実時間追跡が可能である．

アト秒化学には，フェムト秒の時間スケールで起こる核の動きとアト秒の時間スケールで起こる電子の動きが相関した分子ダイナミクスの観測と理解，その先には核と電子の相関を利用した分子ダイナミクスの制御の実現など，挑戦しがいのある魅力的な研究テーマがある．

◆ 文 献 ◆

[1] A. H. Zwail, *J. Phys. Chem. A*, **104**, 5660 (2000).
[2] P. M. Paul, E. S. Toma, P. Breger, G. Mullot, F. Augé, Ph. Balcou, H. G. Muller, P. Agostini, *Science*, **292**, 1689 (2001).
[3] M. Hentschel, R. Kienberger, Ch. Spielmann, G. A. Reinder, N. Milosevic, T. Brabec, P. Corkum, U. Heinzmann, M. Drescher, F. Krauz, *Nature*, **414**, 509 (2001).
[4] M. Drescher, M. Hentschel, R. Kienberger, M. Uiberacker, V. Yakovlev, A. Scrinzi, Th. Westerwalbesloh, U. Kleinberg, U. Heinzmann, F. Krauz, *Nature*, **419**, 803 (2002).
[5] T. Sekikawa, A. Kosuge, T. Kanai, S. Watanabe, *Nature*, **432**, 605 (2004).
[6] Y. Nabekawa, H. Hasegawa, E. J. Takahashi, K. Midorikawa, *Phys. Rev. Lett.*, **94**, 043001 (2005).
[7] Y. Nabekawa, T. Shimizu, T. Okino, K. Furusawa, H. Hasegawa, K. Yamanouchi, K. Midorikawa, *Phys. Rev. Lett.*, **96**, 083901 (2006).
[8] Y. Nabekawa, T. Shimizu, T. Okino, K. Furusawa, H. Hasegawa, K. Yamanouchi, K. Midorikawa, *Phys. Rev. Lett.*, **97**, 153904 (2006).
[9] T. Okino, K. Yamanouchi, T. Shimizu, Y. Nabekawa, K. Midorikawa, *J. Chem. Phys.*, **129**, 161103 (2008).
[10] Y. Furukawa, Y. Nabekawa, T. Okino, S. Saugout, K. Yamanouchi, K. Midorikawa, *Phys. Rev. A*, **82**, 013421 (2010).
[11] Y. Furukawa, Y. Nabekawa, T. Okino, A. A. Eilanlou, E. J. Takahashi, P. Lan, K. L. Ishikawa, T. Sato, K. Yamanouchi, K. Midorikawa, *Opt. Lett.*, **37**, 2922 (2012).
[12] C. R. Calvert, W. A. Bryan, W. R. Newell, I. D. Williams, *Phys. Rep.*, **49**, 1, (2010).

Chap 11：⑤分光学と構造化学への展開

超高速レーザーアシステッド電子回折
Ultrafast Laser-Assisted Electron Diffraction

森本 裕也　歸家 令果　山内 薫
（東京大学大学院理学系研究科）

Overview

気体電子回折法を用いれば分子の幾何学的構造を 0.01 Å の高精度で決定することができる．われわれは，気体分子の幾何学的構造の時間変化を高い時間分解能で追跡するために，レーザーアシステッド電子回折法を提案し，分子の電子回折画像の観測に成功した．本手法では，レーザー場内でのみ起こる電子散乱現象を利用するため，原子核が運動する時間スケールよりも短い 10 fs の時間分解能で，時々刻々変化する気体分子の幾何学的構造を追跡することができる．

本章では，レーザーアシステッド電子回折法の原理とともに最新の研究成果を紹介する．

トロイダル型静電エネルギー分析器

光電陰極型電子銃

散乱点近傍
レーザーパルス
電子パルス

▲レーザーアシステッド電子回折装置
［カラー口絵参照］

■ **KEYWORD** 🕮マークは用語解説参照

- 気体電子回折（gas-phase electron diffraction）🕮
- 超高速電子回折（ultrafast electron diffraction）
- レーザーアシステッド電子散乱（laser-assisted electron scattering）🕮
- レーザーアシステッド電子回折（laser-assisted electron diffraction）🕮
- パルス電子回折（pulsed electron diffraction）🕮
- 分子の幾何学的構造（geometrical structure of molecule）
- 光子誘起近接場電子顕微鏡法（photon-induced near-field electron microscopy）🕮
- レーザーストリーキング（laser streaking）

1 時間分解電子回折法とその新展開

高速に加速した電子線(運動エネルギー keV 以上)を気体分子試料に照射すると,分子内の原子核によって散乱された電子散乱波が互いに干渉し,電子回折パターンが現れる.気体電子回折法とはこの回折パターンの解析によって気体分子の幾何学的構造を決定する手法である.気体電子回折法によって決定される核間距離の精度は,0.01 Å(=1 pm)ときわめて高く,これまでに求められている気体分子種の構造パラメータは,おもに気体電子回折法によって決定されたものである.1990 年代になると,時間分解気体電子回折法によって,気体分子構造の時間変化を観測できるようになった.そのなかで現在一般的に用いられている手法が,気体パルス電子回折法である.気体パルス電子回折法では,レーザーパルスによって気体分子を励起し,遅延時間 Δt のあとに電子パルスを照射することによって回折パターンを取得する.得られた回折パターンを解析することによって,励起されてから Δt 後の分子の幾何学的構造を決定することができる.近年,超短レーザーパルスと超短電子パルスの発生技術が向上し,気体パルス電子回折法ではピコ秒の時間分解能が達成されている.

一方,近年,電子回折を含めた電子線イメージングの分野において,レーザー光・電子・物質が同時に相互作用した場合にのみ誘起される現象を利用することによって,従来の手法の時間分解能を飛躍的に向上させた超高速計測法が開発され,注目を集めている.たとえば,カリフォルニア工科大学のグループによって開発された「光子誘起近接場電子顕微鏡法」[1]は,フェムト秒領域の時間の間だけしか存在しない近接場をナノメートル以下の空間分解能で観測することを可能にした.また,Max-Planck 量子光学研究所のグループによって開発された「レーザーストリーキング法」[2]は,従来 100 fs 程度の分解能でしか測定できなかった電子パルスの時間幅を,アト秒の分解能で測定することを可能にした.そして,われわれが開発している「レーザーアシステッド電子回折(laser-assisted electron diffraction:LAED)法」[3,4]は,気体パルス電子回折法ではピコ秒が限界であった時間分解能をフェムト秒にまで向上させ,気体分子の幾何学的構造の変化をコマ撮り動画として実時間で観測することを可能にした.次節では,LAED 法の原理について詳しく説明する.

2 レーザーアシステッド電子回折法による超高速気体電子回折

気体パルス電子回折法を用いれば,気体分子の幾何学的構造を,ピコ秒の時間分解能と 0.01 Å の精度で決定することができる.そして,気体パルス電子回折法を用いて,解離反応における中間体の構造決定[5],開環反応の追跡[6],およびレーザー電場による分子配向過程[7,8]などの研究が行われてきた.

パルス電子回折法の時間分解能は,レーザーパルスの時間幅,電子パルスの時間幅,そして速度不整合の効果という三つの要因で決定される.速度不整合の効果とは,レーザー光の速度と電子の速度との差に起因した時間分解能の低下であり,試料の厚みが大きいほどその効果が大きくなる[9].厚みが 100 nm 程度の固体薄膜では,その効果は 1 fs 以下であるが,ミリメートルの分布幅をもつ気体試料の場合,1 ps を上回ってしまう.したがって,気体パルス電子回折法では,レーザーパルスの時間幅と電子パルスの時間幅がいかに短くなっても,フェムト秒の時間分解能を達成することは不可能である.

そこで,フェムト秒の時間分解能を有する気体電子回折法を実現するために,われわれは LAED 法[3,4]を提案した.LAED 法では,レーザー場中での電子散乱現象として知られるレーザーアシステッド電子散乱(laser-assisted electron scattering:LAES)過程[10]を超高速ゲートとして利用する.LAES 過程とは,レーザー場中で原子によって散乱された電子の運動エネルギーが,$nh\nu$($h\nu$ は 1 光子のエネルギー,h はプランク定数,ν はレーザー場の振動数,n は正または負の整数)だけ変化する散乱過程であり,レーザー場存在下でのみ起こる過程である.したがって,図 11-1 に示すように,運動エネルギーが $nh\nu$ だけ変化した電子の回折パターンを観測することによって,レーザーパルス存在下での瞬時的な分子の幾何学的構造を明らかにするこ

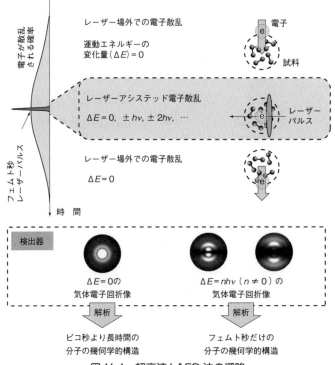

図11-1 超高速LAED法の概略

とが可能となる．近年の超短パルスレーザー技術では，レーザーパルスの時間幅を 10 fs 以下にすることは，それほど困難なことではない．したがって，LAED法で達成可能な時間分解能は，気体パルス電子回折法よりも2桁も高い．LAED法によって，フェムト秒領域の時間分解能で気体分子の幾何学的構造を高精度で決定することができれば，化学反応過程にある気体分子中の原子核の動きを高い空間分解能で時々刻々追跡できるものと期待される．

3 レーザーアシステッド電子回折実験

LAED法の実現の第一歩として，われわれはまず，フェムト秒レーザーパルスを用いてLAES過程を観測することに取り組んだ．過去のLAES過程の観測は，いずれもマイクロ秒よりも時間幅の長いレーザーパルスで行われてきた[10]．超短レーザーパルスを用いたLAES過程の1パルス当たりの信号強度は，マイクロ秒レーザーパルスの場合と比較して，9桁も小さいと見積もられる[11]．そのため，フェムト秒レーザーパルスを用いた場合には，LAES信号の観測はきわめて困難であると予想された．われわれはLAES過程を高感度で観測するために，独自の装置を開発し[11]，2010年に，パルス幅200 fsのチタンサファイアレーザー光を用いて，LAES過程を観測することに成功した[3]．さらに，2011年には，パルス幅50 fsのチタンサファイアレーザー光を用いてLAES過程の観測に成功している[11]．

最近，われわれはLAES過程により運動エネルギーが変化した電子が示す気体電子回折パターン（LAEDパターン）の観測にはじめて成功した[4]．以下に，その実験結果を紹介する．

本研究で用いた装置の概略を図11-2に示す．チタンサファイアレーザーからの光を二つに分け，一方は電子パルス生成に，もう一方はLAES過程を誘起するために用いた．光電陰極型電子銃で生成された運動エネルギー1 keVの電子パルスは，超短パルスレーザービームとCCl_4のもれだし分子線と直交している．近赤外レーザーパルスの時間幅は500 fs，散乱点でのレーザー電場の強度は6×10^{11} W cm^{-2}である．散乱電子はスリットにて切りだされたあと，

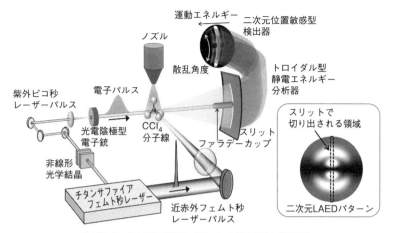

図 11-2 LAED 観測に用いた実験装置の概要図

トロイダル型静電エネルギー分析器によって，運動エネルギー分布および散乱角度分布が分解され，二次元位置敏感型検出器によって検出される．スリットで散乱電子を切りだしているため，本実験では，電子回折像は図 11-2 の挿入図中の破線で囲まれた領域の強度分布として観察される．

図 11-3 (a) で示すように，散乱電子の運動エネルギースペクトルには，エネルギーの変化量 (ΔE) が ± 1.55 eV，および ± 3.10 eV の所にピークが現れている．使用したレーザーパルスの波長 800 nm の 1 光子分のエネルギーが 1.55 eV であることから，観測された $\Delta E = \pm 1.55$ eV, ± 3.10 eV のピークは，LAES 過程 ($n = \pm 1, \pm 2$) 由来の信号に帰属できる．

次に，LAES 信号の散乱角度分布に着目する．図 11-3 (b) の丸印は，1 光子分だけ運動エネルギーが増加した ($\Delta E = +1.55$ eV) 電子の散乱角度分布である．観測した散乱角度分布には，5.5°付近で極小，9°付近で極大となる干渉が観測された．観測された干渉が，分子の幾何学的構造に由来する電子回折像であることを確かめるために，シミュレーション[4] を行い実験結果と比較した．室温における CCl_4 の構造パラメータを用いたところ，図 11-3 (b) に実線で示したように実験結果をよく再現した．このことは，われわれが LAED パターンの観測に成功したことを示していると同時に，LAED パターンを解析することによって，フェムト秒の時間分解能で，瞬時的な分子の幾何学的構造を精密に決定できることを示している．

+ COLUMN +

★いま一番気になっている研究者

Ahmed H. Zewail
（アメリカ・カリフォルニア工科大学 教授）

1999 年にフェムト秒化学における先駆的な研究でノーベル賞を受賞した Zewail 教授は，気体分子や固体・生体関連分子など幅広い物質を対象として，パルス電子回折法においても先駆的な研究を行ってきた．

最近では，超短電子パルスを利用した，超高速電子顕微鏡の開発を行っている〔A. H. Zewail, J. M. Thomas, "4D Electron Microscopy: Imaging in Space and Time," Imperial College Press (2010)〕．Zewail 教授は高い時間分解能を達成するために，単一電子パルスとよばれる，1 パルス当たりの電子数が 1 以下で，電子間のクーロン反発によるパルス伸長が起こらない電子パルスを使用した実験を行っている．

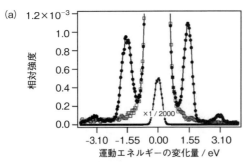
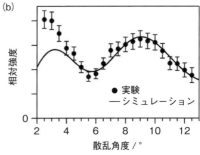

図 11-3　CCl$_4$ による LAED 実験の結果
（a）散乱電子の運動エネルギースペクトル．黒丸がレーザー場中で散乱した電子のエネルギースペクトル，四角が背景信号を表している．（b）LAES 信号の散乱角度分布．黒丸が実験結果，実線がシミュレーション結果を表している．

4　まとめと今後の展望

本章では，気体分子の幾何学的構造が時々刻々変化する様を高い時間分解能で観測するためにわれわれが開発した LAED 法と，それによって得られた最新の成果を紹介した．われわれの次の目標は，フェムト秒レーザーパルスで分子を励起し，遅延時間 Δt のあと，その分子の幾何学的構造を別のフェムト秒レーザーパルス用いた LAED 法によって決定し，励起された分子内における原子核の動きを Δt の関数として実時間で追跡することである．

化学反応過程にある分子内の原子の動きをコマ撮り動画として実時間で観測するための手法としては，LAED 法のほかにも，X 線自由電子レーザーによって発生する高強度超短 X 線パルスを用いた気体 X 線回折法[12]や，強光子場中での再散乱過程を利用した光電子回折法[13,14]などが有望であると考えられている．近い将来，LAED 法を含めたこれらの超高速回折法によって，分子の幾何学的構造の時間変化として化学反応過程が追跡できるものと期待している．

◆　文　献　◆

[1] B. Barwick, D. J. Flannigan, A. H. Zewail, *Nature*, **462**, 902（2009）.
[2] F. O. Kirchner, A. Gliserin, F. Krausz, P. Baum, *Nat. Photonics*, **8**, 52（2014）.
[3] R. Kanya, Y. Morimoto, K. Yamanouchi, *Phys. Rev. Lett.*, **105**, 123202（2010）.
[4] Y. Morimoto, R. Kanya, K. Yamanouchi, *J. Chem. Phys.*, **140**, 064201（2014）.
[5] H. Ihee, V. A. Lobastov, U. M. Gomez, B. M. Goodson, R. Srinivasan, C. Y. Ruan, A. H. Zewail, *Science*, **291**, 458（2001）.
[6] R. C. Dudek, P. M. Weber, *J. Phys. Chem. A*, **105**, 4167（2001）.
[7] K. Hoshina, K. Yamanouchi, T. Ohshima, Y. Ose, H. Todokoro, *J. Chem. Phys.*, **118**, 6211（2003）.
[8] C. J. Hensley, J. Yang, M. Centurion, *Phys. Rev. Lett.*, **109**, 133202（2012）.
[9] J. C. Williamson, A. H. Zewail, *Chem. Phys. Lett.*, **209**, 10（1993）.
[10] N. J. Mason, *Rep. Prog. Phys.*, **56**, 1275（1993）.
[11] R. Kanya, Y. Morimoto, K. Yamanouchi, *Rev. Sci. Instrum.*, **82**, 123105（2011）.
[12] J. Küpper et al., *Phys. Rev. Lett.*, **112**, 083002（2014）.
[13] M. Meckel, D. Comtois, D. Zeidler, A. Staudte, D. Pavičić, H. C. Bandulet, H. Pépin, J. C. Kieffer, R. Dörner, D. M. Villeneuve, P. B. Corkum, *Science*, **320**, 1478（2008）.
[14] C. I. Blaga, J. Xu, A. D. DiChiara, E. Sistrunk, K. Zhang, P. Agostini, T. A. Miller, L. F. DiMauro, C. D. Lin, *Nature*, **483**, 194（2012）.

Chap 12：⑤分光学と構造化学への展開

アト秒精度の
コヒーレント制御

Attosecond Precision Coherent Control

香月 浩之 （奈良先端科学技術大学院大学）　大森 賢治 （分子科学研究所）

Overview

コヒーレント制御とは，光を使って物質の波動関数の干渉を制御する技術である．1980年代の半ばに，光化学反応を制御する手法として提案されたこの技術は，レーザー光源の発展とともにさまざまな分野へ展開されつつある．

本章では，フェムト秒レーザーパルスを照射するタイミングをアト秒精度で制御することで可能となる，極限的なコヒーレント制御とその応用・展望などについて紹介する．

▲波束干渉実験中のスナップ写真
長時間露光のため実験者はぼやけているが，壁面のダブルパルススペクトルは安定しているため鮮明に写っている．

■ KEYWORD 📖マークは用語解説参照

- コヒーレント制御（coherent control）
- デコヒーレンス（decoherence）📖
- 波束干渉法（wave packet interferometry）📖
- アト秒（attosecond）
- 固体パラ水素（solid para-hydrogen）
- コヒーレントフォノン（coherent phonon）
- Youngのダブルスリット実験（Young's double slit experiment）
- 分子コンピュータ（molecular computer）
- 量子多体系（quantum many body system）

はじめに

ミクロな物質の振舞いは量子力学に基づいた波動関数によって記述される．波動関数は，古典的な波動に見られるような回折や干渉といった波に特有の性質を示す．このような波としての性質を観測するさまざまな実験が20世紀初頭から試みられてきた．とくに，電子，原子，分子など質量をもつ粒子を用いたT. Youngのダブルスリット実験は，物質波の実在を裏づける証拠である[1,2]．

Youngのダブルスリット実験は，「複数の物質波を重ね合わせ干渉させることで物質の存在確率を制御できる」ということを示している．これを物質の量子状態の制御に応用したのが「コヒーレント制御」とよばれる概念である．1980年代の半ばにP. Brumer, M. Shapiro, S. A. Rice, D. J. Tannor, R. Koslofらの理論家によって提唱された[3,4]．その目的は分子の光反応を制御することであった．分子と光が相互作用すると，光電場の位相（$0〜2\pi$）の情報が分子の波動関数の位相に転写される．分子の特定の励起状態への光遷移に複数の経路が存在する場合，それらの遷移経路に関与する光の位相差を制御することで光遷移の終状態における複数の波動関数の干渉を制御することができる．

こうした波動関数の干渉を利用して，特定の反応経路を選択するのがBrumer-Shapiroのスキームである．一方，Tannor-Kosloff-Riceのスキームでは，適切なタイミングで複数の超短レーザーパルスを分子に照射し，最初のパルスで分子内に生成した核波束の運動経路を，ほかのパルスで制御することによって，特定の反応経路を選択する．

これらのスキームは，気相中での簡単な二原子分子の光反応実験によって実証された[5,6]．さらに，遺伝アルゴリズムに基づく適応学習制御の概念や高強度の超短パルスレーザーなどを導入することで，より複雑な多原子分子の光反応においても一定の成功を収めている[7,8]．一方で，コヒーレント制御は量子状態を自在に操る技術として，化学反応制御以外の分野でも大きな発展を遂げている．

たとえば，光や物質の量子状態を利用して盗聴不能な情報通信や超並列計算を行う量子情報処理技術においては，所定の量子状態をできるだけ高い純度で生成するためにコヒーレント制御の手法が活用されている[9]．最近では，光合成の初期過程における高効率なエネルギー輸送に量子コヒーレンスが寄与しているという議論があり，コヒーレント制御を応用することで人工光合成への道が模索されている[10]．

これら一連の研究に共通して重要なのは，コヒーレント制御に用いる光電場を制御する技術である．また，制御対象とする波動関数の種類に応じて，光電場の制御に要求される精度は異なる．たとえば，電子基底状態の分子の回転波動関数を制御する場合は，ピコ秒程度の精度で十分である．一方，複数の電子状態が関与する場合には，一般的にアト秒の精度が必要になる．

もう一つ，コヒーレント制御を行うために重要なのは，制御に要する時間とコヒーレンス寿命との関係である．波動関数の干渉を制御するためには，波動関数の位相が定義できることが必要である．波動関数の位相は環境との相互作用によって乱される．これはデコヒーレンスとよばれている．コヒーレント制御を行うためには，デコヒーレンスが起こる前に制御を完了する必要がある．

以下では，われわれのグループで行った高精度コヒーレント制御実験を紹介する．単純な孤立分子系から固体系や強レーザー場の存在下など，異なる環境におけるコヒーレント制御の展開について述べる．

1 原子のさざ波をナノテクノロジーの1000倍の精度でレーザー加工

われわれのグループでは気相中のヨウ素分子の電子振動状態を対象として，その量子状態を2個の波束の干渉を用いて制御する研究を行ってきた．フェムト秒レーザーパルス対の照射によって，分子のなかに電子振動固有関数の重ね合わせからなる波束を2個生成する．これらの干渉によって波束に含まれる各固有状態の振幅を制御することができる．

われわれの実験では，電子基底状態（X状態）に可視レーザー光（波長500〜600 nm周辺）を照射することによって電子励起状態（B状態）上に振動波束を

生成する．この際，レーザー電場の位相はこの波束に含まれる固有関数の量子位相に転写される．転写された固有関数の位相は，かりに波長 600 nm のレーザー光と共鳴する量子準位を考えるならば，2.0 fs の周期で 0 と 2π の間を変動する．この波束の干渉を制御するためには，2.0 fs よりも十分短い精度で 2 個の波束の相対位相を制御する必要がある．たとえば位相変動の 1 周期の 1/40 の精度を要求する場合，50 as の精度で 2 発のレーザーパルス（ダブルパルス）間の遅延時間を制御しなければならない．

われわれは，真空容器中に高安定の光学干渉計を作製し，これをフィードバック制御することによって，ダブルパルス間の遅延時間をアト秒精度で安定に保つ手法を開発した[11]．

このように制御された波束の量子状態を読みだすためには，別のレーザーパルス（プローブパルス）を分子に照射し，その応答を観測する．われわれの実験では，励起状態の波束をさらにエネルギーの高い電子状態（E 状態）に励起したあと，そこからの蛍光を光電子増倍管によって観測している．プローブパルスとして狭帯域のナノ秒レーザーパルスを用いると，波束内の特定の振動固有状態のみに由来する蛍光信号を選択的に観測することができる．

図 12-1（a）に示したのは，ヨウ素分子の B 電子状態の四つの固有状態 $v=30\sim33$ のポピュレーションが，それぞれダブルパルスの相対位相の関数として変化する様子を観測した結果である．ダブルパルス間の遅延時間がおよそ 1.8 fs 変化すると，それらの相対位相が 2π 変化するので，波束間の相対位相も同様に 2π 変化する．遅延時間を選択することで，さまざまなポピュレーションの分布を制御できることがわかる．

一方，プローブパルスとしてフェムト秒レーザーパルスを用いた場合，B 電子状態ポテンシャル上の波束のダイナミクスをとらえることができる[13]．振動波束は B 電子状態ポテンシャル上を一定の周期で左右に振動運動する．この振動運動の周期よりも短い適切な時間幅のプローブパルスを用いると，古典的 Franck–Condon 原理を満たす特定の核間距離 r_c 周辺を波束が通過する瞬間だけ，波束を E 電

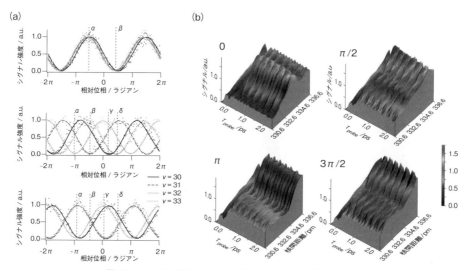

図 12-1　ヨウ素分子内の振動波束干渉の制御と可視化
（a）ダブルパルス間の相対位相を掃引したときの各振動固有状態のポピュレーション変化をナノ秒プローブパルスによって測定した．上から，ダブルパルス間の遅延時間をそれぞれ 500 fs，630 fs，760 fs 周辺で掃引した．文献 12 より転載（Copyright 2007 by the American Physical Society）．（b）ダブルパルス間の相対位相を $\pi/2$ ずつ変化させた際に波束干渉の時空間模様が変化する様子を，フェムト秒プローブパルスを用いてフェムト秒ピコメートル精度で可視化した．文献 14 より転載（Copyright 2009 by the American Physical Society）．

子状態に励起することができる．ここでr_cは，B電子状態ポテンシャルとE電子状態ポテンシャルの間の電子的なエネルギー差がプローブパルスのエネルギーhc/λ_{probe}（λ_{probe}：プローブパルスの中心波長）と等しくなる核間距離である．プローブ波長λ_{probe}を変化させると，核間距離r_cも変化するので，E電子状態からの蛍光信号の強度を，プローブ遅延とプローブ波長の関数としてプロットすれば，波束の時空間分布を可視化することができる．

図12-1（b）は，ダブルパルス間の相対位相を$\pi/2$ずつ変化させた場合に，波束干渉の時空間模様がフェムト秒ピコメートルスケールで変化する様子を示している[14]．これは，われわれの知るかぎり，最も微細な空間領域での加工と考えられる．

2 超高速分子コンピュータ

われわれは，前節で紹介した極限精度の波束干渉制御を応用して，分子の固有状態を用いた超高速コンピュータを開発した．たとえば，離散フーリエ変換を表現する行列式はハミルトニアンの時間発展で表されるので，光で分子内に書き込んだ波束の時間発展を波束干渉によって読みだせば，離散フーリエ変換を実行できる．

われわれが行った4要素入力の離散フーリエ変換実験のスキームを図12-2（a）に示す．任意の初期状態を書き込むために，空間光変調器を用いて波形整形されたフェムト秒レーザーパルスを準備し，書き込みパルスとして使用した．これを気相中で孤立したヨウ素分子に照射し，B電子状態の四つの振動固有状態$v = 34, 36, 37, 38$の複素係数（振幅と位相）として4要素を入力する．これら4状態間の相対位相の時間発展によって，離散フーリエ変換を実行することができた[15]．時間発展に要する時間はわずか145 fsであり，これは世界最速レベルのスーパーコンピュータの1クロックの1000倍速い[16]．この実験では気相中の分子集団を用いているが，光トラップに捕捉された原子など個々の粒子を独立に光操作する技術が発達すれば，量子計算への応用も期待される．

以上のような波束の自発的な時間発展を利用した方法論を任意の演算に応用するには限界がある[15]．そこでわれわれは，より自由度の高い演算のための基盤技術として，波束を非共鳴の高強度赤外レーザーパルスで書き換える手法を開発した[17]．非共

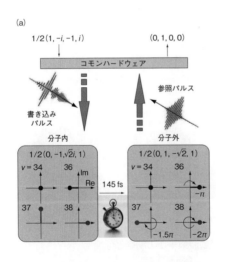 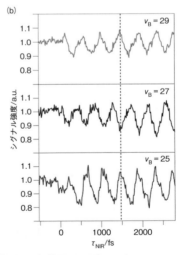

図12-2　ヨウ素分子の振動固有状態を用いた分子コンピュータ
（a）振動波束の自発的な時間発展を利用した離散フーリエ変換実験のスキーム．文献15より転載（Copyright 2010 by the American Physical Society）．（b）高強度レーザー誘起量子干渉によって波束に含まれる振動固有状態のポピュレーション分布を変調した．非共鳴の高強度赤外レーザーパルスの照射のタイミングを変化させると，ポピュレーション分布が変化する（文献17より転載）．

鳴の高強度赤外レーザーパルスを波束に照射すると，波束に含まれる複数の固有状態の間でラマン遷移が誘起される．その結果，おのおのの固有状態上でそれらのラマン遷移の成分ともともとの成分が干渉を引き起こし，ポピュレーションが変化することがわかった[17]．

われわれは，この新たに見いだされた物理現象を「高強度レーザー誘起量子干渉」と名づけた．図12-2(b)は，気相中の孤立ヨウ素分子のB電子状態上に発生させた振動波束内の固有状態のポピュレーションが，高強度レーザー誘起量子干渉によって変化する様子を示している．高強度赤外レーザーパルスの照射のタイミングを掃引すると，各固有状態のポピュレーションが波束の振動運動の周期で変動し，その変動の位相が異なった固有状態の間でずれている．その結果，固有状態間のポピュレーション分布が高強度赤外レーザーパルスによって書き換えられている．このような書き換え手法を，波束の自発的な時間発展を利用した手法と組み合わせることができれば，より複雑な演算を分子中で行うことが可能になると期待される．

3 凝縮系への展開

先述の実験では，気相中の孤立分子を対象にしてきたが，コヒーレント制御の概念はあらゆる量子系に通用するはずである．たとえば，固体中で非局在化した多粒子系の波動関数のコヒーレント制御は，固体の超伝導性や磁性などの機能性を積極制御するためのツールボックスとして期待される[18]．また，多粒子間に広がった量子コヒーレンスが多体相互作用によって乱されていく様子をコヒーレント制御で追跡することができれば，微視的な量子力学の世界と巨視的な古典力学の世界の境界を理解するためのヒントが得られるかもしれない[19]．

われわれは，このような多粒子系のコヒーレント制御の1例として，固体パラ水素中の分子振動を対象とした干渉実験を行った．電子基底状態内の水素分子の振動遷移は1光子禁制であるので，2色のレーザーパルスによるインパルシブラマン散乱によって振動励起を行う．こうやって生成された振動励起状態は，単結晶中の1個の水素分子が振動励起されているが，どの水素分子が励起されているか量子力学的に区別できない状態で，バイブロンとよばれている[20]．バイブロンは結晶中に広がった量子状態で，このような空間的に非局在化した波動関数の干渉がどの程度制御できるか興味深い．

先述の孤立ヨウ素分子の実験で用いたものと同様な高安定光学干渉計を用いて，アト秒精度で遅延時間を安定化させた二連のラマン励起を行った．固体中のバイブロンの重ね合わせ状態を読みだすために別のプローブパルスを照射し，バイブロンの振動コヒーレンスによって散乱されたStokes光を観測した．図12-3(a)に示したのは，二連のラマン励起の時間間隔を500 ps周辺に固定した場合のStokes光強度の時間発展である．2回目の励起のタイミングをわずか4 fs変化させただけで，強め合う干渉から弱め合う干渉へと劇的に変化している．また，強め合う干渉によって信号強度がほぼ4倍に増加している．これは干渉によってバイブロン波動関数の振幅がほぼ2倍に増幅され，その二乗が観測された結果であり，バイブロン干渉がほぼ完璧に制御されていることがわかる[20]．

多粒子系のコヒーレント制御のもう一つの例として，われわれはビスマス単結晶におけるコヒーレントフォノンの光制御実験を行った[21]．コヒーレントフォノンとは，格子振動の周期よりも時間幅の短い光を照射することで励起される固体結晶中の原子の集団振動である．ビスマスには直交する二つのコヒーレントフォノンモードA_{1g}およびE_gがあり，それらの周波数は3.0 THzおよび2.1 THzである．この二つのモードの振幅比を調節して，それらをコヒーレントに重ね合わせることができれば，ビスマス結晶中の全原子の超高速二次元運動を一斉に制御できるはずである．

位相変調させた中心波長~802 nmのフェムト秒レーザーパルス(chirped sub pulse：CSP)を高安定光学干渉計によって2発重ね合わせ，これをポンプパルスとして用いた．このポンプパルスの強度エンベロープをフーリエ変換するとTHzスペクトルが得られる．2発のCSP間の遅延時間をアト秒精度

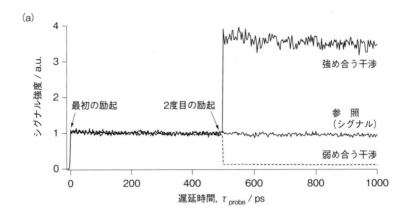

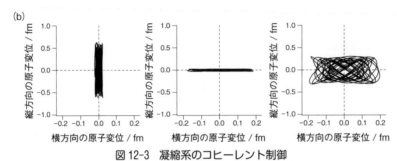

図12-3　凝縮系のコヒーレント制御
（a）固体パラ水素のバイブロン干渉制御実験．約500 ps後に2度目のバイブロン励起を行った．実線と破線では2度目のバイブロン励起のタイミングが4 fsだけずれている．文献20より転載（Copyright 2013 by the American Physical Society）．（b）ビスマス単結晶中の超高速二次元原子運動の制御と可視化．ポンプパルス照射後0.82〜10.48 psの間の原子運動の軌跡を示した．三つの異なるCSP遅延に応じて，二次元運動のトレースが劇的に変化している．文献21より転載．

で制御すれば，このTHzスペクトル中のA_{1g}とE_gに共鳴する周波数成分の強度比を調節することができる．われわれはポンプパルスでA_{1g}とE_gを同時に励起し，別のフェムト秒プローブパルス（中心波長〜802 nm）の結晶表面からの反射率変化をCSP遅延とプローブ遅延の関数として計測した．得られた反射率変化を密度汎関数法で原子の二次元変位に変換することによって，ポンプパルスで制御された原子の超高速二次元運動を図12-3（b）のように可視化することに成功した[21]．

本研究で開発された制御・可視化手法は「あらゆる物理系において粒子の二次元運動は直交する二つの一次元運動に分解される」というシンプル，かつ普遍的な概念に基づいているので，さまざまな凝縮系に適用できる．

4　まとめと今後の展望

コヒーレント制御には，今後二つの大きな可能性があるとわれわれは考えている．一つは，強相関多体系，たとえばキャビティ中の量子流体[22]や光格子中に生成された極低温原子集団[23]などへの展開であり，量子シミュレーターや量子コンピュータなどへの応用が期待されている．量子−古典境界を探索する実験ツールとしても有効かもしれない[19]．

もう一つは，アト秒光パルスを用いた電子波束の制御である．化学反応制御はコヒーレント制御が提案された当初からの大目標であるが，まだ完全にその目標が達成されたとはいえない．おそらくその理由の一つは，化学反応を駆動する原動力である電子波動関数を制御することの困難さである．そのためにはアト秒の時間幅をもった高強度の光パルスをア

ト秒の精度で制御することが必要になる．そのような研究はようやく端緒についたところである[8, 24]．

これらの二つの大きな潮流は，それぞれ対象とする系を発展させるか，制御に用いる光源を発展させるか，という方向性の違いはあるが，今後量子的な現象をよりわれわれの社会に身近なものにしてくれる可能性を多大に秘めていることは間違いない．

◆ 文 献 ◆

[1] A. Tonomura, J. Endo, T. Matsuda, T. Kawasaki, H. Ezawa, *Am. J. Phys.*, **57**, 117 (1989).

[2] M. Arndt, O. Nairz, J. Vos-Andreae, C. Keller, G. van der Zouw, A. Zeilinger, *Nature*, **401**, 680 (1999).

[3] R. Kosloff, S. A. Rice, P. Gaspard, S. Tersigni, D. Tannor, *Chem. Phys.*, **139**, 201 (1989).

[4] P. Brumer, M. Shapiro, *Annu. Rev. Phys. Chem.*, **43**, 257 (1992).

[5] L. Zhu, V. Kleiman, X. Li, S. P. Lu, K. Trentelman, R. J. Gordon, *Science*, **270**, 77 (1995).

[6] T. Baumert, M. Grosser, R. Thalweiser, G. Gerber, *Phys. Rev. Lett.*, **64**, 733 (1990).

[7] R. J. Levis, G. M. Menkir, H. Rabitz, *Science*, **292**, 709 (2001).

[8] Y. Furukawa, Y. Nabekawa, T. Okino, S. Saugout, K. Yamanouchi, K. Midorikawa, *Phys. Rev. A*, **82**, 013421 (2010).

[9] D. Press, T. D. Ladd, B. Zhang, Y. Yamamoto, *Nature*, **456**, 218 (2008).

[10] R. Hildner, D. Brinks, J. B. Nieder, R. J. Cogdell, N. F. van Hulst, *Science*, **340**, 1448 (2013).

[11] K. Ohmori, H. Katsuki, H. Chiba, M. Honda, Y. Hagihara, K. Fujiwara, Y. Sato, K. Ueda, *Phys. Rev. Lett.*, **96**, 93002 (2006).

[12] H. Katsuki, K. Hosaka, H. Chiba, K. Ohmori, *Phys. Rev. A*, **76**, 013403 (2007).

[13] H. Katsuki, H. Chiba, B. Girard, C. Meier, K. Ohmori, *Science*, **311**, 1589 (2006).

[14] H. Katsuki, H. Chiba, C. Meier, B. Girard, K. Ohmori, *Phys. Rev. Lett.*, **102**, 103602 (2009).

[15] K. Hosaka, H. Shimada, H. Chiba, H. Katsuki, Y. Teranishi, Y. Ohtsuki, K. Ohmori, *Phys. Rev. Lett.*, **104**, 180501 (2010).

[16] 最新のIBM製プロセッサPOWER 8の最高クロック数は4.15 GHzであり，クロック周期は241 psとなる．

[17] H. Goto, H. Katsuki, H. Ibrahim, H. Chiba, K. Ohmori, *Nat. Phys.*, **7**, 383 (2011).

[18] D. Fausti, R. I. Tobey, N. Dean, S. Kaiser, A. Dienst, M. C. Hoffmann, S. Pyon, T. Takayama, H. Takagi, A. Cavalleri, *Science*, **331**, 189 (2011).

[19] K. Ohmori, *Found. Phys.*, **44**, 813 (2014).

[20] H. Katsuki, Y. Kayanuma, K. Ohmori, *Phys. Rev. B*, **88**, 014507 (2013).

[21] H. Katsuki, J. C. Delagnes, K. Hosaka, K. Ishioka, H. Chiba, E. S. Zijlstra, M. E. Garcia, H. Takahashi, K. Watanabe, M. Kitajima, Y. Matsumoto, K. G. Nakamura, K. Ohmori, *Nat. Commun.*, **4**, 3801 (2013).

[22] D. Ballarini, M. De Giorgi, E. Cancelleri, R. Houdré, E. Giacobino, R. Cingolani, A. Bramati, G. Gigli, D. Sanvitto, *Nat. Commun.*, **4**, 1778 (2014).

[23] I. Bloch, J. Dalibard, S. Nascimbène, *Nat. Phys.*, **8**, 267 (2012).

[24] P. Ranitovic, C. W. Hogle, P. Rivière, A. Palacios, X. Tong, N. Toshima, A. González-Castrillo, L. Martin, F. Martín, M. M. Murnane, H. Kapteyn, *Proc. Natl. Acad. USA*, **111**, 912 (2014).

Chap 13 : ⑥クラスター，凝縮相と強レーザー場

大気中のレーザー伝播と大気化学への応用

Laser Propagation in Air and Its Application to Atmospheric Chemistry

藤井 隆
（電力中央研究所）

Overview

高強度のフェムト秒レーザーパルスを大気中に伝播させると，フィラメントとよばれる細い径のまま安定的に伝播する光が生成する．この特殊なレーザー光をレーザー誘起ブレイクダウン分光やライダーなどへ応用することにより，遠隔での物質同定を行うことが可能である．また，フィラメントの生成により，遠距離においてプラズマチャンネルを生成することが可能であるため，それを利用した電場の遠隔計測も期待される．

本章では，フィラメントの特性と，フィラメントを用いた大気中における遠隔計測技術に関して述べる．

▲レーザーフィラメントの生成
［カラー口絵参照］

■ **KEYWORD** 🗐マークは用語解説参照

- ■レーザーフィラメント（laser filament）🗐
- ■大気プラズマ（air plasma）
- ■フェムト秒レーザー（femtosecond laser）
- ■レーザー誘起ブレイクダウン分光（laser-induced breakdown spectroscopy）🗐
- ■ライダー（lidar）🗐
- ■遠隔計測（remote measurement）
- ■環境計測（atmospheric measurement）
- ■微粒子（micro particle）
- ■電場（electric field）
- ■窒素分子発光（nitrogen molecule fluorescence）

1 研究の背景

近年，高強度の超短パルスレーザー光を大気中に照射することにより，フィラメントとよばれる細い径（直径 80 μm～数 mm）のまま安定的に伝播する光が報告された[1~3]．高強度のフェムト秒レーザー光はピークパワーが大きいため，大気中を伝播すると空気の屈折率がカー効果により変化し，自己収束が生じる．これによりレーザー光の強度は増加し，多光子電離やトンネル電離によりプラズマが生成する．このプラズマの生成によりレーザー光は発散する．このように，カー効果による自己収束とプラズマ生成による発散の二つの効果が平衡することにより，フィラメントが生成すると説明されている．また近年，自己収束後の発散は高次のカー効果に起因するとするモデルも提案されている．

このフィラメントを用いて環境計測などの大気応用に関する研究が行われている．その一つとして，ライダーへの応用がある．フィラメントの生成により強い自己位相変調が生じ，そのためコヒーレント白色光とよばれる広帯域な波長を有するレーザー光が発生する．このコヒーレント白色光を用いたライダーにより，大気中の水蒸気や酸素のスペクトル計測とその結果を用いた大気の湿度や温度の計測，高度 4.5 km までの 680～920 nm における大気の分光スペクトル計測，雲の粒子サイズ分布や密度の計測などが報告された[4,5]．また，超短パルスレーザーの強い非線形効果を利用して，多光子励起によるレーザー誘起蛍光（laser induced fluorescence：LIF）を用いたバイオ物質の遠隔計測の報告がある[4]．

フィラメントは長い距離にわたって生成が可能であり，その光強度は対象物をプラズマ化するのに十分な強度（10^{12}～10^{14} W cm^{-2}）を有しているため[1,6~8]，遠隔におけるレーザー誘起ブレイクダウン分光（laser induced breakdown spectroscopy：LIBS）計測への応用が期待されている．フィラメントを用いた LIBS は，フィラメント誘起ブレイクダウン分光（filament induced breakdown spectroscopy：FIBS）とよばれており，最初に金属をターゲットとした計測例が報告された[9]．

Stelmaszczyk らは，レーザー光を 20～90 m 離れたターゲットに照射し，銅（Cu）の発光スペクトルの計測に成功している．このとき，測定距離 20～90 m にかけて距離二乗補正信号強度は一定であった．これは，ターゲット上の発光強度に変化がないことを示している．パルス幅がナノ秒のレーザー光を集光させた場合，集光径は焦点距離に比例して大きくなるため，距離が大きくなるとターゲット上における集光強度は小さくなり，イオン化効率が減少する．これらの結果より，FIBS は遠隔計測に有利であるといえる．

また，フィラメントの生成に伴いプラズマ（フィラメントプラズマ）が生成し，その電子密度は 10^{15}～10^{18} cm^{-3} と報告されている[1,6~8]．筆者らは，このフィラメントプラズマを利用した電場の遠隔計測を提案し，研究を行っている[10~12]．

上記のように，フィラメントは超短パルスレーザー光を大気伝播させる際に生じるため，ライダー計測などによる大気化学への応用が有望である．これまで，200 m に渡るフィラメントの観測[6]，数 km 上空におけるフィラメントからと考えられる白色光の発生[13]，400 m 伝播後のプラズマの存在の確認[14]が報告されている．これらの結果は，大気中において，数 km 以上レーザー光が伝播したあとにおいてもフィラメントが生成することを意味しており，フィラメントを用いた遠隔計測が可能であることを示している．

本章では，フィラメントの大気応用研究として筆者らが取り組んできた，大気中における浮遊微粒子の成分や電場の遠隔計測技術に関して述べる．

2 フィラメントを用いた大気中浮遊微粒子の遠隔計測

フィラメントの大気応用研究として筆者らが最初に取り組んだのは，大気中浮遊微粒子の遠隔計測であった．大気中のエアロゾルや雲の化学成分を明らかにすることにより，広域気象モデルの開発や酸性雨の原因解明など大気科学分野において重要な知見を得ることができる．また，大気中に浮遊する微粒子の遠隔検知は，大気中有害物質の監視技術として

有望である．さらに，海塩粒子は碍子の汚損による大規模停電や臨海部における大型構造物の腐食を引き起こし，農作物へも被害をもたらす．その影響予測のため大気中に浮遊する海塩粒子の空間分布計測が望まれる．

ライダーは重要な環境リモート計測ツールであるが，従来のライダーを用いてエアロゾルなどの大気中浮遊微粒子を計測する場合，エアロゾルの分布やおおまかな形状，水蒸気の有無などは計測可能であったが，エアロゾルの成分の特定は不可能であった．

筆者らは，FIBSとライダーを組み合わせることにより，大気中に浮遊している微粒子の成分を遠隔計測する手法を開発した[15]．実験では，食塩水（300 g L^{-1}）から模擬的に発生させた海塩粒子をオープンチャンバーのなかに噴霧し，パルス幅70 fs，エネルギー130 mJ，繰返し10 HzのTi：サファイアレーザーパルスを焦点距離20 mの凹面鏡で集光した．オープンチャンバーの入口より16 m離れた位置に，レーザー光と同軸に望遠鏡を設置して海塩粒子からの発光を集光し，分光器とインテンシファイヤ付CCD（intensified charge coupled device：ICCD）カメラを用いて受光した．図13-1に実験系と測定した発光スペクトルを示す．NaのD$_1$，D$_2$線が明瞭に観測される．これは，FIBSによって大気中に浮遊する微粒子成分の遠隔計測を行ったはじめての結果である．その後，Daigleらが同様の実験を行い，最大70 mの距離からNaの発光の計測に成功し，また，50 mの距離におけるNaの測定限界として33 mg L^{-1}（33 ppm）を実験より得ている[16]．これは，通常の海塩粒子の濃度とほぼ同等の値である．

パルス幅がナノ秒のレーザー光の場合Rayleigh長で決定される短い距離しか集光しないが，フィラメントは集光した状態で長距離に渡り伝播し，しかもレーザービーム中に多数生成する．このため，体積的に大きな領域で微粒子をプラズマ化することが可能である．したがって，薄い霧状の大気中浮遊微粒子の計測であっても，空間的に発光を積算することにより高感度の計測が達成されたものと考える．

3 フィラメントを用いた電場の遠隔計測

次に筆者らが取り組んだのは，フィラメントプラズマを用いた大気中における電場の遠隔計測であった．大気中における電場分布を，遠隔において非破壊で時間分解計測することができれば，雷現象など地球物理の研究や，電気設備の設計，診断，保護技術は一層発展すると考えられる．雷放電は，理論から予測される値よりもかなり低い電場で絶縁破壊が生じることが知られており[17,18]，そのメカニズムはいまだ明らかではない．近年，この現象を説明するために，大気中において生成する逃走電子が絶縁破壊に寄与しているとする，逃走電子なだれモデルが提案されている[18]．このような，雷放電のメカニズムの解明においても，電場の遠隔計測は重要な手法となる．これまで，大気中における電場の構造や変化を解明するために多くの手法が提案されてきた[17]．

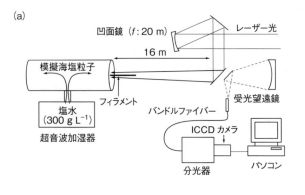
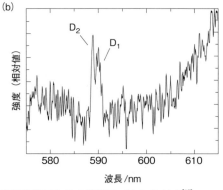

図13-1 大気中浮遊微粒子成分計測の実験配置（a），模擬海塩粒子からの発光スペクトル（b）[15]

COLUMN

★いま一番気になっている研究者

Jérôme Kasparian
（スイス・ジュネーブ大学 教授）

　Kasparianらは，可搬型のフェムト秒テラワットレーザー装置を開発し，レーザーフィラメントを利用した大気応用研究を行っている．これまで，コヒーレント白色光を用いたライダーによる大気計測や，フィラメントを用いたレーザー誘起ブレイクダウン分光計測のほか，レーザー誘雷を目的とした，フィラメントプラズマによる長ギャップの放電誘導に関する研究を行ってきた．また近年，フィラメントの生成により大気中の水蒸気が凝縮するという実験結果を報告し，この原理を利用して，大気中に人工の雲を生成しようとする研究を行っている〔J. Kasparian, P. Rohwetter, L. Wöste, J.–P. Wolf, *J. Phys. D: Appl. Phys.*, 45, 293001（2012）〕．Kasparianらは大気中にフェムト秒レーザーパルスを照射し，上記のレーザー誘起凝縮を環境大気中において実証している．レーザー誘起凝縮のおもなメカニズムとして，フィラメントによるオゾンと窒素酸化物の生成により，吸湿性の高いHNO_3が生成し，これが大気凝縮過程の媒介として機能するとしている．また，レーザー誘起凝縮の別の過程として，光酸化された揮発性有機化合物（volatile organic compound：VOC）による大気中の水蒸気凝縮を考えている．

　しかしながら従来の手法は，それ自身が電場分布に影響を与えてしまい，また局所的な計測にかぎられていた．

　筆者らは，外部電場中における，大気プラズマの発光の変化に着目した．外部電場中において大気プラズマは紫外領域で発光する．電場中にプラズマが存在すると，電離，励起，再結合，付着など，大気中においてさまざまな物理過程が生じるが，電離と励起が促進される一方，再結合は緩和される．このため，分子の電子-電子遷移を励起できる電子の数は外部電場強度とともに指数関数的に増加する．電子衝突によりプラズマは加熱され，プラズマからの紫外発光の強度と寿命は増加すると考えられる．したがって，プラズマの紫外発光は電場計測に有用であると考えられる．フィラメントプラズマは遠隔において生成することが可能であるため，電場の遠隔計測への適用が有望であると考えた．

　筆者らはまず，PIC（particle in cell）シミュレーションによる数値計算を行い，窒素分子の発光強度が，外部電場に対して指数関数的に増加することを

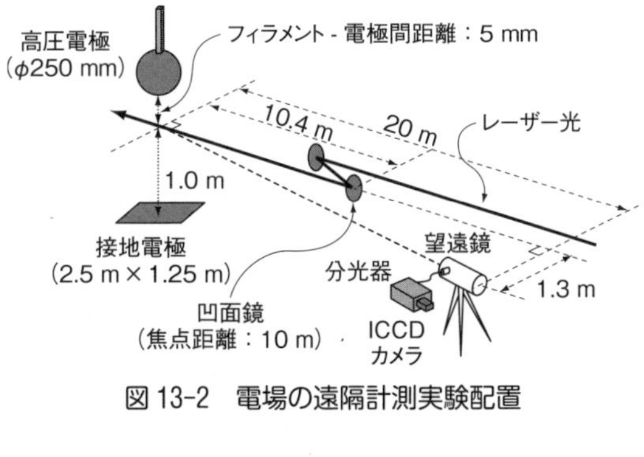

図13-2　電場の遠隔計測実験配置

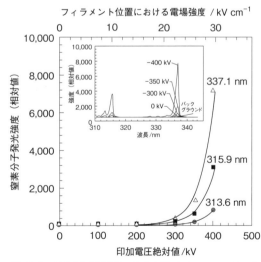

図13-3　遠隔分光計測により得られたフィラメント近傍における窒素分子の発光スペクトル（挿入図）と発光強度の印加電圧依存性[11]

理論的に示した[12]．次に，原理検証のための予備実験を行った[10, 11]．実験配置を図13-2に示す．高圧電極には直径250 mmの球を用い，その下方1 mの位置に2.5 m × 1.25 mの銅平板を接地電極として設置した．パルス幅50 fs，エネルギー80 mJ，繰返し10 HzのTi：サファイアレーザーパルスを，高圧電極から10.4 mの位置に設置した焦点距離10 mの凹面鏡を用いて集光し，フィラメントプラズマを生成した．レーザー光軸と高圧電極との間隔は5 mmとした．フィラメントプラズマからの発光は，球電極から20 m離れた位置にレーザー光軸と非同軸に設置した口径152 mmの望遠鏡により集光し，分光器により分光しICCDカメラにより受光した．

遠隔分光計測により得られた，波長310～342 nmにおける発光スペクトルの印加電圧に対する変化と，各発光線強度の印加電圧依存性を図13-3に示す．図中の電場強度は，高圧電極に最も近いフィラメント位置における値（以下，フィラメント位置での電場強度とよぶ）である．印加電圧 -300 kV（フィラメント位置での電場強度22.2 kV cm^{-1}）において，窒素分子の第二正帯（$C^3\Pi_u \rightarrow B^3\Pi_g$：313.6 nm，315.9 nm，337.1 nm）の発光強度が顕著に増加し，-400 kVにかけて指数関数的に増加した．これより，フィラメントプラズマを用いた電場の遠隔計測の可能性が示された．

4 まとめと今後の展望

以上，超短パルスレーザーにより生成するフィラメントの大気応用研究に関して概説し，そのなかでも，筆者らが行ってきた大気中における浮遊微粒子成分や電場の遠隔計測技術に関して述べた．

フィラメントの大気化学への応用としては，ライダーやFIBSによる大気計測が期待される．大気中のエアロゾルの成分計測は，従来のナノ秒パルスレーザーを用いたライダーでは困難であったが，FIBSとライダーを組み合わせることにより可能であることが実証された．電場の遠隔計測技術に関しては，直流電圧を印加した電極直下にフィラメントプラズマを生成し，プラズマからの窒素分子の発光スペクトルを遠隔計測することにより，発光強度が外部電場に対して指数関数的に増加することが示された．

しかしながら，これらのフィラメントを用いた大気応用計測においては，測定感度の向上や，窒素分子発光強度の電場の絶対値への校正など，解決すべき課題が多い．さらに，雲の成分や雷雲下における電場分布の計測を実現するためには，数百m以上の遠距離計測が必要である．今後，レーザー光を大気中において長距離伝播させたときのフィラメントプラズマの生成特性を明らかにし，その制御方法を開発する必要がある．

◆ 文 献 ◆

[1] A. Braun, G. Korn, X. Liu, D. Du, J. Squier, G. Mourou, *Opt. Lett.*, **20**, 73 (1995).
[2] A. Couairon, A. Mysyrowicz, *Phys. Rep.*, **441**, 47 (2007).
[3] J. Kasparian, J.–P Wolf, *Opt. Express*, **16**, 466 (2008).
[4] J. Kasparian, M. Rodriguez, G. Méjean, J. Yu, E. Salmon, H. Wille, R. Bourayou, S. Frey, Y.–B. André, A. Mysyrowicz, R. Sauerbrey, J.–P. Wolf, L. Wöste, *Science*, **301**, 61 (2003).
[5] R. Bourayou, G. Méjean, J. Kasparian, M. Rodriguez, E. Salmon, J. Yu, H. Lehmann, B. Stecklum, U. Laux, J. Eislöffel, A. Scholz, A. P. Hatzes, R. Sauerbrey, L. Wöste, J.–P. Wolf, *J. Opt. Soc. Am. B*, **22**, 369 (2005).
[6] B. La Fontaine, F. Vidal, Z. Jiang, C. Y. Chien, D. Comtois, A. Desparois, T. W. Johnston, J.–C. Kieffer, H. Pépin, *Phys. Plasmas*, **6**, 1615 (1999).
[7] H. Yang, J. Zhang, Y. Li, J. Zhang, Y. Li, Z. Chen, H. Teng, Z. Wei, Z. Sheng, *Phys. Rev. E*, **66**, 016406 (2002).
[8] F. Théberge, W. Liu, P. Tr. Simard, A. Becker, S. L. Chin, *Phys. Rev. E*, **74**, 036406 (2006).
[9] K. Stelmaszczyk, P. Rohwetter, G. Méjean, J. Yu, E. Salmon, J. Kasparian, R. Ackermann, J.–P. Wolf, L. Wöste, *Appl. Phys. Lett.*, **85**, 3977 (2004).
[10] K. Sugiyama, T. Fujii, M. Miki, M. Yamaguchi, A. Zhidkov, E. Hotta, K. Nemoto, *Opt. Lett.*, **34** 2964 (2009).
[11] K. Sugiyama, T. Fujii, M. Miki, A. Zhidkov, M. Yamaguchi, E. Hotta, K. Nemoto, *Phys. Plasmas*, **17**,

043108 (2010).

[12] T. Fujii, K. Sugiyama, A. Zhidkov, M. Miki, E. Hotta, K. Nemoto, "Progress in Ultrashort Intense Laser Science XI," ed. by K. Yamanouchi, C. H. Nam, P. Martin, Springer (2014), p. 195.

[13] M. Rodriguez, R. Bourayou, G. Méjean, J. Kasparian, J. Yu, E. Salmon, A. Scholz, B. Stecklum, J. Eislöffel, U. Laux, A. P. Hatzes, R. Sauerbrey, L. Wöste, J. P. Wolf, *Phys. Rev. E*, **69**, 036607 (2004).

[14] G. Méchain, C. D' Amico, Y.–B. André, S. Tzortzakis, M. Franco, B. Prade, A. Mysyrowicz, A. Couairon, E. Salmon, R. Sauerbrey, *Opt. Commun.*, **247**, 171 (2005).

[15] T. Fujii, N. Goto, M. Miki, T. Nayuki, K. Nemoto, *Opt. Lett.*, **31**, 3456 (2006).

[16] J.–F. Daigle, G. Méjean, W. Liu, F. Théberge, H. L. Xu, Y. Kamali, J. Bernhardt, A. Azarm, Q. Sun, P. Mathieu, G. Roy, J.–R. Simard, S. L. Chin, *Appl. Phys. B*, **87**, 749 (2007).

[17] D. R. MacGorman, W. D. Rust, "The Electrical Nature of Storms," Oxford Univ. Press (1998).

[18] A. V. Gurevich, K. P. Zybin, *Physics Today*, **37**, 37 (2005).

Chap 14: ⑥クラスター，凝縮相と強レーザー場

原子分子クラスターと強光子場

Atomic / molecular Clusters in Intense Laser Fields

福田 祐仁
(日本原子力研究開発機構 量子ビーム応用研究センター)

Overview

クラスターと強光子場との相互作用では，原子・分子の場合とは異なった世界が出現する．すなわちイオン化過程では，トンネルイオン化や多光子イオン化に加え，衝突イオン化が支配的となるうえに，イオン化により生成した電子は集団としての性格が強くなり，プラズマとしての取扱いが必要となる．クラスター内部でレーザー場に振られた電子集団が衝突を繰り返すことで多価イオンが生成され，逆制動放射や共鳴吸収などにより高温・高密度プラズマとなり，最終的には，多価イオンどうしの反発力によりクーロン爆発を起こす．レーザー強度が 10^{18} W cm^{-2} を超えるとレーザー電場で振られる電子の振動速度は光速に近づき，レーザーの磁場の力により，電子はレーザーの進行方向に押しだされる．

本章では，このようなクラスターから生成する相対論プラズマを用いたイオン加速に関する研究を中心に紹介する．

▲相対論的超強光子場とクラスターとの相互作用シミュレーションにおける電子密度分布のスナップショット

クラスター内の電子はLorentz力によりレーザーの進行方向に加速される．京都大学岸本泰明教授の許可を得て掲載．[カラー口絵参照]

■ **KEYWORD** マークは用語解説参照

- ■トンネルイオン化(tunnel ionization)
- ■衝突イオン化(collisional ionization)
- ■クーロン爆発(Coulomb explosion)
- ■相対論プラズマ(relativistic plasma)
- ■スキン長(skin depth)
- ■逆制動放射(inverse bremsstrahlung)
- ■アンダーデンスプラズマ(underdense plasma)
- ■光圧(photon pressure)
- ■ポンデラモーティブ力(ponderomotive force)
- ■レーザー加速器(laser accelerator)
- ■臨界密度(critical density)
- ■自己収束(self-focus)
- ■磁気渦(magnetic vortex)
- ■衝撃波(shock wave)

1 クラスターと強光子場との相互作用の特徴

強光子場との相互作用では、クラスターはガス状の原子・分子や固体物質に比べ、レーザーをきわめて効率よく吸収する（図14-1）．その結果，高輝度keV領域X線発生[1]，クーロン爆発によるMeV領域高エネルギーイオン発生[2]，さらにはこれら高エネルギーイオンどうしの衝突によって引き起こされる核融合反応による中性子発生[3]，を引き起こすという報告が1990年代半ばから後半になされ，大きく注目された．

ここでレーザーの吸収とは，レーザーが物質内の電子（集団）をイオン化し，さらに電子の運動エネルギーに変換される過程を指している．少数多体系のクラスターが，ガス状の原子・分子よりもレーザーを効率よく吸収するのは理解しやすいが，固体物質よりもエネルギー吸収率がよいという状況は以下のように説明される（図14-2）．

高強度レーザーが固体物質と相互作用する際，レーザーは，スキン長とよばれる深さ（数十nm程度）まで物質内部に侵入し，エネルギー吸収が起こり，レーザーが伝搬できないオーバーデンスプラズマを生成する．スキン長深さまでに吸収されなかったレーザーは，反射されて失われてしまううえに，スキン長領域で吸収されたエネルギーの一部は，熱伝導を介して固体全体に散逸される．一方，スキン長と同程度サイズのクラスターに対しては，レーザーはクラスター内部に完全に侵入し，そのエネルギーが吸収される．クラスターは，固体密度であるが有限系であるため吸収されたエネルギーの逃げ場はなく，クラスター内部に蓄えられる．クラスターター

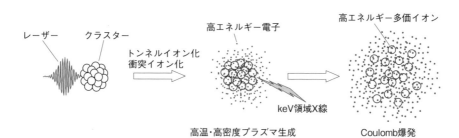

図14-1 クラスターと強光子場との相互作用の概略図

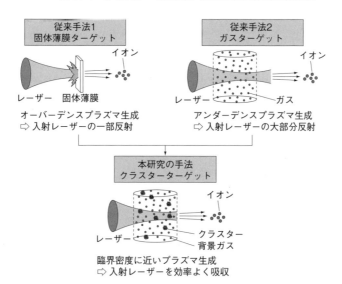

図14-2 クラスターターゲットを用いたレーザー駆動イオン加速と従来手法との比較
レーザーと強く相互作用するクラスターターゲットを用いることで，高効率のイオン加速が起こると期待される．

ゲット内にクラスターは多数個存在し，通常，ターゲット中のクラスター間距離は5 μm程度である．クラスターは集光スポット領域内(ϕ20 × 100 μm程度の円柱)に数十個存在し，レーザーエネルギーは，ほぼ完全にクラスターターゲットに吸収され，高温・高密度プラズマが生成される．したがって，レーザー照射後のターゲットのエネルギー密度は，固体よりもクラスターのほうが大きくなる．

このような理由により，前述の諸現象が原子・分子や固体にレーザー照射した場合よりもずっと低いレーザー強度で観測される．後述するとおり，クラスターターゲットは，クラスター以外に背景ガスが存在するため，レーザー伝搬過程とレーザーエネルギー吸収過程はさらに複雑になる．しかし，クラスターと強光子場との相互作用の基本骨格は前述のとおりであると理解して差し支えない．

本章では，クラスターから生成する相対論プラズマを用いたイオン加速に関する研究を中心に紹介する．クラスターとレーザーとの相互作用に関する統括的なレビューについては，文献4を参照されたい．

2 レーザー駆動イオン加速研究の背景

物質は，光を吸収あるいは反射する過程で，光から圧力(光圧，輻射圧)を受け，光の進行方向に押されて動くことはよく知られている．たとえば，地球に降り注ぐ太陽光の光圧は5×10^{-6} Paであり，大気圧の10^{-11}倍しかないが，17世紀の科学者J. Keplerは，彗星のダストテイルの形状は，太陽光の光圧の影響を受けていると考えていた．電磁波の輻射圧はMaxwell方程式から導出され，物質中ではポンデロモーティブ力として作用する力として知られている．光圧(輻射圧)の存在は，1901年にロシアのP. N. Levedev[5]，アメリカのE. F. NicholsとG. F. Hull[6]によって独立に実証された．現在，われわれが手にすることのできる高強度レーザーは，瞬間出力で一般のレーザーポインターの1千兆(10^{15})倍以上の強さを有し，マイクロメートルスケールの空間内に10^{20} W cm^{-2}の超強光子場をつくりだすことを可能にしている．この光子場には10^{39} photons cm^{-2} s^{-1}もの光子が詰まっており，光圧は3×10^{15} Paとなり，大気圧の10^{10}倍もある．これは，核融合が起こっている太陽核の熱圧力とほぼ同じである．

このように高強度レーザーの巨大な光圧によって，(イオンではなく)電子は，マイクロメートルスケールの加速長で光速に近い速度，エネルギーにして10 MeV程度にまでフェムト秒のタイムスケールで瞬時にレーザーの進行方向に加速される．原子・分子のイオン化エネルギーは，内殻電子の場合でも数 keV程度であるため，MeV(10^6 eV)というエネルギースケールは，化学の分野ではあまりお目にかからないかと思う．原子核内で陽子と中性子が束縛されているエネルギーが約7 MeVであるから，高強度レーザーの光圧は，原子核をもバラバラにすることも可能な破壊力を秘めており，ビッグバンから100秒後の元素合成期のエネルギー領域にも匹敵する．ちなみに，光圧によって加速された電子については，レーザー航跡場とよばれるプラズマ波による追加速スキームが確立されており，現在では，GeVを超える電子線の発生が可能となっている[7]．

一方，イオンは10^{20} W cm^{-2}の光強度の光圧でも質量が大きいため，ほとんど動かない[8]．現時点でレーザーでイオンを加速するには，まずレーザーエネルギーを電子エネルギーに変換し，さらに電子エネルギーをイオンエネルギーに変換する．すなわち電子をレーザー光圧で加速して，その電子とイオンとの間に生じる局所電場(シース電場)によってイオンを引っ張ってもらうという方法が採用されている[9]．したがって，レーザー駆動イオン加速研究では，強い局所電場を生成させてこれを長時間持続させ，電子からイオンへいかに効率よくエネルギー変換を行うかがキーポイントとなる．

実験では，数 μm厚の固体薄膜ターゲットにレーザーを集光することでプラズマ中に生成する局所電場を利用してイオンを加速する方法が主流となっている．驚くことに，このようにしてつくりだされるプラズマ中の局所電場(〜1 TV m^{-1} =〜1 MV μm^{-1})は，従来型高周波発生装置がつくる電場(〜10 MV m^{-1})をはるかに超える．したがって，この急峻な電場勾配をうまく利用することができれば，

COLUMN

★いま一番気になっている研究者

Marco Borghesi
（イギリス・クイーンズ大学ベルファスト校 教授）

　レーザー駆動イオン加速は，レーザー技術の進歩と同期して，ターゲットの種類を問わず，将来的にはレーザー光圧を積極的に利用する「輻射圧イオン加速」が主流になってくると思われる．現状のレーザー装置では，イオンを直接相対論的エネルギーにまで加速できないが，輻射圧イオン加速の特徴を捉えたとする報告が，2012年にイギリスのM. Borghesi教授らの研究グループからなされた〔S. Kar, K. F. Kakolee, B. Qiao, A. Macchi, M. Cerchez, D. Doria, M. Geissler, P. McKenna, D. Neely, J. Osterholz, R. Prasad, K. Quinn, B. Ramakrishna, G. Sarri, O. Willi, X. Y. Yuan, M. Zepf, M. Borghesi, *Phys. Rev. Lett.*, 109, 185006（2012）〕．

　彼らの実験は，イギリスRutherford Appleton研究所のVULCANレーザー（700〜900 fs，200 J）を用いて，10^{20} W cm^{-2} を超える集光強度で行われた．0.1 μm厚の金属薄膜ターゲット中の電子がレーザー光圧で押され，その電子がつくりだす電荷分離電場により，イオンが加速される．「輻射圧イオン加速」のなかでのLight Sailモードよばれる状態（宇宙推進機のLight Sailとも関連している）が実現され，核子当たり10 MeVの準単色のエネルギー分布を有するイオンが観測された．ターゲットとレーザーパラメータを最適化すれば，現状の装置で，核子当たり100 MeVの準単色のエネルギー分布のイオンを発生可能と見積もっている．この加速法の特徴は，加速効率が非常に高く，準単色のエネルギー分布のイオンが発生する点にあり，レーザー駆動イオン加速手法を医療や産業に応用するうえできわめて有用な手法と考えられる．

従来型高周波加速器を凌駕する超小型，かつ省電力の「レーザー加速器」を実現することができる．たとえば，10〜20 MeVの陽子線を発生する「レーザー加速器」は，研究室レベルでの原子核物理や医療用RI研究などに使用できる．さらに，80〜250 MeVの陽子線の発生が可能となれば，粒子線がん治療装置に用いることができる．これが実現されれば，治療装置の一層の小型化省電力化により粒子線がん治療の普及の一助となると期待できる．

　また，高強度レーザーの特徴を生かした加速器駆動核廃棄物消滅システム（accelerator driven system：ADS）の開発にも役立つと期待され，高レベル放射性廃棄物の処理問題への貢献も見込まれる．すなわち，レーザー駆動イオン源は，医療から高エネルギー物理にわたる幅広い分野への応用が期待される．

　レーザー駆動イオン加速の実験は，2000年のアメリカLawrence Livermore研究所のレーザー核融合研究用に開発された大型シングルショットのピコ秒ガラスレーザーを用いた58 MeVの陽子線発生[10]を皮切りに，固体薄膜ターゲットを用いた研究が世界各国で開始された．小型・高繰返しのフェムト秒チタンサファイアレーザーと固体薄膜ターゲットを用いたイオン加速については，2000年代後半になっても数 MeV程度の陽子線発生にとど

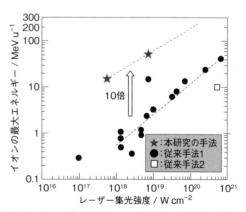

図14-3　レーザー駆動イオン加速における，最大イオンエネルギーのレーザー集光強度依存性

クラスターターゲットを用いたレーザー駆動イオン加速は，従来法1（図14-2）の約10倍の効率を有することが明らかとなった．

まっていた(図14-3). このような状況において, 筆者らは固体薄膜ターゲットに代わるより高効率の新しいイオン加速手法の開発に取り組み, クラスターターゲットの特異性に着目した.

3 クラスターによるイオン加速研究

図14-2に示すように, 真空中でレーザーと相互作用するクラスターターゲットは, "背景ガス"と"クラスター"との混合体である. レーザーとの相互作用により, 前者はレーザーがプラズマ中を伝搬可能なアンダーデンスプラズマを生成し, 後者はレーザーがプラズマ中を伝搬できないオーバーデンスプラズマを生成する. したがって, クラスターターゲットは, レーザーのパラメータを適切にコントロールすることで, レーザーがプラズマ中を伝搬し, レーザーとプラズマとが強く相互作用する"臨界密度 n_c(レーザーがプラズマ中に進入できるかできないかの境目となる電子密度)に近いプラズマ"を生成させることができるなど, ユニークな特徴を有する. したがって, クラスターターゲットを用いることで, より少ないレーザーエネルギーで, より高いエネルギーにまでイオンを加速することが可能であると期待できる.

2009年に筆者らが行った実証実験では, 図14-4に示すように, ヘリウムと二酸化炭素の混合ガス(60 bar)を特殊構造の円錐ノズル用いて真空中に噴出させ, クラスターターゲット(ヘリウムガスを背景ガスとする平均直径220 nm 二酸化炭素クラスター)を生成させ[11], 重イオン(ヘリウムイオン, 炭素イオン, 酸素イオン)の加速を行った[12]. その結果, 核子当たりのエネルギーで10〜20 MeV u^{-1}にまで加速された重イオン(ヘリウムイオン, 炭素イオン, 酸素イオン)を検出した. これは, 従来手法による同規模クラスのフェムト秒レーザーを用いた陽子線加速の結果よりも, 核子当たりのエネルギーで比較すると約10倍高いエネルギーまでイオンを加速することに成功したことになる(図14-3).

これに引き続き, 筆者らは, 後方散乱粒子による簡便なイオンビーム診断手法を開発し[13], 2013年に核子当たり 50 MeV u^{-1}のヘリウムイオンの検出

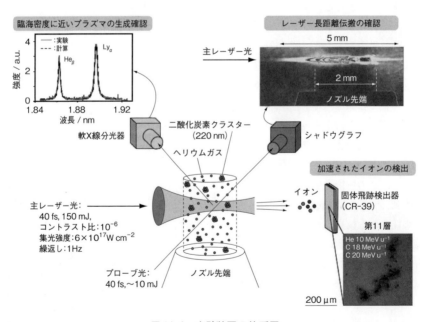

図14-4 実験装置の体系図
図の左側からやってきた主レーザーをクラスターターゲット中に集光させた(中央). プローブ光を用いたシャドウグラフ計測により, 5 mmにわたる自己収束によるレーザー長距離伝搬を確認(右上), 軟X線スペクトルを計測し, 臨界密度に近いプラズマの生成を確認(左上), 固体飛跡検出器 CR-39 を用いて, 核子当たりのエネルギー 10〜20 MeV のイオンを観測(右下).

に成功した[14]. これら二つの実験結果を外挿すると，10^{20} W cm^{-2} の集光強度で，100 MeV を超えるイオン加速が可能というところまで到達している（図14-3）.

イオン加速のメカニズムを明らかにするために，二次元粒子コードを用いた計算機シミュレーションによる実験結果の詳細な解析を行った[12]. その結果，以下のようなメカニズムでイオン加速が起こることが示唆された.

すなわち，レーザー照射されたクラスターターゲット中に臨界密度に近いプラズマ（$0.1\,n_c$）が生成され，自己収束によるレーザーの長距離伝搬と指向性の高い相対論的高エネルギー電子の発生が促される〔図14-5（a）〕. ここで，プラズマの密度構造とレーザー強度などの諸条件が整うと，相対論的高エネルギー電子流に伴って生成する 100 MG 級の磁気渦が，クラスターターゲットのレーザー出射口付近にとどまり，ターゲット裏面付近に 10 TV m^{-1} 級の強い局所電場を生成し，固体薄膜ターゲットの場合（〜1 TV m^{-1}）よりもはるかに高いエネルギー

までイオンを加速する〔図14-5（b），（c）〕. すなわち，クラスターターゲットによるイオン加速では，電子エネルギーの一部を磁場のエネルギーに変換し，これをイオン加速に有効利用するという機構が働いたといえる. 図14-4 には示していないが，実験では最大 22 MeV の相対論的高エネルギー電子が観測された. 背景ガスであるヘリウム原子からは，磁気渦イオン加速に必要とされる高密度プラズマを生成させることは不可能であることから，クラスターターゲット中の二酸化炭素クラスターは，主として臨界密度に近い相対論プラズマ形成のための電子供給源としての役割を果たしていると考えられる.

以上のように，筆者らは，独自開発したクラスターターゲットにより生成した臨界密度に近い相対論プラズマ中での磁気渦生成を介したイオン加速が，きわめて高効率であることを実証した.

4 まとめと今後の展望

高強度レーザーの光圧が，相対論的エネルギーの電子を生みだすことを説明し，クラスターと強光子

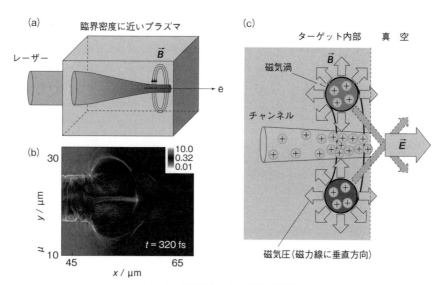

図 14-5 磁気渦イオン加速の概念図

（a）臨界密度に近いプラズマ（$0.1\,n_c$）中で，レーザーの自己収束が起こり，指向性の高い相対論的高エネルギー電子線の発生が促され，数十 MG の磁気渦がターゲットのレーザー出射口付近に生成する.（b）レーザー出射口付近のイオン密度分布を示すシミュレーション結果（n_c で規格化）. 図の中心付近の磁気渦中心軸上にイオン密度の高い部分が存在し，このイオンが高エネルギーに加速される.（c）磁気渦の磁気圧により，磁気渦内部の電子は排除され，磁気渦内部は正に帯電し，ターゲットレーザー出射口付近に 10 TV m^{-1} 級の強い局所電場を生成し，イオンを加速する.

場との相互作用の一例として，ここ数年にわたり，筆者らが進めてきた電子の相対論プラズマ中での磁気渦生成を介したイオン加速研究の現状を紹介した．クラスターターゲットを用いたイオン加速のメカニズムについては，最近のシミュレーションにより，磁気渦生成以外にも，クラスターのクーロン爆発や衝撃波形成などのさまざまなプロセスが相乗的に作用し，高エネルギーイオン加速に寄与していることが示唆されている．このようなクラスターターゲットがつくりだす複雑プラズマ中でのレーザーの自己収束，およびこれに起因する特異電磁場構造形成や衝撃波形成といった現象は，エンジンのスパークプラグによる燃料点火過程，超新星残骸の構造形成や粒子加速といった宇宙・天体現象とも関連しており，非線形性の強い複雑プラズマ一般の動力学の理解の一助となると期待でき，学術的な観点からも興味深い．

長期的な将来展望としては，集光強度が 10^{23} W cm^{-2} を超えると，電子は超相対論的（電子エネルギー≫静止エネルギー）となり，レーザー光圧によって，陽子が相対論的エネルギー（1 GeV）にまで加速されるようになる[8]．これは，イオン加速研究におけるイノベーションを予感させる．すなわちこの領域になると，イオンを加速するうえで電子加速を介在させる必要性がなくなり，レーザーが直接イオンに作用するのでレーザーによるイオン加速の制御が可能となるかもしれない．筆者らは，このことを視野に入れて，超相対論領域におけるクラスターターゲットを用いたイオン加速シミュレーションを開始し，GeV イオンの生成を確認している[15]．これを可能にする 10〜100 PW 級の高強度レーザー開発には，いくつかの技術的な障壁があり，陽子の相対論プラズマの実現は容易ではないが，近い将来にこのような研究が行われる日がくると期待している．

◆ 文献 ◆

[1] A. McPherson, B. D. Thompson, A. B. Borisov, K. Boyer, C. K. Rhodes, *Nature*, **370**, 631 (1994).

[2] T. Ditmire, J. W. G. Tisch, E. Springate, M. B. Mason, N. Hay, R. A. Smith, J. Marangos, M. H. R. Hutchinson, *Nature*, **386**, 54 (1997).

[3] T. Ditmire, J. Zweiback, V. P. Yanovsky, T. E. Cowan, G. Hays, K. B. Wharton, *Nature*, **398**, 489 (1999).

[4] Th. Fennel, K.–H. Meiwes–Broer, J. Tiggesbäumker, P.–G. Reinhard, P. M. Dinh, E. Suraud, *Rev. Mod. Phys.*, **82**, 1793 (2010).

[5] P. N. Lebedev, *Ann. Phys.*, **6**, 433 (1901).

[6] E. F. Nichols, G. F. Hull, *Phys. Rev.*, **13**, 307 (1901).

[7] E. Esarey, C. B. Schroeder, W. P. Leemans, *Rev. Mod. Phys.*, **81**, 1229 (2009).

[8] A. Pukhov, *Rep. Prog. Phys.*, **66**, 47 (2003).

[9] A. Macchi, M. Borghesi, M. Passonio, *Rev. Mod. Phys.*, **85**, 751 (2013).

[10] R. A. Snavely, M. H. Key, S. P. Hatchett, T. E. Cowan, M. Roth, T. W. Phillips, M. A. Stoyer, E. A. Henry, T. C. Sangster, M. S. Singh, S. C. Wilks, A. MacKinnon, A. Offenberger, D. M. Pennington, K. Yasuike, A. B. Langdon, B. F. Lasinski, J. Johnson, M. D. Perry, E. M. Campbell, *Phys. Rev. Lett.*, **85**, 2945 (2000).

[11] S. Jinno, Y. Fukuda, H. Sakaki, A. Yogo, M. Kanasaki, K. Kondo, A. Ya. Faenov, I. Yu. Skobelev, T. A. Pikuz, A. S. Boldarev, V. A. Gasilov, *Appl. Phys. Lett.*, **102**, 164103 (2013).

[12] Y. Fukuda, A. Y. Faenov, M. Tampo, T. A. Pikuz, T. Nakamura, M. Kando, Y. Hayashi, A. Yogo, H. Sakaki, T. Kameshima, A. S. Pirozhkov, K. Ogura, M. Mori, T. Z. Esirkepov, J. Koga, A. S. Boldarev, V. A. Gasilov, A. I. Magunov, T. Yamauchi, R. Kodama, P. R. Bolton, Y. Kato, T. Tajima, H. Daido, S. V. Bulanov, *Phys. Rev. Lett.*, **103**, 165002 (2009).

[13] M. Kanasaki, Y. Fukuda, H. Sakaki, T. Hori, M. Tampo, K. Kondo, S. Kurashima, T. Kamiya, K. Oda, T. Yamauchi, *Jpn. J. Appl. Phys.*, **51**, 056401 (2012).

[14] Y. Fukuda, H. Sakaki, M. Kanasaki, A. Yogoa, S. Jinno, M. Tampo, A. Faenov, T. Pikuz, Y. Hayashi, M. Kando, A. Pirozhkov, T. Shimomura, H. Kiriyama, S. Kurashima, T. Kamiya, K. Oda, T. Yamauchi, K. Kondo, S. Bulanov, *Radiat. Meas.*, **50**, 92 (2013).

[15] N. Iwata, F. Wu, Y. Kishimoto, Y. Fukuda, 8th International Conference on Intertial Fusion Science and Applications (2013).

Chap 15: ⑦高輝度軟X線・X線光源による分子科学・生命科学の展開

固体中のコヒーレントフォノン
Coherent Phonons in Solid

中村 一隆
（東京工業大学セラミックス研究所）

Overview

フォノンは格子振動の量子化されたものであり，固体中の伝導現象などで重要な役割を果たしている．固体表面で結晶を構成している原子は走査型トンネル顕微鏡などを用いて観測することができるが，その運動を観ることはできない．固体に格子振動の振動周期よりも短いパルス幅の光パルスを照射すると，位相の揃ったフォノンを励起することができ，時間分解過渡反射率を用いて観測できる．さらにパルス列を用いた励起でフォノンの運動を制御することもできるようになってきた．

本章では，コヒーレントフォノンの発生原理とその観測方法を説明するとともに最新の研究を紹介する．

■ KEYWORD □マークは用語解説参照

- ■コヒーレントフォノン(coherent phonons)□
- ■瞬間的誘導ラマン散乱(impulsive stimulated Raman scattering)□
- ■コヒーレンス(coherence)
- ■過渡反射率(transient reflectivity)
- ■バンドギャップ(band gap)
- ■光学フォノン(optical phonon)
- ■超伝導体(superconductor)
- ■プラズモン(plasmon)
- ■半導体(semiconductor)
- ■遅延時間(time delay)

はじめに

固体を構成する原子は結晶格子点のまわりで振動（格子振動）をしている．この格子振動の量子化されたものがフォノン（phonon）であり，固体中の伝導現象・相転移・エネルギー緩和過程などで重要な役割を果たしている．ふつうの熱平衡状態では，各フォノンの運動はランダムであるために，フォノンの運動は空間・時間的に平均化されると消えてしまい計測することはできない．一方，格子振動の周期よりも十分短いパルス幅のレーザーパルスを照射することで，コヒーレントフォノン（coherent phonons）とよばれる位相の揃ったフォノン集団を発生させることができる．コヒーレントフォノンの振動はフェムト秒時間分解反射率あるいは透過率測定などを用いて測定することができる．こうした計測は時間領域分光法として分光計測に用いられ，ラマン分光法のような通常の周波数領域分光では測定することが難しいフォノンの寿命や振動初期位相を検出することができる．

コヒーレントフォノンは 1984 年に K. Nelson ら[1]によって分子性結晶である α-ペリレンではじめて観測されて以来，半導体・半金属・超伝導物質など多くの物質で研究が行われている[2~5]．さらに分光測定に用いられるだけでなく，位相が揃っているという特徴を生かしたフォノンのモード選択励起やフォノン強度の制御などのコヒーレント制御の研究も進められている[5~7]．

本章ではコヒーレント光学フォノンの発生メカニズムおよび計測方法に焦点を置いて説明する．

1 コヒーレントフォノンの発生メカニズム

コヒーレントフォノン発生に用いられるレーザーのパルス幅が格子振動の周期よりも十分短いことは，時間とエネルギーの不確定性関係からレーザーのエネルギー幅がフォノンのエネルギーよりも大きいことに対応する．したがって，レーザー照射により二つ以上のフォノン数状態が励起されることになり波束が形成される．コヒーレントフォノンの生成メカニズムは，（1）瞬間的誘導ラマン散乱過程（impulsive stimulated Raman scattering：ISRS）[1]と（2）瞬間的光吸収過程（impulsive absorption：IA）の二つに大別できる．このメカニズムを図 15-1 に模式的に示す．簡単にするために電子系は二準位系（電子基底状態と電子励起状態）を考え，フォノンは調和振動子で近似している．以下の説明では，レーザー照射前の状態として電子基底状態でゼロフォノンの状態を考えることにする．

15-1 ISRS 過程

励起するレーザーパルスのエネルギーがバンドギャップ〔図 15-1（a）では電子基底状態と電子励起状態のエネルギー差に対応する〕よりも小さい場合に支配的なメカニズムである．この場合には実吸収を起こすことはできないが，レーザーのエネルギー幅がフォノンのエネルギーよりも大きいためにラマン過程のための励起光と Stokes 光を一つのパルス内にもつことになり，パルス内で瞬間的に誘導ラマン励起を引き起こすことができる[1]．その結果，電子基底状に二つ以上のフォノン数状態が励起されることで波束ができ，フォノンによる原子変位の期待値が振動する．初期状態では原子変位の期待値は 0 であるから，原子変位の振動は初期位相ゼロからはじまるサイン関数で表される．

15-2 IA 過程

励起レーザーパルスのエネルギーがバンドギャップよりも大きい場合には実吸収が起こる．この場合には，電子励起状態に二つ以上のフォノン数状態が励起されることで波束ができ，原子変位の期待値の

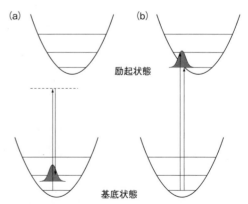

図 15-1 コヒーレントフォノンの生成メカニズム
（a）瞬間的誘導ラマン散乱過程，（b）瞬間的光吸収過程．

振動が引き起こされる．一般的に電子励起状態のポテンシャルの平衡位置は基底状態のポテンシャル平衡位置とは異なっている．光吸収過程は原子振動に比べると速い過程であるので，垂直遷移が起こる〔図 15-1（b）〕．励起直後における原子変位は励起状態のポテンシャル上では平衡位置からずれた位置にあり，したがって始状態の位置が振動の最大振幅の位置に対応し，原子変位の期待値の振動はコサイン関数で表されるものとなる．この過程では，励起状態のポテンシャルが変位していることに起因するために変位誘起(displacement enhanced coherent phonons：DECP)過程とよばれることが多い[8]．

これ以外に GaAs のような極性半導体の場合には，実吸収によって生成したキャリアにより表面ポテンシャルが変化することによってもコヒーレントフォノンが発生する[3]．また GaAs の場合には，過渡反射率計測でコヒーレントフォノンの振動が観測されるのに加えて，光励起キャリアの集団振動であるプラズモンと光学フォノンが結合した振動も観測できる[9]．

2 コヒーレントフォノンの計測

コヒーレントフォノンはフェムト秒時間分解能をもった過渡反射率計測によって検出することができる．これは式（1）に示すように反射率がキャリア密度や原子位置の変動に依存して変化するためである．

$$\frac{\Delta R(t)}{R_0} \approx \frac{\partial R}{\partial \chi}\frac{\partial \chi}{\partial N}N(t) + \frac{\partial R}{\partial \chi}\frac{\partial \chi}{\partial Q}Q(t) + \cdots \quad (1)$$

ここで R は反射率，χ は電気感受率，N はキャリア密度，Q は原子変位である．通常の熱平衡状態の各フォノンはランダムであるために反射率変化は平均化され消えてしまうが，コヒーレントフォノンでは位相の揃った振動であるために原子変位の運動に対応した反射率変化が観測できる．そのためには原子振動よりも十分に速い分解能をもった計測が必要である．

図 15-2 にポンプ・プローブ法を用いた典型的なフェムト秒時間分解過渡反射率計測の模式図を示す．チタンサファイアレーザーオシレーターで発生したフェムト秒パルス（中心波長～800 nm，パルス幅～50 fs）を，ビームスプリッター（9：1）を用いてポンプパルス（90％）とプローブパルス（10％）の二つのパルスに分ける．ポンプパルスは高速スキャンユニットに導き，プローブパルスとの遅延時間を制御したあと，レンズを用いて試料上に集光照射し，コヒーレントフォノンを励起する．プローブパルスも同じレンズを用いて試料に集光照射し，反射光をフォト

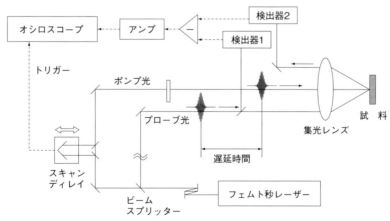

図 15-2　コヒーレントフォノンを計測するためのフェムト秒時間分解過渡反射率計測装置の模式図

ポンプ光とプローブ光の遅延時間は，スキャンディレイ装置により光路長を調節して変化させる．

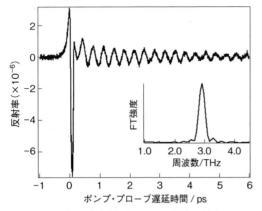

図 15-3 半金属ビスマスの過渡反射率
挿入図は過渡反射率変化のフーリエ変換スペクトル．

ダイオードで検出し，試料照射前のプローブパルス強度との差分をとって電流増幅器で増幅したあと，オシロスコープで取り込む．電流増幅の際に周波数フィルターをかけることで電子密度変化の遅い応答の効果を減らし，フォノンによる応答を効率よく検出することができる．

図15-3に半金属のビスマス単結晶を試料として測定した過渡反射率計測結果を示す．ビスマスは反射率変化が大きく，コヒーレントフォノンの研究ではよく用いられる典型的な試料である．ポンプパルスを照射すると，大きな反射率変化のパルス応答に続いてビスマスのコヒーレント光学フォノン(A_{1g}モード)による反射率変化の振動が観測される．この振動部分をフーリエ変換すると2.9 THzにピークをもつ周波数スペクトルが得られ，ラマン分光測定に対応する結果が得られる．この過渡反射率の振動は減衰振動の式(2)を用いて解析することができる．

$$\frac{\Delta R(t)}{R_0} = A \exp\left(\frac{-t}{\Gamma}\right) \cos(2\pi\omega t + \delta) \quad (2)$$

ここでAは振動の初期振幅，Γは寿命，ωは振動数，δは初期位相である．これを用いて図15-3を解

+ COLUMN +

★いま一番気になっている研究者

R. J. Dwayne Miller
（トロント大学，マックスプランク研究所 教授）

R. J. D. Miller らはフェムト秒の時間分解能をもった超高速電子線回折(ultrafast electron diffraction：UED)装置を開発し，光照射で誘起される固体の相転移過程のダイナミクスを調べている．一般に時間分解構造解析には放射光施設やレーザープラズマX線源からのパルスX線が用いられている．これに対して，電子線はX線と違い試料に対する損傷の影響が小さく軽元素にも感度が高いために，UEDでは有機固体の計測が可能である．

最近，電荷移動錯体である $(EDO\text{-}TTF)_2PF_6$ の光誘起相転移過程をUEDで観測した〔M. Gao, C. Ku, H. Hean-Ruel, L. C. Liu, A. Marx, K. Onda, S. Koshihara, Y. Nakano, X. Shao, T. Hiramatsu, G. Saito, H. Yamochi, R. R. Cooney, G. Moriena, G. Sciaini, R. J. D. Miller, Nature, 496, 343 (2013)〕．この物質はフェムト秒近赤外光パルス照射によって低温相から高温相へピコ秒に時間スケールで相転移する．UEDの計測では，光パルス照射で起こる電荷の非局在化の初期過程(5 ps以内)に過渡的な中間状態があることを示すとともに，引き続いて起こる相転移過程内の分子運動の様子を明らかにしている．

UEDではこうした分子内の運動に加えて，ビスマス試料では光照射によって引き起こされるコヒーレントな音響フォノンの様子も捉えられており〔G. Moriena, M. Hada, G. Sciaini, J. Matsuo, R. J. D. Miller, J. Appl. Phys., 111, 043504 (2012)〕，今後の研究の発展により，より速い振動であるコヒーレント光学フォノンの計測も期待される．

析すると振動周期345 fs(振動数2.9 THz)で寿命が3.6 psであることがわかる．また初期位相からコサイン型の振動をしていることもわかり，このフォノンの発生はDECP過程であることがわかる．また振動の時間変化から寿命を直接求めることができる．ビスマスの光励起に関しては密度汎関数法を用いた理論計算でも，励起キャリア密度に応じてポテンシャルがシフトすることが示されている．計算を用いると原子変位量と反射率変化量の関係を計算することができ，過渡反射率計測の結果と合わせることで原子変位量を求めることもできる[7]．たとえば800 nmの光に対して，A_{1g}モード方向の原子変位では，1 pmの原子変位に対して0.00164だけ変化する．ビスマスでも低温での過渡反射率測定では，A_{1g}モードに加えて，それと垂直な方向の振動が観測され，二次元面内でのビスマス原子の運動の可視化も行われている[7]．

コヒーレントフォノンは時間分解X線回折でも計測されている[10, 11]．この場合にはプローブパルス源としてレーザープラズマX線源やX線自由電子レーザーが用いられている．過渡反射率測定同様にコヒーレント光学フォノンはX線回折線の強度変調として計測される．この計測には大がかりな装置が必要であるが，回折強度変化から直接的に原子変位量を求めることができる利点がある．半導体単結晶CdTe(111)の光励起の研究[11]では，レーザープラズマX線($CuK\alpha$線)を用いた測定により200 fsの振動周期のコヒーレント光学フォノン振動を検出し，0.8%の原子変位が誘起されていることを観測している．

3 コヒーレントフォノンの制御

コヒーレントフォノンの可干渉性はパルス列励起を使ったビスマスの過渡反射率計測によって明確に示される[6]．この実験では励起パルスを二つに分け，第一パルスでコヒーレントフォノン(CP1)を励起したあと，Δtの遅延時間をおいて第二パルスでコヒーレントフォノン(CP2)を励起し，その干渉を調べている．Δtがフォノンの振動周期の整数倍のときにはCP1とCP2は同位相で振動するので振動は

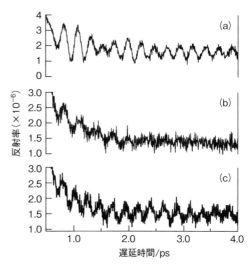

図15-4　二連パルスを用いた励起したYBa$_2$Cu$_3$O$_{7-d}$の過渡反射率

励起パルス間隔(Δt)とするとき，(a) Δt = 0 fs，(b) Δt = 108.5 fs，(c) Δt = 135 fsで測定した結果である．

強め合い，振動周期の半整数倍のときには逆位相で振動するので振動は弱め合う．この方法を用いることでコヒーレントフォノンの振幅強度を光制御することができる．

二つ以上のフォノンが励起される場合には，パルス列励起を用いることでモード選択励起をすることができる．図15-4にパルス列を用いて測定した銅酸化物超伝導体YBa$_2$Cu$_3$O$_{7-d}$(YBCO)の過渡反射率スペクトルを示す．YBCOはペロブスカイト構造をもち，過渡反射率測定では図15-4(a)に示すようにBa—OとCu—Oの振動の変調が観測される．過渡反射率を二つの減衰振動の式を用いて解析すると，Ba—OとCu—Oの振動の振動数および寿命はそれぞれ3.4 THz(振動周期294 fs)，0.9 ps(振動周期232 fs)および4.3 THz，4.7 psと求められた．Cu—Oの振動周期の半周期に近いΔt = 108.5 fsではBa—Oの振動だけが観測され，Ba—Oの振動周期の半周期に近いΔt = 135 fsではCu—Oの振動だけが観測される[5]．

これらの制御はフォノンだけの干渉を利用したものであるが，図15-1に表されるように電子状態とフォノン状態とは結合している．そのため，パルス列間隔を光の振動周期(800 nmの光の場合は約

2.7 fs）よりも短い精度で制御したパルス列を用いると電子状態を含めた状態の干渉実験を行うこともできる．この方法を用いて，固体中のコヒーレンスがどのくらいの時間保持されるのかを調べる方法も提案されている[12]．

4 まとめと今後の展望

超短パルスレーザーを用いると位相の揃った格子振動であるコヒーレントフォノンを発生させることができ，フェムト秒時間分解能をもった過渡反射率測定を用いることで，固体内部の原子の運動を観測することができる．また，コヒーレントフォノンの干渉性を用いることで，光パルス列によってフォノンのモード選択励起や原子運動の制御を行うことができる．こうした特性からコヒーレントフォノンは分光学的な利用だけでなく，コヒーレントな運動制御による固体構造や機能の制御への応用が展開されている．

◆ 文 献 ◆

[1] S. De Silverstri, J. G. Fujimto, E. P. Ippen, E. B. Gamble, Jr., L. R. Williams, K. Nelson, *Chem. Phys. Lett.*, **116**, 146 (1985).

[2] T. K. Chang, S. D. Brorson, A. S. Kazeroonian, J. S. Moodera, G. Dresselhaus, M. S. Dresselhaus, E. P. Ippen, *Appl. Phys. Lett.*, **57**, 1004 (1990).

[3] G. C. Cho, W. Kutt, H. Kurz, *Phys. Rev. Lett.*, **65**, 764 (1990).

[4] R. Merlin, *Solid State Commun.*, **102**, 297 (1997).

[5] H. Takahashi, K. Kato, H. Nakano, M. Kitajima, K. Ohmori, K. G. Nakamura, *Solid State Commun.*, **149**, 1955 (2009).

[6] M. Hase, K. Mizoguchi, H. Harima, S. Nakashima, M. Tani, K. Sakai, M. Hangyo, *Appl. Phys. Lett.*, **69**, 2474 (1996).

[7] H. Katsuki, J. C. Delagnes, K. Hosaka, K. Ishioka, K. Chiba, E. S. Zijlstra, M. E. Garcia, H. Takahashi, K. Watanabe, Y. Matsumoto, M. Kitajima, K. G. Nakamura, K. Ohmori, *Nat. Commun.*, **4**, 2801 (2013).

[8] A. V. Kuznetsov, C. J. Stanton, *Phys. Rev. Lett.*, **73**, 3243 (1994).

[9] J. Hu, O. V. Misochiko, K. G. Nakamura, *Phys. Rev. B*, **86**, 235145 (2012).

[10] K. Sokolowski-Tinten, C. Blome, J. Blums, A. Cavalleri, C. Dietrich, A. Tarasevotch, I. Uschmann, E. Förster, M. Kammler, M. Horn-von-Hoegen, D. von der Linde, *Nature*, **422**, 287 (2003).

[11] K. G. Nakamura, S. Ishii, S. Ishitsu, M. Shiokawa, H. Takahashi, K. Dharmalingam, J. Irisawa, Y. Hironaka, K. Ishioka, M. Kitajima, *Appl. Phys. Lett.*, **93**, 061905 (2008).

[12] S. Hayashi, K. Kato, K. Norimatsu, M. Hada, Y. Kayanuma, K. G. Nakamura, *Sci. Rep.*, **4**, 4456 (2014).

Chap 16: ⑦高輝度軟X線・X線光源による分子科学・生命科学の展開

X線・軟X線顕微鏡技術開発の最前線と生命科学への応用

Frontiers in X-ray Microscopy and Applications in Life Science

西野 吉則
(北海道大学電子科学研究所)

Overview

X線の波長の短さと高い透過性を利用すると,光学顕微鏡の回折限界である200 nm ほどをはるかに凌ぐ高分解能で,試料の深部をイメージングできる.水の窓とよばれる波長が数 nm の軟X線領域では,細胞などに対してX線吸収コントラストイメージングが行える.より短い波長の硬X線では,透明な試料も可視化できるX線位相コントラストイメージングが有効である.コヒーレント回折イメージングは,無染色の生物試料に対しても高いコントラストが得られ有望である.タイコグラフィーという走査型のコヒーレント回折イメージングにより,応用の幅がさらに広がった.また,X線自由電子レーザーの出現により,放射線損傷のないイメージングに道が拓いた.

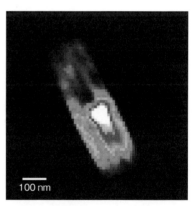

▲X線自由電子レーザーで観察した生きている細胞の画像[カラー口絵参照]

■ KEYWORD 📖マークは用語解説参照

- ■X線吸収コントラストイメージング(X-ray absorption-contrast imaging)
- ■X線位相コントラストイメージング(X-ray phase-contrast imaging)
- ■水の窓(water window)📖
- ■フレネルゾーンプレート(Fresnel zone plate:FZP)
- ■K-Bミラー(Kirkpatrick-Baez mirror:K-B mirror)
- ■透過X線顕微鏡(transmission X-ray microscope:TXM)
- ■走査型透過X線顕微鏡(scanning transmission X-ray microscope:STXM)
- ■走査型蛍光X線顕微鏡(scanning X-ray fluorescence microscopy:SXFM)
- ■コヒーレント回折イメージング(coherent diffractive imaging:CDI)
- ■タイコグラフィー(ptychography)
- ■放射光(synchrotron radiation)
- ■X線自由電子レーザー(X-ray free-electron laser)

1 X線顕微鏡で何が見えるか

X線が物質に入射すると，光電吸収，弾性散乱，非弾性散乱などの相互作用を起こす．これらX線と物質とのさまざまな相互作用を利用することにより，多彩な物理量を可視化できる[1]．

まず，光電吸収を利用すると，X線吸収係数の分布 $\mu(r)$ が可視化できる（X線吸収コントラストイメージング）．医療診断などに用いられるレントゲン写真やX線CTもX線吸収コントラストイメージングの一種である．X線吸収は，重元素ほど大きい．一方で，生物試料は多くの場合，軽元素から構成される．したがって，細胞など微小な生物試料に対しては，X線がほとんど吸収されずに素通りしてしまうため，X線吸収コントラストイメージングは困難である．

例外的に，「水の窓」とよばれる特定の波長領域では，水と生物試料との間によいX線吸収コントラストが得られる．水の窓とは，酸素の吸収端エネルギーである 543.1 eV（波長 2.28 nm）と炭素のK吸収端エネルギーである 284.2 eV（波長 4.36 nm）の間の領域のX線を指す（図16-1）．この領域では，X線は水であまり吸収をされないが，生物試料で強い吸収を起こすため，生きた状態に近い構造を保った凍結水和した細胞などの観察が行える．

水の窓よりも波長が短い硬X線を用いると，より高分解能のイメージングへの可能性が広がる．硬X線による生物試料のイメージングでは，X線吸収がほとんどない透明な試料も可視化できる．X線位相コントラストイメージングが求められる[2,3]．透明

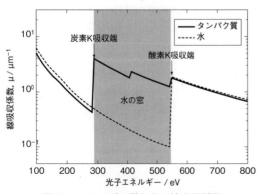

図16-1　タンパク質と水の線吸収係数

な試料に光の波を当てると，試料背後で光の強度はほぼ一様であるが，試料内の屈折率分布により光の波面は歪められる．この波面の歪みを，回折・干渉・屈折などの現象を使って可視化することにより，透明な試料もイメージングできる．X線位相コントラストイメージングでは，屈折率の分布 $n(r)$〔電子密度分布 $\rho(r)$ に比例〕が可視化できる．

X線位相コントラストイメージングにおいて，試料に起因するわずかな波面の歪みを検出するためには，試料に入射するX線はきれいな波面をもつコヒーレントX線が必要である．放射光の発展とともにX線のコヒーレンスが向上し，それに伴い1990年代半ば頃からX線位相コントラストイメージングの研究が目覚ましい発展を遂げた．また近年では，新たにX線自由電子レーザーも登場し，新たな可能性が開いた．

上記以外にも，蛍光X線，X線吸収スペクトル，X線回折などを用いることにより，元素組成，化学状態，結晶構造などのイメージングが可能である．

2 対物レンズを用いた結像型X線顕微鏡

フレネルゾーンプレートなどの対物レンズを用いて透過X線顕微鏡を構成することで，高分解能でのX線吸収コントラストイメージングが行える〔図16-2(a)〕．生体試料の高分解能での顕微鏡観察では，試料の放射線損傷が問題となる．より高い空間分解能を達成するためには，より大きな被曝線量を必要とするが，大きな線量は試料損傷を伴うため達成可能な空間分解能が制限される．放射線損傷を軽減するには，試料を極低温に保つことが有効である．前述の水の窓領域のX線を用いて，極低温の水和生物試料を 25～50 nm ほどの分解能で効率的に三次元イメージングする研究が進められている[4]．さらに，位相板を用いて Zernike 位相差顕微鏡を構成するなどの方法によって，結像型のX線位相コントラストイメージングも行える．

3 走査型X線顕微鏡

小さな集光径のX線で試料を走査する走査型X線顕微鏡は，各種のX線分析手法と融合させることで，

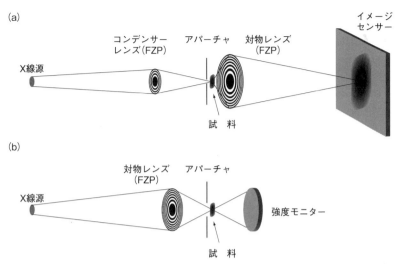

図 16-2 透過X線顕微鏡（a），走査型透過X線顕微鏡（b）

試料の多彩な情報を与える[5]．走査型透過X線顕微鏡では，透過したX線の強度を測定し，X線吸収コントラストイメージングを行う〔図16-2(b)〕．透過X線の検出器に，試料によるX線のわずかな屈折を捉える機能を付加することにより，位相コントラストイメージングも行える．また，元素特有の蛍光X線を検出する走査型蛍光X線顕微鏡は，医学的にも重要な微量元素イメージングをきわめて高い信号雑音比で行うことができる（図16-3）[6]．さらに，X線の光子エネルギーをスキャンし，X線吸収スペクトルを測定することにより，元素イメージングや化学イメージングが行える．

走査型X線顕微鏡では，集光径が空間分解能を決める．大阪大学の山内らは，超精密加工されたX線集光鏡 Kirkpatrick-Baez(K-B)ミラーを用いて，これまでに世界で最小の7nmの集光径を実現した[7]．また，K-Bミラーは色収差がないため，X線顕微鏡と吸収スペクトル測定を組み合わせた測定などにおいても重要性をもつ．さらに，K-BミラーはX線に対する耐性に優れているため，後述のX線自由電子レーザーにおいてもきわめて有効である．

4 コヒーレント回折イメージング

コヒーレント回折イメージングは，X線結晶構造解析法を，結晶以外の試料にも適用できるように拡張した手法である（図16-4）[8]．X線回折顕微法ともよばれる．コヒーレント回折イメージングは，対物レンズを必要としないため，光学素子の性能に制限を受けない高い空間分解能が達成できる．さらに，光学素子によるコントラスト低下のない理想的な位相コントラストイメージング法であり，重金属による染色などの人工的な試料調製を要さず，細胞小器官などX線に対して透明な試料を，高いコントラストで定量的にイメージングできる．

実験では，コヒーレントX線を試料に照射し，コヒーレントX線回折パターンをX線CCD（charge coupled device）などのイメージセンサーで記録する．コヒーレントX線回折パターンには，レーザー光に

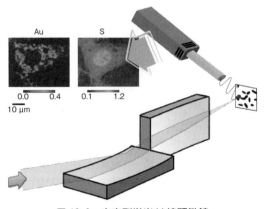

図 16-3 走査型蛍光X線顕微鏡

おいては馴染み深い，スペックルとよばれる斑点模様が観測される．一つ一つのスペックルの大きさは，試料(散乱領域)の大きさに反比例する．実験では，一つ一つのスペックルを解像できるよう細かい間隔で回折強度をサンプリングする(オーバーサンプリング条件)．測定したコヒーレント回折パターンに，反復的位相回復法を適用することにより，試料像を再構成する．

コヒーレント回折イメージングの世界初の生物学への応用研究は，2003年に日本のSPring-8で行われた大腸菌の二次元観察である[9]．生物試料の三次元イメージングもSPring-8で世界初の研究が行われ，測定の結果得られた染色体の二次元および三次元像には高い電子密度をもつ軸状構造が観察された[10]．染色体の軸状構造の観察は，蛍光色素や重金属で標識の処理をしない状態でははじめてであり，コヒーレント回折イメージングが無染色の生物試料を高いコントラストで観測するのに有効であることが実験的に示された．

5 タイコグラフィー

コヒーレント回折イメージングの実験においては，従来，微小サイズの孤立した試料が必要であった．これは，スペックルサイズが試料サイズに反比例するため，前述のオーバーサンプリング条件から要請される．試料に対するこの制限をなくすことのできる，タイコグラフィーとよばれる走査型のコヒーレント回折イメージングの研究が近年盛んに行われている[11]．タイコグラフィーでは，大きな試料の前にピンホールや集光光学系を置いて，照射領域をマイクロメートルサイズに制限する．試料を走査して重なり合いのある複数の試料領域からのコヒーレント回折パターンを計測することで，実験データの冗長性を高め，広がった試料をイメージングできる．これにより，コヒーレントX線イメージングの適用の幅が大いに広がり，今後活発な応用研究が期待される．

6 X線自由電子レーザーによる無損傷イメージング

新たなX線源としてX線自由電子レーザーが近年登場した．2014年現在，アメリカのLCLS(linac coherent light source)と日本のSACLA(SPring-8 angstrom compact free electron laser)が，X線自由電子レーザーの発振に成功している．X線自由電子レーザーは，空間的にほぼ完全にコヒーレントな，大ピーク強度，超短パルスX線である．

生体試料の高分解能での顕微鏡観察では，これまで，X線顕微鏡でも電子顕微鏡でも，試料の放射線損傷が分解能を制限してきた．X線自由電子レーザーは，フェムト秒というきわめて短いパルス幅をもつため，試料構造が破壊されるよりも前にX線と試料との相互作用が完了し，従来の限界を超えた高い空間分解能が達成できると期待できる[12,13]．また，放射線損傷が無視できるため，従来不可能であった生きた細胞のイメージングにも道を拓いた[14]．X

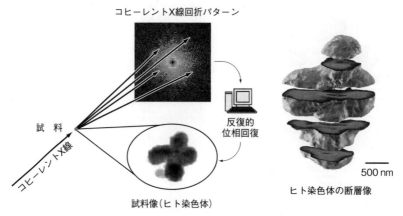

図16-4 コヒーレント回折イメージング

> **COLUMN**
>
> ★いま一番気になっている研究者
>
> ## Andreas Menzel
> （スイス・ポールシェラー研究所 グループリーダー）
>
> スイス・チューリッヒ郊外にあるポールシェラー研究所(Paul Scherrer Institut)に，放射光施設 Swiss Light Source(SLS)がある．SLSには，常設の装置でタイコグラフィー測定を行えるcSAXS (coherent small-angle X-ray scattering)ビームラインがある．このcSAXSビームラインのグループリーダーが Andreas Menzel である．タイコグラフィー研究は，現在世界的な広がりを見せているが，cSAXSビームラインは黎明期から現在に至るまで，中心的役割を果たしている．
>
> タイコグラフィーは，当初，試料前に設置するピンホールなどによってX線の波面が乱されるため，試料に入射するX線波面を高精度で決定できないことが大きな問題となっていた．この問題を解決したのが，2008年の Science 誌に掲載された cSAXS グループの論文である[11]．彼らは，試料の複素(吸収と位相)イメージと同時にX線の入射波面を，反復的位相回復法により復元することに成功した．タイコグラフィーでは，三次元イメージングや散乱の弱い生体試料の観察は難しいとされてきたが，cSAXSビームラインにおいてこれらの困難を乗り越える成果もあげられている〔M. Dierolf, A. Menzel, P. Thibault, P. Schneider, C. M. Kewish, R. Wepf, O. Bunk, F. Pfeiffer, *Nature*, **467**, 436 (2010)〕．

線自由電子レーザーを使ったイメージングは，始まったばかりの新しい研究領域で，今後のさらなる発展が期待される[15]．

◆ 文 献 ◆

[1] J. Kirz, C. Jacobsen, M. Howells, *Q. Rev. Biophys.*, **28**, 33 (1995).
[2] A. Momose, *Jpn. J. Appl. Phys.*, **44**, 6355 (2005).
[3] K. A. Nugent, *Adv. Phys.*, **59**, 1 (2010).
[4] G. McDermott, M. A. Le Gros, C. A. Larabell, *Annu. Rev. Phys. Chem.*, **63**, 225 (2012).
[5] G. E. Ice, J. D. Budai, J. W. L. Pang, *Science*, **334**, 1234 (2011).
[6] C. J. Fahrni, *Curr. Opin. Struct. Biol.*, **11**, 121 (2007).
[7] H. Mimura, S. Handa, T. Kimura, H. Yumoto, D. Yamakawa, H. Yokoyama, S. Matsuyama, K. Inagaki, K. Yamamura, Y. Sano, K. Tamasaku, Y. Nishino, M. Yabashi, T. Ishikawa, K. Yamauchi, *Nat. Phys.*, **6**, 122 (2010).
[8] J. Miao, P. Charalambous, J. Kirz, D. Sayre, *Nature*, **400**, 342 (1999).
[9] J. Miao, K. O. Hodgson, T. Ishikawa, C. A. Larabell, M. A. LeGros, Y. Nishino, *Proc. Natl. Acad. Sci. USA*, **100**, 110 (2003).
[10] Y. Nishino, Y. Takahashi, N. Imamoto, T. Ishikawa, K. Maeshima, *Phys. Rev. Lett.*, **102**, 018101 (2009).
[11] P. Thibault, M. Dierolf, A. Menzel, O. Bunk, C. David, F. Pfeiffer, *Science*, **321**, 379 (2008).
[12] R. Neutze, R. Wouts, D. van der Spoel, E. Weckert, J. Hajdu, *Nature*, **406**, 752 (2000).
[13] H. N. Chapman, *Nat. Phys.*, **2**, 839 (2006).
[14] T. Kimura, Y. Joti, A. Shibuya, C. Song, S. Kim, K. Tono, M. Yabashi, M. Tamakoshi, T. Moriya, T. Oshima, T. Ishikawa, Y. Bessho, Y. Nishino, *Nature Commun.*, **5**, 3052 (2014).
[15] J. Pérez, Y. Nishino, *Curr. Opin. Struct. Biol.*, **22**, 670 (2012).

Part II 研究最前線

Chap 17: ⑦高輝度軟X線・X線光源による分子科学・生命科学の展開

X線自由電子レーザーを用いた生体分子の結晶構造解析および分光測定

X-ray Crystallography and Spectroscopy of Biological Molecules Using X-ray Free Electron Laser

矢野 淳子
(ローレンス・バークレー国立研究所物理生物科学部門)

Overview

X線自由電子レーザー(X-ray free electron laser：XFEL)は，構造生物学の分野に飛躍的な進歩をもたらしうることが証明されつつある．放射光よりもはるかに輝度が高く，かつ波長の非常に短いXFELパルスX線を用いることで，生体高分子が機能する条件下での時間分解構造解析や分光測定が可能である．

本章では，ここ数年の研究例を基に今後の課題も含めて概説する．

▲ X線自由電子レーザー
常温における生体高分子の構造や化学構造を，結晶構造解析やX線分光法を用いて測定するのに威力を発揮する．
[カラー口絵参照]

■ **KEYWORD** 📖マークは用語解説参照

- ■X線自由電子レーザー(X-ray free electron laser：XFEL)
- ■シリアルフェムト秒結晶構造解析(serial femtosecond crystallography：SFX)
- ■X線発光法(X-ray emission spectroscopy)📖
- ■放射線損傷(radiation damage)📖
- ■X線吸収法(X-ray absorption spectroscopy)
- ■光化学系IIタンパク質複合体(photosystem II protein complex)
- ■多重内殻イオン化(multiple inner shell ionization)📖
- ■異常散乱(anomalous scattering)
- ■XRD/XES同時測定法(X-ray diffraction/X-ray emission spectroscopy simultaneous measurement)

はじめに

構造生物学の研究分野において生体高分子の立体構造を明らかにすることはその機能解明のための重要な一歩であり，放射光X線を用いた単結晶X線構造解析が必要不可欠な手法である．そのうち，精製タンパク質の量産やサイズの大きい結晶を得ることが困難な生体試料では，より小さな結晶からできるかぎりの高分解能データを得ることが求められる．この場合，高輝度の放射光X線源から得られる強力なX線を用いた結晶構造解析が威力を発揮する．一方で，強力なX線を生体試料に照射すると試料の放射線損傷が起こる．これはX線結晶構造解析法のみならず，X線を用いる測定方法全般にわたる問題であり，放射線損傷をいかにして最低限にとどめて本来の活性型生体分子の立体構造やその化学情報を得るかが重要な課題である．近年利用可能になったX線自由電子レーザー（X-ray free electron laser：XFEL）は，放射線損傷を受けやすい生体高分子の研究分野において放射線損傷のないデータを得るうえで重要な進歩をもたらすことが期待されている．

X線による生体試料の損傷が起こる原因は，X線と生体高分子中の原子との相互作用による一次的な放射線損傷と，X線と水との相互作用によるヒドロキシラジカルの形成とその拡散によって起こる二次的な放射線損傷に大別される．このうち，後者は温度に依存するため，放射光施設で行われる結晶構造解析あるいは分光測定は，通常低温下（液体窒素あるいは液体ヘリウム下）で行われる．しかし，放射線損傷に敏感な試料（たとえば，還元型の金属タンパク質活性中心，ジスルフィド基，メチオニンC−S結合，アスパラギン酸やグルタミン酸のようなカルボキシ基などを有するもの）や，測定に用いるX線量が高い場合，この手法では完全に防ぎえない．これに対して，より直接的な解決策は，放射線損傷が起こる以前，つまりラジカルの拡散速度よりも早く回折像あるいは分光測定を行うことであろう．XFELでは，フェムト秒パルス幅をもつX線を測定に用いることで，試料が破壊される以前に（つまりフェムト秒パルスの時間内に）回折，あるいはX線吸収および発光スペクトルを測定する．したがって，この方法はしばしば"probe-before-destroy"アプローチとよばれる．

XFELから得られるX線の三つの特徴は，（ⅰ）強力なパルス（〜10^{12} 光子/パルス），（ⅱ）高い干渉性（X線の波の位相が揃っていること），そして（ⅲ）フェムト秒という非常に短いパルス幅をもっていることである．（ⅰ）は，散乱強度の弱いマイクロ（1マイクロ＝1ミリの1000分の1）サイズの微結晶やナノリットルの小さな液滴から信号を得るのに不可欠である．（ⅱ）に関しては，結晶性をあげることが難しい生体高分子単結晶試料からの回折像を得るのに役立つ．そして，（ⅲ）によって放射線損傷が起きる以前に試料からのシグナルを測定する．さらには，（ⅰ）〜（ⅲ）の特徴を生かしてこれまで得ることのできなかった生体試料の"室温"における"動的構造解析"にもXFELが威力を発揮すると考えられる．2011年に線形加速器コヒーレント光源（Linac Coherent Light Source：LCLS，アメリカ）が，そして2012年にX線自由電子レーザー施設（SPring-8 Angstrom Compact Free Electron Laser：SACLA，日本）が共用運転をはじめてユーザーに開放して以来，XFELはさまざまな生体高分子の構造研究に用いられ，構造生物学における新たな可能性を証明しつつある．一方で，XFELにおける結晶構造解析や分光測定が汎用性を増すためにはいくつかの解決すべき課題が残されている．

本章では，XFELを用いたごく最近の研究例を中心に今後の展望も踏まえて概説する．

1 X線自由電子レーザーの構造生物学への応用

1-1 試料の導入

XFELにおける結晶構造解析や分光法では，結晶や液体試料は液体インジェクターによって導入される（図17-1）[1]．微結晶試料の場合，インジェクターからランダムに供給される結晶が一定間隔でやってくるパルスX線に当たったとき試料の回折像，あるいはX線スペクトルが得られる．

LCLSでは，パルスX線は120 Hz（つまり，8.3 msごと）でやってくるが，パルスX線が単結晶に命中

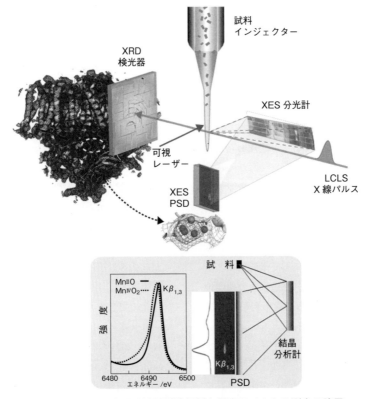

図17-1　XFELにおける結晶構造解析と発光スペクトル測定の略図
試料は液体インジェクターを用いて導入し，結晶試料が光源から供給されるパルスX線に当たったときに観測されるショットごとのデータを測定する．XESとXRDは，図の装置を用いて同時測定が可能である．X線下流側で回折データを測定し，同時にエネルギー分散型の高分解能分光器を使ってX線発光スペクトルを測定する．XESスペクトル測定に用いるエネルギー分散型分光器の概要は下図に示した．

する確率（ヒット率）は液体中の結晶濃度に依存する．たとえば，後述する光化学系I膜タンパク質結晶の場合[2]，X線パルス185万ショット（約4時間の実験に相当）のうち，結晶のヒット率はおよそ6％，そのうち指数づけが可能であったものの割合はショット数に対して1％未満である．つまり，液体インジェクターで供給される多くの結晶が測定に使われていないことになる．したがって，ヒット率を上げ試料の消費量を軽減するため，XFELパルスX線がやってくる周期と結晶試料の導入を同期させるdrop-on-demandの概念を利用したインジェクターなどの開発が現在進行中である．

1-2　結晶構造データ解析の問題

XFELでフェムト秒パルスX線を用いて行われる結晶構造解析はシリアルフェムト秒結晶構造解析（serial femtosecond crystallography：SFX）とよばれる．通常のX線結晶構造解析では質のよい少数の結晶から高分解能データを得ることに焦点が当てられる．つまり，一つあるいはいくつかの単結晶を用いてその方位を変えながら回折測定を行い，結晶構造を決定する．これに対して，SFX法はサブマイクロメートルから数十マイクロメートルサイズの結晶を含む懸濁液を液体インジェクターで導入し，数千から数百万個の微結晶からのシングルショット回折像を積算して構造解析を行う．したがって，一つ一つの回折像はフェムト秒間に測定された"静止画像"（still image）である．

SFX法の先駆的な研究はChapmanらのグループが行った光化学系I膜タンパク質（photosystem I：PS I）の構造解析であろう[2]．彼らはLCLS初

期の2 keV(6.2 Å)の入射X線を用いてPS I微結晶のX線回折測定を行い，XFELを用いて室温における結晶構造解析が可能であることを証明し，生体高分子の構造研究分野における新たな可能性を示した．

　非常に強力なパルスX線を用いることで，通常放射光施設では測定が難しいマイクロメートルサイズの微結晶から，しかも常温でX線回折像を得ることができる．ただし，試料が微結晶であるため体積に対する表面積が大きく，また微結晶自体に大きさや質の分布があり，加えて測定に際してはX線が結晶のどの位置に照射されるかを制御できないことなど，一つ一つの結晶から得られる回折像の質は大きく異なる．そのような非常に不均一な分布をもったデータから質のよい結晶構造を得るには，膨大な回折データを測定して(オーバーサンプリング法)，Monte Carlo積分を用いたデータのマージング(組合せ)を行い，立体構造を求める方法がある[3]．

　一方で，上記の方法では膨大な回折データが必要であり，かぎられた量しか得られない試料の場合，測定は非常に困難である．そこで，より少ないデータからいかにして高分解能な結晶構造を得るかが今後の大きな課題であり，そのための新たな結晶解析プログラムの開発も進められている[4]．

1-3　高分解能データ，in vivo 結晶構造解析，そして構造のダイナミクスへ

　前述のChapmanらの先駆的な研究では入射X線の波長が分解能の限界であったが[2]，硬X線XFELパルスを用いれば高分解能結晶構造解析データを得ることは可能である．一方で，マイクロメートルサイズの微小結晶を用いて行うXFEL結晶構造解析では，用いる結晶が不均一であることに加えて一つ一つの結晶の散乱強度が弱く，果たして放射光X線構造解析に相当する高分解能データを得ることができるかどうか，という疑問が提起されていた．しかし，リゾチーム[5]やサーモライシン[4]などのモデルタンパク質においては1.9 Åという高分解能データが得られており，SFX法でも原子レベルの結晶構造解析が可能であることを証明している．さらに，XFELでは放射光施設で用いるX線よりもはるかに高いX線量が用いられているにもかかわらず，放射光X線で得られた凍結状態の構造データとXFELで測定された室温における構造データが原子レベルではほぼ一致することがわかっており，probe-before-destroyアプローチの有効性を示唆している．

　以上のように，これまでの先駆的研究を通してSFX法の実効性はすでに証明されているが，今後の重要な課題はこれまでに結晶化や結晶構造解析が難しかった系においてSFX法がどのように応用できるかという点であろう．たとえば，膜タンパク質の結晶構造解析データは水溶性タンパク質のものに比べると格段に少ないが，これはタンパク質間の相互作用が弱いため結晶化が難しく，加えて高分解能につながる良質の単結晶が得られにくいためである．一つの解決策として，Johanssonらは脂質のスポンジ相を利用して膜タンパク質の結晶化を行い，"脂質ペースト"をインジェクターによって導入し，ペースト中に含まれる膜タンパク質微結晶の構造解析を行っている[6]．この方法はより広範囲の膜タンパク質結晶構造解析への応用が可能であり，最近行われたGタンパク質共役受容体(細胞間のシグナリングにおいて伝達物質を受容する役割を果たす)結晶の構造解析においても用いられている[7]．

　また，タンパク質が機能する本来の環境を生かした結晶化とその構造解析も行われている．Redeckeらは，ハエが媒介する風土病，アフリカ睡眠病(アフリカトリパノソーマ症)の発生経路に関連する病原体のシステインプロテアーゼの一つであるカテプシンBを培養細胞内で過剰発現させ，そこから得られる1マイクロメートルサイズの微結晶を用いて構造解析を行っている[8]．カテプシンBはこの病気の阻害薬の標的タンパク質の一つと考えられており，in vivo結晶から得られた高分解能データを基にその立体構造を知ることは新薬の開発にとって重要である．

　結晶化が難しい生体高分子の構造解析に加えて，XFELを結晶構造解析に用いることの本来の魅力は，化学反応，光化学反応などによって引き起こされる生体分子内の構造変化をリアルタイムで追うことに

あろう．光化学反応を起こすタンパク質，たとえば光化学系II酸素発生複合体(photosystem II：PS II)やロドプシンなどがその例としてあげられる[9]．このうち，PS IIは植物やシアノバクテリアが行う光合成反応における重要なタンパク質であるが，そのクロロフィル反応中心が赤色光を吸収し，その光励起が駆動力となって金属活性中心における水分解反応が起こる．その触媒反応中に起こるタンパク質の構造変化を追うことは触媒機構解明において重要であり，現在XFELを用いて研究が進められている．PS IIに関する研究は17.3節でさらに概説する．

また，XFELにおける結晶構造解析は，すでに放射光X線を用いて構造解析が行われている系においても放射線損傷のない構造を得るという点で新たな情報をもたらす．たとえば，ウシ心筋シトクロム酸化酵素の結晶構造解析があげられる．平田らのグループは，数百マイクロメートルの大きな結晶を使って低温(100 K)で回折測定を行い，放射線損傷に非常に敏感な銅の活性中心においてもパルス線を用いることで放射線損傷のないデータが得られることを示している[10]．通常，結晶構造解析に用いられるX線量の基準値(つまり結晶の回折能が保たれるX線量)は，HendersonやGarmanが提案している値によると低温測定でおよそ20～30 MGy，室温測定では1 MGy程度である．しかしPS IIやシトクロム酸化酵素のような酸化還元反応を行うタンパク質の金属活性中心で起こる放射線損傷は，これよりも一桁以上小さいX線量で起こることがわかっている．したがって，XFELではパルスごとの線量が基準値より大きいにもかかわらず，フェムト秒の非常に短いパルスX線を用いることで放射線損傷が起きる以前に試料からのシグナルを測定することが可能であることを証明している．

以上述べてきたように，SFX法の生体構造研究における有効性が示されつつある一方，これまでの研究例は，放射光X線回折実験でその構造がある程度解明されている同型(isomorphism)試料にかぎられており，まったく構造がわかっていないタンパク質の立体構造を決定した報告例はない．これは，SFX法において構造決定に必要な構造因子の位相を決定する方法が確立されていないためである．X線構造解析では，X線の散乱強度から結晶構造因子を求め構造決定を行うが，散乱強度からは結晶構造因子の絶対値は求まるがその位相情報を求めることはできない．このため，放射光実験では位相決定のために直接法，重原子置換法などのさまざまな方法がとられている．ごく最近の研究で，XFEL回折データからも元素に特有の異常散乱信号が得られることが報告されている[4,11]．このように元素に特有な信号は，構造因子の位相決定，すなわち構造未解明のタンパク質構造解明への足がかりとなることが期待される．

2　X線分光法

XFELは，これまで述べてきた結晶構造解析のみならずX線を用いた生体分子の分光法においてもまったく新しい可能性を示しつつある．金属タンパク質中の金属活性中心の化学構造に関しては，X線吸収法やX線発光法などの元素選択性のある分光法を用いることでX線構造解析のみからは得られないより詳細な局所情報を得ることができる．

さまざまな分光法のうち，X線吸収法(X-ray Absorption Spectroscopy：XAS)では入射X線のエネルギーをあげていったときに観測されるX線吸収スペクトルのエネルギー位置とその形状から注目する元素の酸化還元状態とリガンド環境，および金属元素付近の局所構造に関する情報が得られる．これに対して，X線発光分光法(X-ray Emission Spectroscopy：XES)では1s軌道上の電子が励起，あるいはイオン化されたあとの緩和過程において起こる発光X線を測定する．図17-2に示したさまざまな発光過程のうち，3d遷移金属の$K\beta_{1,3}$スペクトルとそのサテライトピークである$K\beta'$ピークは3pから1s軌道への電子の遷移に相当し，(3p, 3d)スピン交換相互作用をとおして3d軌道上のスピン数，つまり電荷密度を反映する．X線発光スペクトルは入射X線エネルギーが一定で，かつXFELの入射X線バンド幅(およそ0.5％，たとえば7 keV入射X線でおよそ40 eV)に影響されないため，XFELの特性を生かしたスペクトルの"スナップ

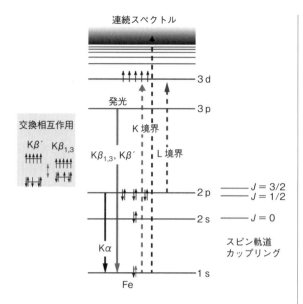

図17-2 X線発光法のエネルギーダイアグラム

ショット"測定に適している．さらに次節に述べるように，同じ入射X線エネルギーを用いてX線結晶構造解析との同時測定が可能である．

しかし，XFELのような非常に強力なX線（～10^{12} photons/pulse）を試料に照射した場合，多重内殻イオン化（multiple ionization）によるスペクトルの形状変化が起こり，放射光で測定されるような一電子励起に相当する本来の発光スペクトル，あるいは吸収スペクトルの測定は不可能であろうということが理論計算から当初指摘されていた．これに対して，われわれのグループでは，マンガンのモデル化合物を使って，～10^{12} photons/pulse，50～100 fsの実験条件下では放射光実験と同一のスペクトルが得られることを示した[12]．上記のX線量では，単純計算すると1パルスごとにマンガン1原子につき0.1個の光子が照射されていることになる．つまり，この実験条件下では試料の多重内殻イオン化状態，あるいはクーロン爆発は起きておらず，XFELにおけるX線分光測定が可能であること，そして常温においても放射線損傷のないデータが得られることを示している．別の言い方をすれば，XFELを用いて結晶構造解析と同様に室温においてX線吸収分光法あるいはX線発光分光法を用いた化学構造変

化の追跡が可能であることを明らかにしている．一方で，より高X線量の入射線を用いた場合，多重励起現象が観測されると考えられる．

3 X線構造解析とX線分光法の同時測定：構造性膜タンパク質の動的構造解析へ

X線回折パターンからは結晶構造に関する情報が，そして同時にX線発光スペクトルからは金属部位の電荷状態や化学構造変化に関する情報が得られるが，金属タンパク質試料の場合，両者を同時測定すれば，タンパク質の動的立体構造解析と金属活性中心の化学変化を同じタンパク微結晶を用いて追跡することができる．

われわれのグループでは，マイクロメートルサイズの光化学系IIタンパク質複合体（PS II）単結晶のX線回折測定とXESの同時測定を行い（図17-1参照），水分解反応過程で現れる中間体の構造と化学的性質に関する研究を行っている[9, 13]．植物やシアノバクテリアが行う光合成による水分解反応は，チラコイド膜タンパク質であるPS IIのルーメン側に位置する触媒活性中心において起こる．その活性中心は四つのMnと一つのCaが酸素架橋したクラスター（Mn_4CaO_5），そしてリガンドであるカルボキシ基，ヒスチジル基および水分子によって構成されている．水分解反応は，Mn_4CaO_5クラスターが五つの反応中間体S_n（$n = 0$～4）を経る光駆動サイクル（Kok cycle）によって起こり，nが大きいほどより酸化が進んだ状態を表す．PS IIが1光量子を吸収するごとに活性中心では1電子ずつ酸化反応が進行する（$S_n → S_{n+1}$）．PS IIを暗順応させるとS_1状態で安定化されるが，反応中心であるクロロフィルa二量体P680の光誘起に伴ってS_1状態はS_2，S_3へと順次酸化される．そして3回目の光励起後に寿命の短い過渡状態であるS_4を経て1酸素分子を遊離したあと，S_0状態へ戻る．

この反応中，とくにS_3からS_0状態変化の過程で起こる酸素発生機構はいまだ解明されていない．今後，X線回折（X-ray diffraction：XRD）から得られるタンパク質の構造情報と，XESから得られる金属活性中心の化学構造情報をXFELにおいて室温

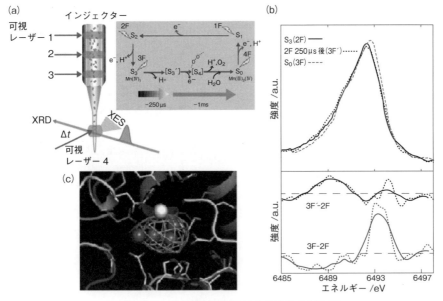

図17-3 光化学系Ⅱ酸素発生複合体の研究例
図17-1の装置を用いてX線構造解析とX線発光スペクトルの同時測定を行った．（a）酸素発生錯体（photosystem Ⅱ）Kokサイクル，（b）マンガンの$K\beta_{1,3}$発光スペクトル，（c）XRDから得られるマンガンの異常散乱シグナル．

で時間分解測定を行うことによって，電子伝達反応，プロトン輸送，あるいは触媒反応中にタンパク質側鎖や補酵素，そのほかの部分がどのように関与しているかを知る手がかりが得られることが期待される（図17-3）．

4 まとめと今後の展望

フェムト秒パルスX線を用いた結晶構造解析および分光法は，ここ3，4年の間に構造生物学の分野において重要な位置を占めつつある．現在，行われているXFELに関する多くの研究プロジェクトはその複雑さのため試料作製，試料導入，データ解析，検出器，レーザー，ビームラインなど，それぞれを専門とする複数の研究グループの協力のもとに成り立っている．とくに各専門領域の一線で活躍する若い研究者が研究に携わっており，これから一層の成長が期待される分野である．今のところ稼働しているXFEL施設がかぎられているが，現在いくつかの国で同様の施設の建設が進んでおり，近い将来より汎用性の高いX線源となるであろう．今後，新規のタンパク質の構造解析，二次元分光法への応用，そして局所的な化学変化とタンパク質の動態変化を追う手法としてより発展することを期待したい．

◆ 文 献 ◆

[1] R. G. Sierra et al., *Acta Cryst. D*, **68**, 1584 (2012).
[2] H. N. Chapman, et al., *Nature*, **470**, 73 (2011).
[3] R. A. Kirian, X. Wang, U. Weierstall, K. E. Schmidt, J. C. H. Spence, M. Hunter, P. Fromme, T. White, H. N. Chapman, J. Holton, *Opt. Express*, **18**, 5713 (2010).
[4] J. Hattne et al., *Nat. Methods*, **11**, 545 (2014).
[5] S. Boutet et al., *Science*, **337**, 362 (2012).
[6] L. C. Johansson et al., *Nat. Methods*, **9**, 263 (2012).
[7] W. Liu et al., *Science*, **342**, 1521 (2013).
[8] L. Redecke et al., *Science*, **339**, 227 (2013).
[9] J. Kern et al., *Science*, **340**, 491 (2013).
[10] K. Hirata et al., *Nat. Methods*, **11**, 734 (2014).
[11] T. R. M. Barends et al., *Nature*, **505**, 244 (2014).
[12] R. Alonso-Mori et al., *Proc. Natl. Acad. Sci. USA*, **109**, 19103 (2012).
[13] J. Kern et al., *Nat. Commun.*, **5**, 4371 (2014).

Chap 18: ⑦高輝度軟 X 線・X 線光源による分子科学・生命科学の展開

極紫外自由電子レーザー場における原子・分子・クラスターの非線形過程

Nonlinear Processes of Atoms, Molecules and Clusters in Intense EUV Laser Fields

菱川 明栄　　　　　　上田 潔
（名古屋大学大学院理学研究科）　（東北大学多元物質科学研究所）

Overview

極紫外や X 線域で発振する自由電子レーザー施設が日本をはじめ各国で建設され，きわめて短い波長域の高強度超短レーザーパルスを利用した基礎研究が近年急速に進展している．とくに，これを集光して得られる極短波長域の強レーザー場に置かれた物質は，これまで研究が進められてきた近赤外・可視域とは異なる非線形応答を示すことが明らかにされ，物質科学やプラズマ科学への展開も期待されている．

本章では，極紫外域強レーザー場における孤立原子・分子・クラスターに焦点を当て，その非線形相互作用ダイナミクスについて最新の研究成果を紹介する．

▲極紫外域 FEL 施設 SPring-8 compact SASE source（SCSS）実験ハッチ

■ **KEYWORD** 📖マークは用語解説参照

- 自由電子レーザー（free-electron laser：FEL）
- 極紫外光（extreme ultraviolet：EUV）
- 多光子イオン化（multiphoton ionization）
- 光電子分光（photoelectron spectroscopy）
- クーロン爆発（Coulomb explosion）
- ナノプラズマ（nanoplasma）

1 近赤外・可視域から極短波長領域へ

非線形光学過程の研究は，高強度レーザー光源の開発が進められた可視や近赤外の波長域を中心として大きな発展を遂げてきた．一方，極紫外(extreme ultraviolet：EUV)やX線の領域ではシンクロトロン放射光が高い輝度をもつものの，パルスエネルギーやパルス時間幅の制約のため非線形過程の観測は容易ではない．これに対して自由電子レーザー技術が近年著しい発展を遂げ，極紫外で10^{14} W cm^{-2}，X線で10^{17} W cm^{-2}を超える強度をもつきわめて強いレーザー場が得られるようになった．これを受けて日本をはじめとして各国できわめて短い波長領域での非線形光学過程の研究が活発に行われ，その理解が急速に進みつつある[1~3]．

光との強い相互作用によって起こる電子の放出，すなわち光イオン化は強レーザー場における物質が示す最も典型的な応答の一つである．極短波長強レーザー場における原子分子の非線形イオン化過程は，いくつかの点において近赤外・可視波長域とは異なると予想される．レーザー場において自由電子が獲得する運動エネルギーは動重力(ポンデロモーティブ)エネルギーとよばれ，その大きさU_pは次式で与えられるようにレーザー波長λの二乗に比例する．

$$U_p[\mathrm{eV}] = 9.34 \times 10^{-14} \, (\lambda[\mathrm{\mu m}])^2 \, I[\mathrm{W\,cm^{-2}}]$$

このため，たとえば極紫外域では10^{15} W cm^{-2}程度の高いレーザー場強度Iにおいても，U_pの大きさは高々1 eVに過ぎず，同じレーザー場強度に対する近赤外から可視域における値の100分の1程度である．イオン化ポテンシャルI_pをもつ原子のイオン化に対するKeldyshパラメータ$\gamma = \sqrt{I_p/(2U_p)}$は通常1より大きくなる($\gamma \gg 1$)．これは，このような高いレーザー場強度にもかかわらずトンネルイオン化ではなく，主として多光子吸収によってイオン化が起こることを示している．また，近赤外から可視域における非線形現象では光に対して応答する電子はほとんどの場合，最外殻を占める電子である．これに対して大きな光子エネルギーをもつ極紫外・X線域では，光に対して価電子だけではなく内殻の電子も応答することができ，原子や分子・クラスターは複数の電子が関与したより多様な非線形応答を示す(図18-1)．

2 極紫外・X線自由電子レーザー

自由電子レーザー (free-electron laser：FEL)は相対論的速度の電子と電磁場との共鳴相互作用により発振する．高エネルギー電子ビームがアンジュレーターに入射されると，自身が放出した電磁波との相互作用により電子ビームに密度変調が誘起され，光の波長と同じ周期の電子の塊(マイクロバンチ)が形成される．マイクロバンチから発生する光の位相はアンジュレーター内で揃い，コヒーレントな光が

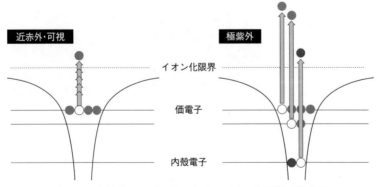

図18-1　高強度レーザー場におけるイオン化過程の概念図
近赤外・可視域では主として価電子がレーザー場に応答するのに対して，極紫外域では内殻の電子も応答する．

得られる．極紫外・X線域の自由電子レーザーでは長いアンジュレーター入口付近で自発的に放射される光が種（シード）となって増幅される．

この発振方法は自己増幅自発放射(self-amplified spontaneous emission：SASE)方式という．SASE型FELでは無秩序に発生する自発放射光に起因して増幅後の光パルスのスペクトル分布や時間構造がショットごとに「ゆらぎ」があるものの，高いパルスエネルギー（>10 μJ），超短パルス性（<100 fs），高い空間コヒーレンスによって極紫外・X線域における強レーザー場の発生を可能とした．現在では日本をはじめ，ヨーロッパやアメリカなどにおいて極短波長領域のFEL施設が建設されている[1〜3]．日本では第三期科学技術基本計画における国家基幹技術の一つとして理化学研究所播磨サイトにX線FEL施設（SPring-8 Angstrom Compact free electron LAser：SACLA）が建設され，2012年3月よりユーザー利用が始まっている．ここで必要な要素技術の実証試験のために，プロトタイプとしてSACLAの32分の1のスケールをもつ極紫外域FEL施設（SPring-8 compact SASE source：SCSS）が2005年に整備された[1]．

3 原子における極紫外非線形光学過程：シングルショット光電子分光

光との強い相互作用によって起こる光イオン化は強レーザー場における物質が示す最も典型的な応答の一つである．たとえばXe原子では，極紫外強レーザー場との相互作用によって21価ものきわめて高いイオン化状態が生成することが見いだされている[4]．一般にイオン種の収量はレーザー場強度Iに対して非線形な応答を示し，その変化はI^kのように表すことができる．非線形度を表す指数kは，摂動論では対応するイオン種の生成に必要な光子の実効的な数に対応しているため，これを利用して多重イオン化機構の理解を進めることができる[4]．

一方，光電子はイオン化の途中で経由した中間状態や終状態によって異なる運動エネルギーを示すため，そのスペクトルに基づいて非線形光学過程をより詳細に明らかにすることができる[5〜9]．また，光電子スペクトルに現れるピークのうち，1光子吸収によって生成したピークの形状にはFELパルスのスペクトル情報が直接反映されることから，波長や強度がランダムに変動するSASE方式のFEL光の「ゆらぎ」を記録することも可能である．つまりFELショットごとに物質の非線形応答とFELスペクトルを同時に光電子分光によって計測することで，「ゆらぎ」を利用した精密な分光計測が行える．この

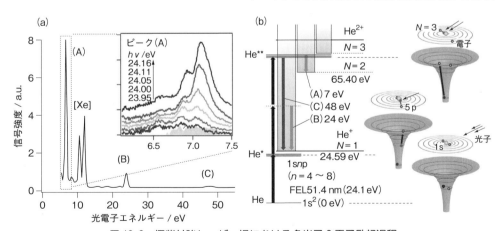

図 18-2　極紫外強レーザー場における多光子2電子励起過程

（a）極紫外（波長51 nm）強レーザー場におけるHeの光電子スペクトル．光電子ピーク(A)の高分解能スペクトルのシングルショット解析の結果（挿入図）は3光子共鳴構造を示している．（b）He原子のエネルギー準位図および光電子ピーク(A)，(C)，(B)の帰属と極紫外3光子二電子励起過程の概念図．図作製においては，松田晃孝氏（名古屋大学）の協力を得た．

シングルショット光電子分光を用いたアプローチによってArの多重イオン化をはじめとしたさまざまな非線形多電子過程の理解が進められてきた[5, 6, 10, 11]．ここでは近赤外域で見られない新奇非線形過程の存在が明らかになったHe原子の非線形二電子励起過程[10]の研究について紹介する．

He原子は二つの電子をもつ最も単純な多電子系である．電子相関を理論的に厳密に取り扱えるため，極紫外域における非線形応答がどのような電子相関に支配されているかを調べるうえで，最適な系の一つである．He原子に極紫外FEL光を照射することによって放出された電子の運動エネルギー分布[図18-2(a)]には三つの光電子ピーク(A)〜(C)が観測された．観測されたエネルギーからピーク(B)は主として2光子吸収，(A)および(C)は3光子吸収による光電子であると帰属できる[図18-2(b)]．このうちピーク(A)の強度が最も大きく，3光子吸収の寄与(A＋C)が2光子吸収(B)よりも20倍以上も大きい．このことは，3光子過程がより低次の2光子過程よりも1桁以上も効率よく進行することを示している．

一見不思議なこの現象を理解するための手がかりは，ピーク(A)の高分解能光電子スペクトル計測から得られる[図18-2(a)挿入図]．スペクトルにはいくつかのサブピークからなる微細構造が見られ，この3光子過程に共鳴が関与していることを示している．Xe原子からの光電子をFELスペクトルモニターとして行ったシングルショット解析の結果は，ピークの形状は光子エネルギーによって変化するが，サブピークのエネルギー位置はほとんど同じであることを示している．これは，この微細構造が3光子吸収のエネルギー領域(72 eV)に存在する状態への共鳴に由来することを意味する．実際このエネルギー領域には主量子数 $N=3$ に収れんする二電子励起状態が数多く存在することが知られており，これら二電子励起状態への3光子吸収が起こることは理論計算でも確かめられた[10, 12]．

3光子二電子励起がどのように起きているかを詳細に調べると，この過程は，(ⅰ)一つの光子によって1s軌道にある二つの電子のうちの一つがRydberg準位に遷移し，(ⅱ)さらに二つの光子がFELパルス内で吸収され，1s軌道に残された内側の電子が主量子数 $N=3$ の準位に遷移したことがわかった[図18-2(b)]．このうち，ステップ(ⅱ)においては外側のRydberg電子の主量子数はほとんど変化しない．いいかえれば，内側の電子の励起は外側の電子とはほぼ独立に起きており，これが三次非線形過程の増強に重要な役割を果たしている[12]．このことは，これまで想定されてきた一つの電子の状態が変化する経路だけでなく，二つの電子が関与した非線形過程が極紫外域では重要になることを示している．

4 極紫外強レーザー場における分子・クラスターの動的過程

Ar原子のような多くの電子をもつ原子が極紫外レーザー場中に存在すると，多光子吸収による逐次イオン化が進み，多価原子イオンが生成される[13]．一方，複数の原子から構成される分子の多重イオン化が起こると，イオン性分子解離あるいはクーロン爆発が引き起こされる．極紫外FELを照射した二原子分子や三原子分子については，すべての解離生成イオンを同時計測する運動量分光によって，極紫外FELパルス照射時間内に起こる分子の逐次イオン化と分子解離とが競争して起こることが見いだされた[1, 14]．

クラスターは孤立した原子・分子と凝縮系の液体・固体との中間に存在し，光を吸収した際に周囲へのエネルギーの散逸がない孤立した系であるため，光と物質の相互作用の研究に広く用いられてきた．とくに希ガスクラスターは，サイズを制御した生成が比較的容易であるためにモデル系として頻繁に用いられている．極紫外レーザー場中の希ガスクラスターもまた，原子や分子と同様に多数の光子を吸収するが，その結果引き起こされる緩和過程はより複雑である．以下，希ガスクラスターに極紫外FELを照射した研究例を紹介する．

Arクラスター(平均クラスターサイズ $N<600$)に比較的穏やかな 10^{11} W cm^{-2} 程度(Ar原子のイオン化確率〜0.14)の極紫外FEL光(61 nm)を照射す

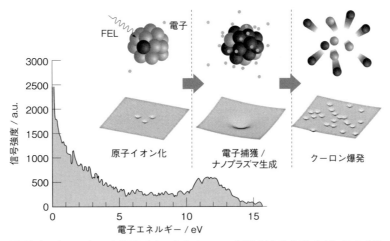

図18-3 クラスターの多重イオン化とクーロン爆発(上)およびイオンのつくる静電ポテンシャル(下)の模式図

はじめにクラスターの個々の原子から光電子が放出される(左).イオン化の進行とともに光電子は多重イオン化したクラスターの深い静電ポテンシャル井戸に捕獲される(中).多重イオン化したクラスターが静電反発力によって膨張すると捕獲されていた個々の電子の多くは再び原子イオンに捕獲される(右).Xeクラスター($N \sim 5000$)に10^{13} W cm^{-2}程度の極紫外 FEL 光を照射したときに観測される電子スペクトル(左下).図作製においては,永谷清信氏(京都大学)の協力を得た.[カラー口絵参照]

ると,クラスター内の複数の原子がイオン化されるためにArクラスターはクーロン爆発を起こす(図18-3).クラスターが吸収する光子エネルギーの総和と生成するイオンの運動エネルギーの総和について考察し,実験で得られたイオンの平均運動エネルギーから1個の原子イオンを生成するのに必要な平均光子数を見積もったところ,クラスターサイズの増加とともに平均光子数が増加することが見いだされた[15].

FEL照射によって生成したクラスターイオンをさらにイオン化するには,個々の原子からのイオン化(inner ionization)に加え,クラスター全体がつくるクーロンポテンシャルを逃れる(outer ionization)ためのエネルギーが必要である.そのため,光子エネルギーが十分に高くない場合は,クラスターイオンの価数の増加に伴ってイオン化(outer ionization)が抑制される(図18-3).クラスターサイズの増加とともに1個の原子イオンを生成するのに必要な平均光子数が増加することは,まさにこのイオン化の抑制が起こったことを示唆している.平均サイズ150のXeクラスターを試料とした光強度$10^{11} \sim$ 10^{12} W cm^{-2}の範囲での放出イオンの運動エネルギー計測でも,上記のイオン化抑制効果が明瞭に観測されている.

イオン化が抑制されてクラスター多価イオンに多数の電子が捕獲されるとナノプラズマ状態が生成する[16].ナノプラズマ生成に関する詳細な情報を得るためには光電子分光を行うことが有効である[17].図18-3にXeクラスター($N \sim 5000$)に10^{13} W cm^{-2}程度の極紫外FEL光を照射したときに観測される電子スペクトルを示す.12 eV近傍に観測されるピーク群は,クラスターおよび混在するXe原子の1光子イオン化に由来する光電子である.光電子ピーク群の低エネルギー側に観測される連続スペクトルは,クラスターの逐次イオン化に伴ってクラスターの価数が上昇するとともに光電子が減速されて光電子の運動エネルギーが減少することを反映している.ゼロエネルギー近傍に鋭いピークをもつが,この部分がナノプラズマからの熱電子の放出を示唆する.

Neクラスターを用いた実験では,極紫外FELパルスの光子エネルギーをNe原子のイオン化ポテンシャルよりも低く(20.3 eV, 61 nm)設定すると,非

| Part II | 研究最前線

+ COLUMN +

★いま一番気になっている研究者

Ilme Schlichting
(ドイツ・マックスプランク・メディカルリサーチ研究所
生体分子機能部門ディレクター)

X線自由電子レーザー(XFEL)の非常に強力かつきわめて短いX線パルスを用いると,非常に小さな結晶や結晶化していない試料からでも,試料を破壊する前にX線散乱が得られることから,これまで構造のわからなかったナノ構造体やタンパク質の構造が決定できると期待されている.タンパク微結晶を次から次に(シリアルに)導入し,極短(フェムト秒)X線パルスを用いて構造解析を行うシリアルフェムト秒X線構造解析(serial femtosecond crystallography:SFX)〔S. Boutet et al., Science, 337, 362 (2012)〕や巨大ウイルスのシングルショットイメージングを先頭に立って推進してきた構造生物学者が Ilme Schlichting である.重原子をタンパク質の特定部位に結合させ,重原子による異常散乱を用いて位相問題を解決するという放射光で従来から用いられてきた手法が SFX でも可能であることを示し,SFX による新規構造決定の可能性を明確にした〔T. R. M. Barends et al., Nature, 505, 244 (2014)〕のも彼女である.

彼女は原子分子素過程にも深い造詣をもつ.重原子を導入すると重原子による X 線非線形過程・多重イオン化が起こることを認識し,原子分子物理学者との共同研究で,いち早く XFEL 照射による重原子による電子的な損傷〔B. Rudek et al., Nature Photonics, 6, 858 (2012)〕やクーロン爆発〔B. Erk et al., Phys. Rev. Lett., 110, 053003 (2013)〕の研究にも積極的に取り組んできた.位相問題を解決した前述の実験では,損傷が問題にならない程度にまで,意識的に XFEL 強度を下げて測定を行っている.彼女が次にどのような問題をどのようにして解決するのか,目が離せない.

常に効率よくナノプラズマが生成することが見いだされた[18].この実験で用いた光子エネルギーは Ne クラスターにおける Wannier 型励起子の励起エネルギーに相当する.したがって,観測されたナノプラズマ生成は,絶縁体であった希ガスクラスターの多重励起 Mott 遷移 (exciton Mott transition) による金属化と見ることもできる.

ナノプラズマは時間とともに膨張する.このナノプラズマの時間発展を観測するには,近赤外レーザーパルスをプローブ光として用いる方法が有効である[19]. Xe クラスター ($N \sim 5000$) に 10^{14} W cm^{-2} 程度の極紫外 FEL パルスを照射して生成した高密度ナノプラズマの近赤外プローブ実験では,近赤外レーザーが極紫外レーザーから約 2 ps 遅れた時刻で,高価イオンの生成やイオン収量の増加が観測された.この観測結果は時間とともにプラズマ電子密度が低下し,プラズマ中の自然振動数が一致する時刻で表面プラズマ共鳴が起こって大きなエネルギーが注入されたことを示唆するものである.

5 まとめと今後の展望

本章では極紫外レーザー場における原子・分子・クラスターの非線形応答・多光子多重イオン化について最近の話題を中心に概説した.原子ではさまざまな系において,二電子励起状態や自動イオン化状態などさまざまな共鳴がイオン化経路を決定するうえで重要な役割を果たしており,極紫外域の非線形応答・多光子多重イオン化の理解に重要であることが明らかにされている.こうした波長敏感な現象の理解には FEL の「ゆらぎ」を捉える必要があり,ここではその手法としてシングルショット光電子分光によるアプローチについて紹介した.分子も原子と同様に多光子多重イオン化が起こるが,分子の逐次的に進行するイオン化は分子解離と競争する.クラスターでも多光子多重イオン化が起こるが,多重イオン化とともにイオン化が抑制され,ナノプラズマ

が形成される．イオンの運動量計測法や電子分光法を用いて，これらの複雑な過程をひも解いていく研究も紹介した．

　近年，外部からシード光によるFEL発振によって「ゆらぎ」を取り除くアプローチも進められ，共用実験にも供されている．これによって優れた時間コヒーレンスをもつ，輝度の高い超短極紫外パルスが得られており，非線形光学過程のみならず，FELを用いたポンプ・プローブ実時間計測やコヒーレント制御などへの展開が期待される．また，1 keVから10 keVを超えるX線領域におけるFELもアメリカ（linac coherent light source：LCLS）に続いて，日本（SACLA）でもユーザー運転が行われ深い内殻が関与した超高速非線形光学現象についての研究が目覚ましく進展しつつあり[20, 21]．光科学の新たなフロンティアの広がりが予想される．

◆ 文 献 ◆

[1] M. Yabashi, H. Tanaka, T. Tanaka, H. Tomizawa, T. Togashi, M. Nagasono, T. Ishikawa, J. R. Harries, Y. Hikosaka, A. Hishikawa, K. Nagaya, N. Saito, E. Shigemasa, K. Yamanouchi, K. Ueda, *J. Phys. B*, **46**, 164001 (2013).

[2] J. Feldhaus, M. Krikunova, M. Meyer, T. Moller, R. Moshammer, A. Rudenko, T. Tschentscher, J. Ullrich, *J. Phys. B*, **46**, 164002 (2013).

[3] C. Bostedt, J. D. Bozek, P. H. Bucksbaum, R. N. Coffee, J. B. Hastings, Z. Huang, R. W. Lee, S. Schorb, J. N. Corlett, P. Denes, P. Emma, R. W. Falcone, R. W. Schoenlein, G. Doumy, E. P. Kanter, B. Kraessig, S. Southworth, L. Young, L. Fang, M. Hoener, N. Berrah, C. Roedig, L. F. DiMauro, *J. Phys. B*, **46**, 164003 (2013).

[4] A. A. Sorokin, S. V. Bobashev, T. Feigl, K. Tiedtke, H. Wabnitz, M. Richter, *Phys. Rev. Lett.*, **99**, 213002 (2007).

[5] Y. Hikosaka, M. Fushitani, A. Matsuda, C. M. Tseng, A. Hishikawa, E. Shigemasa, M. Nagasono, K. Tono, T. Togashi, H. Ohashi, H. Kimura, Y. Senba, M. Yabashi, T. Ishikawa, *Phys. Rev. Lett.*, **105**, 133001 (2010).

[6] Y. Hikosaka, M. Fushitani, A. Matsuda, T. Endo, Y. Toida, E. Shigemasa, M. Nagasono, K. Tono, T. Togashi, M. Yabashi, T. Ishikawa, A. Hishikawa, *Phys. Rev. A*, **88**, 023421 (2013).

[7] H. Fukuzawa, E. V. Gryzlova, K. Motomura, A. Yamada, K. Ueda, A. N. Grum-Grzhimailo, S. I. Strakhova, K. Nagaya, A. Sugishima, Y. Mizoguchi, H. Iwayama, M. Yao, N. Saito, P. Piseri, T. Mazza, M. Devetta, M. Coreno, M. Nagasono, K. Tono, M. Yabashi, T. Ishikawa, H. Ohashi, H. Kimura, T. Togashi, Y. Senba, *J. Phys. B*, **43**, 111001 (2010).

[8] E. V. Gryzlova, R. Ma, H. Fukuzawa, K. Motomura, A. Yamada, K. Ueda, A. N. Grum-Grzhimailo, N. M. Kabachnik, S. I. Strakhova, A. Rouzee, A. Hundermark, M. J. J. Vrakking, P. Johnsson, K. Nagaya, S. Yase, Y. Mizoguchi, M. Yao, M. Nagasono, K. Tono, T. Togashi, Y. Senba, H. Ohashi, M. Yabashi, T. Ishikawa, *Phys. Rev. A*, **84**, 063405 (2011).

[9] N. Miyauchi, J. Adachi, A. Yagishita, T. Sako, F. Koike, T. Sato, A. Iwasaki, T. Okino, K. Yamanouchi, K. Midorikawa, K. Yamakawa, F. Kannari, H. Nakano, M. Nagasono, K. Tono, M. Yabashi, T. Ishikawa, T. Togashi, H. Ohashi, H. Kimura, Y. Senba, *J. Phys. B*, **44**, 071001 (2011).

[10] A. Hishikawa, M. Fushitani, Y. Hikosaka, A. Matsuda, C. N. Liu, T. Morishita, E. Shigemasa, M. Nagasono, K. Tono, T. Togashi, H. Ohashi, H. Kimura, Y. Senba, M. Yabashi, T. Ishikawa, *Phys. Rev. Lett.*, **107**, 243003 (2011).

[11] M. Fushitani, Y. Hikosaka, A. Matsuda, T. Endo, E. Shigemasa, M. Nagasono, T. Sato, T. Togashi, M. Yabashi, T. Ishikawa, A. Hishikawa, *Phys. Rev. A*, **88**, 063422 (2013).

[12] C. N. Liu, A. Hishikawa, T. Morishita, *Phys. Rev. A*, **86**, 053426 (2012).

[13] K. Motomura, H. Fukuzawa, L. Foucar, X. J. Liu, G. Prumper, K. Ueda, N. Saito, H. Iwayama, K. Nagaya, H. Murakami, M. Yao, A. Belkacem, M. Nagasono, A. Higashiya, M. Yabashi, T. Ishikawa, H. Ohashi, H. Kimura, *J. Phys. B*, **42**, 221003 (2009).

[14] A. Yamada, H. Fukuzawa, K. Motomura, X. J. Liu, L. Foucar, M. Kurka, M. Okunishi, K. Ueda, N. Saito, H. Iwayama, K. Nagaya, A. Sugishima, H. Murakami, M. Yao, A. Rudenko, K. U. Kuhnel, J. Ullrich, R. Feifel, A. Czasch, R. Dorner, M. Nagasono, A. Higashiya, M. Yabashi, T. Ishikawa, H. Ohashi, H. Kimura, T. Togashi, *J. Chem. Phys.*, **132**, 204305 (2010).

[15] H. Iwayama, K. Nagaya, M. Yao, H. Fukuzawa, X. J. Liu, G. Prumper, M. Okunishi, K. Shimada, K. Ueda, T. Harada, M. Toyoda, M. Yanagihara, M. Yamamoto, K. Motomura, N. Saito, A. Rudenko, J. Ullrich, L. Foucar, A. Czasch, R. Dorner, M. Nagasono, A. Higashiya, M. Yabashi, T. Ishikawa, H. Ohashi, H. Kimura, *J. Phys. B*, **42**, 134019 (2009).

[16] T. Fennel, K. H. Meiwes-Broer, J. Tiggesbaumker, P. G. Reinhard, P. M. Dinh, E. Suraud, *Rev. Mod. Phys.*, **82**, 1793 (2010).

[17] C. Bostedt, H. Thomas, M. Hoener, E. Eremina, T. Fennel, K. H. Meiwes-Broer, H. Wabnitz, M. Kuhlmann, E. Ploenjes, K. Tiedtke, R. Treusch, J. Feldhaus, A. R. B. de Castro, T. Moller, *Phys. Rev. Lett.*, **100**, 133401 (2008).

[18] S. Yase, K. Nagaya, Y. Mizoguchi, M. Yao, H. Fukuzawa, K. Motomura, A. Yamada, R. Ma, K. Ueda, N. Saito, M. Nagasono, T. Togashi, K. Tono, M. Yabashi, T. Ishikawa, H. Ohashi, Y. Senba, *Phys. Rev. A*, **88**, 043203 (2013).

[19] C. Siedschlag, J. M. Rost, *Phys. Rev. A*, **71**, 031401 (2005).

[20] H. Fukuzawa, E. V. Gryzlova, K. Motomura, A. Yamada, K. Ueda, A. N. Grum-Grzhimailo, S. I. Strakhova, K. Nagaya, A. Sugishima, Y. Mizoguchi, H. Iwayama, M. Yao, N. Saito, P. Piseri, T. Mazza, M. Devetta, M. Coreno, M. Nagasono, K. Tono, M. Yabashi, T. Ishikawa, H. Ohashi, H. Kimura, T. Togashi, Y. Senba, *Phys. Rev. Lett.*, **110**, 173005 (2013).

[21] K. Tamasaku, E. Shigemasa, Y. Inubushi, T. Katayama, K. Sawada, H. Yumoto, H. Ohashi, H. Mimura, M. Yabashi, K. Yamauchi, T. Ishikawa, *Nat. Photon.*, **8**, 313 (2014).

Part III

役に立つ
情報・データ

APPENDIX

Part III 役に立つ情報・データ

最重要用語と関連論文

❖ アト秒パルス列(attosecond pulse train)

1フェムト秒よりも短いパルス時間幅をもつアト秒パルスが時間的に等間隔に連なった列のこと．アト秒パルスは，原子とフェムト秒レーザーパルスの強いレーザー電場の相互作用である高次高調波発生によって生まれる．レーザー電場の半周期ごとに繰り返し起こる高次高調波発生は，周波数領域で見ると奇数次の高調波の連なりであり，周波数領域で見るとアト秒パルスがレーザー電場の半周期の間隔をもつアト秒パルスの連なりである．

【関連論文】

❶ 一周期領域におけるアト秒パルス列の干渉型自己相関

Y. Nabekawa, T. Shimizu, T. Okino, K. Furusawa, H. Hasegawa, K. Yamanouchi, K. Midorikawa, "Interferometric Autocorrelation of an Attosecond Pulse Train in the Single-Cycle Regime," *Phys. Rev. Lett.*, **97**, 153904 (2006).

フェムト秒レーザーパルスの高次高調波発生から生成するアト秒パルス列は，フェムト秒レーザーパルスの高次高調波をフーリエ合成したパルスである．窒素分子の二光子解離性イオン化過程から生成した窒素原子イオンの検出信号量を測定し，アト秒パルス列の自己相関信号が得られた．このアト秒パルス列の干渉型自己相関によってフーリエ合成する高次高調波の相対位相が固定されていることを実証した．

❷ 高次高調波発生のアト秒パルス列の観測

P. M. Paul, E. S. Toma, P. Breger, G. Mullot, F. Augé, Ph. Balcou, H. G. Muller, P. Agostini, "Observation of a Train of Attosecond Pulses from High Harmonic Generation," *Science*, **292**, 1689 (2001).

高次高調波発生パルスと赤外強レーザー場を用いたアルゴン原子の二色二光子光イオン化の光電子スペクトルの相対遅延時間依存性を測定した．高次高調波と赤外強レーザー場の両方と作用した光電子の信号強度には強レーザー電場の半周期の信号変調が観測された．この観測結果から，それぞれの高次高調波の相対位相が固定されており，高次高調波発生がアト秒パルスの連なりであることが示された．

❖ 気体電子回折法(gas electron diffraction)

数十 keV の高速電子線を気体試料に照射し，観測される電子回折パターンから気体分子の幾何学的な構造を決定する手法．分子の幾何学的構造を ± 0.01 Å という高い精度で決定することができるため，現在知られている気体分子の構造パラメータの実験値は，ほとんどの場合，この気体電子回折法によって決定されたものである．

【関連書籍】

❶ 分子構造の決定のための量子力学

山内 薫，『分子構造の決定』，岩波書店(2001).

分子の幾何学的構造が分子分光学と気体電子回折法によっていかに決定されるかを，量子力学を学びながら理解できる教科書．第1章の序論に始まり，第2章で分子振動の量子力学を，第3章で分子回転の量子力学を学ぶ．第4章では，電子散乱の量子力学を学んだのち，分子による電子散乱が回折像を生じさせ，その電子回折像の解析から分子内

APPENDIX

の核間距離が決定できることを学ぶ．分子振動の影響がどのように電子回折像に現れるかを平易に解説している．英訳 K. Yamanouchi, "Quantum Mechanics of Molecular Structures," Springer-Verlag (2012) が Springer 社から刊行されている．

❷ 気体電子回折の構造化学的応用
"Stereochemical Applications of Gas-Phase Electron Diffraction," ed. by I. Hargittai, M. Hargittai, VCH (1988).
全16章からなり，電子回折法による分子の幾何学的構造の決定の手法の理論的側面の解説に始まり，気体電子回折実験装置，小角散乱および高エネルギー電子散乱によって得られる電子密度分布，構造パラメータの温度効果，分光学から得られる回転定数や非経験的分子軌道計算の結果との併用解析，大振幅振動の取扱いなどについて紹介されている．また，後半では，EXAFS，液晶 NMR，低分解能マイクロ波分光，気体 X 線回折などの実験手法によって得られるデータとの併用解析について紹介されている．

❖ K-B ミラー (Kirkpatrick-Baez mirror；K-B mirror)
楕円形状をした 2 枚のミラーにより，X 線を 2 次元集光する光学素子である．全反射や多層膜による反射が用いられる．このタイプのミラーを考案した，Kirkpatrick と Baez の頭文字をとって K-B ミラーとよばれる．

【関連論文】

❶ K-B ミラーによる X 線自由電子レーザーの集光
H. Yumoto, H. Mimura, T. Koyama, S. Matsuyama, K. Tono, T. Togashi, Y. Inubushi, T. Sato, T. Tanaka, T. Kimura, H. Yokoyama, J. Kim, Y. Sano, Y. Hachisu, M. Yabashi, H. Ohashi, H. Ohmori, T. Ishikawa, K. Yamauchi, "Focusing of X-ray Free-Electron Laser Pulses with Reflective Optics," *Nature Photonics*, **7**, 43 (2013).
X 線自由電子レーザー施設 SACLA が発生する光子エネルギー 10 keV の X 線を，K-B ミラーにより 0.95 μm × 1.20 μm のサイズに集光することに成功した．ミラーの基板となる石英ガラスの表面を原子レベルの精度で楕円形状に加工し，炭素膜を原子精度で均一にコーティングした．炭素は X 線の吸収が小さく融点も高いことから，非常に強力な X 線自由電子レーザーによる全反射においても，鏡表面の損傷を防ぐことができる．さらに，炭素の低い X 線吸収率により，97 % という高い反射率を実現した．

❷ K-B ミラーを用いた走査型蛍光 X 線顕微鏡によるがん細胞の微量元素イメージング
M. Shimura, A. Saito, S. Matsuyama, T. Sakuma, Y. Terui, K. Ueno, K. Yumoto, K. Yamauchi, K. Yamamura, H. Mimura, Y. Sano, M. Yabashi, K. Tamasaku, K. Nishio, Y. Nishino, K. Endo, K. Hatake, Y. Mori, Y. Ishizaka, T. Ishikawa, "Element Array by Scanning X-ray Fluorescence Microscopy after *Cis*-Diamminedichloro-Platinum (II) Treatment," *Cancer Res.*, **65**, 4998 (2005).
K-B ミラーを用いた走査型蛍光 X 線顕微鏡によって，がん治療に広く用いられる白金製剤を投与したがん細胞中の微量元素分布のイメージングに成功した．白金の L 吸収端よりもやや高エネルギーの光子エネルギー 15 keV のアンジュレータ光を，ビームサイズ 1.5 μm × 0.75 μm に集光して試料に照射した．試料を走査しながら，試料からの蛍光 X 線をシリコンドリフト検出器で測定することにより微量元素の分布を得た．この研究により，通常のがん細胞と，白金製剤に耐性のあるがん細胞とでは，細胞内の元素分布に違いがあることが判明した．

❖ 光電子・光イオン同時計数計測 (photoelectron-photoion coincidence；PEPICO)
単一分子から生成した光電子と光イオンを同時に検出する手法．1 回の測定あたり 1 事象以下の計数率とし，多数の積算を要する．背景雑音をなくすための超高真空と偽同時信号を減らすための高捕集効率・高感度の検出系が必要．

【関連論文】

❶ 静電レンズを用いた単純な分子の解離性イオン化におけるイオン-電子速度ベクトル相関
M. Lebech, J. C. Houver, D. Dowek, "Ion-Electron Velocity Vector Correlations in Dissociative Photoionization of Simple Molecules using Electrostatic Lenses," *Rev. Sci. Instrum.*, **73**, 1866 (2002).
解離性イオン化において生成したイオンと電子を，それぞれ向かい合った二つの検出器へ加速，誘導し，(ⅰ) 検出器

APPENDIX

上の到着位置の収束と(ⅱ)到着時刻の収束とを同時に満たす静電レンズについて報告している．イオンと電子の双方に対して，(ⅰ)，(ⅱ)を同時に満たすことは困難であったが，独自に開発した静電レンズによってイオンと電子を同時に3次元収束できることを実証した．イオンと電子の3次元運動量相関の計測に有効な方法である．

❷ 反跳イオンと電子の運動量分光：反応顕微鏡

J. Ullrich, R. Moshammer, A. Dorn, R. Dorner, L. P. H. Schmidt, H. Schmidt-Bocking, "Recoil-Ion and Electron Momentum Spectroscopy: Reaction-Microscopes," *Rep. Prog. Phys.*, **66**, 1463（2003）.

超音速ジェットによって冷却された試料ガスを用いた冷却標的反跳イオン運動量分光(cold target recoil-ion momentum spectroscopy；COLTRIMS)とよばれる手法がおもに紹介されている．meVオーダーのイオンの反跳運動量を測定するため，数V/cmという小さな加速電場を用いた．一方，高速電子も検出器に収まるようヘルムホルツコイルを用いて加速電場と平行に磁場を掛けて，イオンと電子の双方について4立体角の捕集を可能とした．高強度レーザーによるイオン化だけでなく，高エネルギー光子によるイオン化，電子衝突，イオン衝突に関する実験例も紹介している．

❖ 光電子放出と電子励起 (photoelectron emission and electronic excitation)

光電子放出された際，生成したイオンは電子基底状態だけでなく，電子励起状態にも分布する．強レーザー場中では，光電子が放出された後にも，分子イオンとレーザー場の相互作用が継続し，さらに電子励起が起こる可能性が高い．

【関連論文】

❶ 強レーザー場中分子のイオン化における中性–イオン状態相関

M. Kotur, C. Zhou, S. Matsika, S. Patchkovskii, M. Spanner, T. C. Weinacht, "Neutral-Ionic State Correlations in Strong-Field Molecular Ionization," *Phys. Rev. Lett.*, **109**, 203007（2012）.

電子基底状態(S_0)および電子励起状態(S_2)のウラシル分子が強レーザー場によりイオン化される場合について，カチオンの最終電子状態分布を計算した結果を示している．イオンの電子状態と光電子散乱波を結合させた波動関数を時間発展させた方法で計算が行われ，ウラシルカチオンと解離カチオンの収量比が，実験結果と定性的な一致を見せ，イオン化の進行中に起こる他の電子状態の過渡的な寄与を示唆している．

❷ アト秒強レーザー場分光の基礎となる多電子イオン化ダイナミクス

A. E. Boguslavskiy, J. Mikosch, A. Gijsbertsen, M. Spanner, S. Patchkovskii, N. Gador, M. J. J. Vrakking, A. Stolow, "The Multielectron Ionization Dynamics Underlying Attosecond Strong-Field Spectroscopies," *Science*, **335**, 1336（2012）.

強レーザー場中のn-ブタンおよび1,3-ブタジエンについて光電子光イオン同時計数計測が行われ，生成イオンチャンネル毎に分離した越閾イオン化(channel-resolved above-threshold ionization；CRATI)スペクトルが測定された．似たような実験結果はすでに報告されていたが，この論文が重要である点は，中性状態を多電子系のイオンと光電子もしくは，イオンと活性な価電子に分離して，電子励起とイオン化を同時に取り扱う理論(上記論文❶と同じ理論)を実際の系に適用し，カチオンの電子励起状態生成機構を示したことにある．

❸ 高強度近赤外レーザー場中エタノールの解離性イオン化における光電子とフラグメントイオンの相関

K. Hosaka, A. Yokoyama, K. Yamanouchi, R. Itakura, "Correlation between a Photoelectron and a Fragment Ion in Dissociative Ionization of Ethanol in Intense Near-Infrared Laser Fields," *J. Chem. Phys.*, **138**, 204301（2013）.

高強度近赤外レーザー場によるエタノールの解離性イオン化において，光電子放出時に電子基底状態と電子励起状態がともに生成することを観測した．この論文では，生成イオン毎に光電子を分離して測定するだけでなく，解離イオンの並進運動量も測定されており，光電子放出時に生成した電子状態と解離イオンの最終並進運動量の相関を明らかにした．その結果，電子放出時に電子基底状態に生成したエタノールカチオンは，電子励起状態に生成したものに比べ，最終的には大きな内部エネルギーを獲得し，エネルギーの逆転が起こることが示された．

❖ コヒーレント回折イメージング (coherent diffractive imaging；CDI)

コヒーレント回折パターンから計算機を用いて試料像を再構成する，対物レンズのない顕微法である．

APPENDIX

レンズ作製の技術的制約がなく，高分解能化が可能である．高精度で位相コントラストを与えるため，生物イメージングにも力を発揮する．

【関連論文】

❶ 試料像再構成に用いられる反復的位相回復法
J. R. Fienup, "Phase Retrieval Algorithms: a Comparison," *Appl. Opt.*, **21**, 2758 (1982).

コヒーレント回折イメージングでは，コヒーレント回折データからの試料像の再構成に，反復的位相回復法を用いる．この論文では，各種の反復的位相回復法を比較している．Error Reduction アルゴリズムは最急降下法と数学的に等価で，局所的な最小値から抜け出せないことが示された．この論文で新たに提案された HIO(hybrid input-out)アルゴリズムは，誤差を減らす方向に反復が進むことは保証されないが，大域的な最小値をより効率的に探し出せることが数値シミュレーションにより示された．HIO アルゴリズムや，HIO アルゴリズムを拡張した各種のアルゴリズムは，コヒーレント回折イメージングで現在も広く用いられている．

❷ コヒーレント回折イメージングによるヒト染色体のトモグラフィー
Y. Nishino, Y. Takahashi, N. Imamoto, T. Ishikawa, K. Maeshima, "Three-Dimensional Visualization of a Human Chromosome Using Coherent X-Ray Diffraction," *Phys. Rev. Lett.*, **102**, 018101 (2009).

コヒーレント回折イメージングによる世界初の生物試料の3次元イメージングとして，ヒト染色体の観察に成功した．研究により，有糸分裂中の HeLa 細胞から単離した染色体の軸近傍に，電子密度の高い構造が観察された．染色体の軸状構造の観察は，蛍光色素や重金属を用いてイメージコントラストを人為的に高める処理(染色)をしない状態でははじめてであり，コヒーレント回折イメージングが，無染色の生物試料を高いコントラストで観測するのに有効であることが示された．

❖ コヒーレント制御と量子制御 (coherent control and quantum control)

レーザー光によって物質の量子状態および量子ダイナミクスを直接操作し，物性や機能，化学反応を制御する手法．物質の量子性がランダムな外乱や熱運動によってかき消される前のコヒーレント状態にレーザーを作用させ，光と物質とのコヒーレント相互作用を通して物質を制御しようというものである．

【関連論文】

❶ 分子過程における量子制御の原理
M. Shapiro, P. Brumer, "Principles of the Quantum Control of Molecular Processes", WILEY-INTERSCIENCE (2003).

量子制御に関する研究の先駆者がまとめた教科書である．光と分子との相互作用の量子論についての導入的な説明のあとに，筆者らが中心に展開した量子制御の原理について，理論的な導出が詳しく記述されている．おもに化学の立場から，光解離過程，分子衝突，光ドレスド状態の制御，分子整列，励起状態分布の最適化制御など，分子に関する量子制御が解説されている．

❷ 物理化学過程のコヒーレントレーザー制御の実験について
M. Dantus, V. V. Lozovoy, "Experimental Coherent Laser Control of Physicochemical Processes," *Chem. Rev.*, **104**, 1813 (2004).

コヒーレント制御，量子制御の研究に関する実験を中心とした総合解説である．代表的なコヒーレント制御の概念的な説明が紹介されている．極短パルスレーザーを用いた時間領域における量子ダイナミクスの制御，狭帯域レーザーを用いた周波数領域における光学遷移の量子干渉効果を利用した制御などが解説されている．さらに先駆的な理論的研究，実験装置，実験結果について紹介されている．この論文の最後にコヒーレント制御，量子制御に関する 2004 年度までの文献が網羅的に記載されている．

❖ コヒーレントフォノン (coherent phonons)

位相のそろったフォノンの集団のことで，格子振動の振動周期よりも短いパルスレーザーを固体に照射させると発生することができる．

APPENDIX

【関連論文】

❶ コヒーレントフォノン励起を使った原子運動の制御

H. Katsuki, J. C. Delagnes, K. Hosaka, K. Ishioka, H. Chiba, E. S. Zijlstra, M. E. Garcia, H. Takahashi, K. Watanabe, M. Kitajima, Y. Matsumoto, K. G. Nakamura, K. Ohmori, "All-Optical Control and Visualization of Ultrafast Two-Dimensional Atomic Motions in a Single Crystal of Bismuth," *Nat. Commun.*, **4**, 2801 (2013).

この論文は，フェムト秒パルス列を用いることでビスマス単結晶内にコヒーレントフォノンを発生し，過渡反射率計測によりその運動を実時間で観測している．また，密度汎関数計算を用いることで，過渡反射率から実際の原子変位の大きさを見積もることで，2次元空間でのビスマス原子運動を可視化している．さらに，時間差をつけてフェムト秒パルスを2回照射することで，2次元の原子運動を光によって制御することを可能としている．

❖ 自己収束 (self-focus)

集光された高強度レーザービームは，中心付近の強度が周囲に比べて強く，ガウス型の強度分布となる．この際，プラズマ中の電子は，光圧（＝ポンデロモーティブ力）によりレーザー強度の強い場所から弱い場所へ押し出され，中心付近の屈折率は大きくなる．その結果，光は屈折率の大きなほうへ曲げられるので，光の自己収束が起こる．相対論プラズマ中では，電子質量の増大により中心付近のプラズマ振動数が低下することにより屈折率が大きくなり，相対論的自己収束が起こる．

【関連論文】

❶ 臨界密度近傍プラズマ中における相対論的自己収束に関する3次元粒子コードシミュレーション

A. Pukhov, J. Meyer-ter-Vehn, "Relativistic Magnetic Self-Channeling of Light in Near-Critical Plasma: Three-Dimensional Particle-in-Cell Simulation," *Phys. Rev. Lett.*, **76**, 3975 (1996).

この論文は，自己収束の結果として生じるレーザー光の"チャネル構造"を3次元シミュレーションの結果を駆使して解説した代表的な研究に関するものである．レーザー集光強度が 10^{18} W/cm^2 を超えた相対論領域でのレーザー場とプラズマとの相互作用において，プラズマ中をレーザー光とともに伝搬する相対論電子が100メガガウスにも及ぶ磁場を生成し，それがレーザー光の自己収束と長距離伝搬に影響を及ぼす．ここでは，レーザー光がフィラメンテーションによって分裂せずに収束して単一の"チャネル構造"を形成することが特徴である．このような"チャネル構造"とイオン加速との関連についても議論されている．

❷ 臨界密度近傍プラズマ中におけるピコ秒レーザーパルスの相対論的自己収束

M. Borghesi, A. J. MacKinnon, L. Barringer, R. Gaillard, L. A. Gizzi, C. Meyer, O. Willi, "Relativistic Channeling of a Picosecond Laser Pulse in a Near-Critical Preformed Plasma," *Phys. Rev. Lett.*, **78**, 879 (1997).

この論文は，自己収束の結果として生じるレーザー光の"チャネル構造"を実験的に観測した代表的な研究に関するものである．イギリス・ラザフォード研究所のバルカンレーザー装置を用いた実験において，相対論的自己収束の結果として生じたレーザー光の"チャネル構造"（直径 5 μm，長さ 130 μm）を光学的干渉画像計測法と第2次高調波計測により実測した．3次元粒子コードによるシミュレーション結果が実験結果をよく再現していることを示すとともに，レーザー光とともに伝搬する相対論電子が，"チャネル構造"を形成するうえで重要な役割を果たしていることを論じている．

❖ 瞬間的誘導ラマン散乱 (impulsive stimulated raman scattering)

超短パルスレーザーのエネルギー幅内の二つの波長の光を励起光とストークス光として使って，誘導ラマン散乱を起こすこと．

【関連論文】

❶ 瞬間的誘導ラマン散乱による光学フォノンのコヒーレント励起

Y.-X. Yan, E. B. Gamble Jr., K. A. Nelson, "Impulsive Stimulated Scattering: General Importance in Femtosecond Laser Pulse Interactions with Matter, and Spectroscopic Applications," *J. Chem. Phys.*, **83**, 5391 (1985).

APPENDIX

この論文は，フェムト秒パルス列を用いると，いろいろな物質内にコヒーレントに光学フォノンを生成することを示した初期の論文で，瞬間的誘導ラマン散乱過程の理論的な説明を行っている．コヒーレントな振動に対する波長依存性についても言及されている．また分光学的応用の可能性を示している．

❖ 相対論プラズマ (relativistic plasma)

プラズマ中の電子のレーザー電場によって振られる速度は，レーザー強度が $10^{18}\,\mathrm{W/cm^2}$ を超えると光速度に近づく．この際，電子の運動エネルギーは，静止エネルギー 0.511 MeV を超え，相対論的粒子として振る舞う．すなわち，電子質量の増大やレーザー磁場による影響が顕著となり，さまざまな非線形なプラズマ現象が発現する．

【関連論文】

❶ 相対論的レーザー場と物質との相互作用

A. Pukhov, "Strong Field Interaction of Laser Radiation," *Rep. Prog. Phys.*, **66**, 47（2003）.

この論文では，レーザー集光強度が $10^{18}\,\mathrm{W/cm^2}$ を超えた相対論領域でのレーザー場と物質との相互作用の物理過程について，数式を用いて基礎からわかりやすく解説されている．前半では，粒子コードを用いた3次元シミュレーションによる，相対論的プラズマ中でのレーザー光の自己収束，およびフィラメンテーションに関する有名なスナップショット画像が示されている．後半では，レーザーによる電子加速，イオン加速，高速点火，固体表面からの高次高調波発生，サブ10 fsパルスの増幅媒体としてのプラズマの利用に関する話題が取りあげられている．

❷ 相対論領域における光学

G. A. Mourou, T. Tajima, S. V. Bulanov, "Optics in the Relativistic Regime," *Rev. Mod. Phys.*, **78**, 309（2006）.

この論文は，相対論プラズマの生成を可能にしたチャープパルス増幅法の解説から始まっている．レーザー集光強度が $10^{18}\,\mathrm{W/cm^2}$ を超えると，物質中の電子はレーザー進行方向に動き出す．これが，相対論"光学"の最も特筆すべき特徴であり，これをうまく制御することで，粒子加速や高エネルギー光子発生などの相対論"工学"が生まれることを説明している．さらに，素粒子物理，宇宙物理や一般相対性理論にかかわる諸問題にも，相対論プラズマを通じてアクセス可能であることを解説している．

❖ 断熱近似 (adiabatic approximation)

座標 R の運動が他方 r の運動に比べてはるかに遅い場合には，R を固定して r に関する波動方程式を解き，R をパラメータとする断熱状態とエネルギー固有値を求める．R の運動はこのエネルギー固有値をポテンシャル関数としてよく記述できる．分子の断熱ポテンシャルが最も典型的な例である．

【関連論文】

❶ 分子の量子論

M. Born, J. R. Oppenheimer, "Zur Quantentheorie der Molekeln," *Ann. Phys.*, **84**, 457（1927）.

この論文によって，分子の原子核の自由度を量子論的に取り扱うための基礎が与えられた．分子に含まれる原子核の平均質量を M，電子の質量を m とすると，分子振動の振幅は $\kappa = (m/M)^{1/4} \le 0.15$ に比例する．κ をパラメータとした摂動展開を使って，全ハミルトニアンが電子，分子振動，分子回転の3種類に近似的に分離できることを示し，それらのエネルギーの比が $1:\kappa^2:\kappa^4$ であることを明らかにしている．

❷ Born–Oppenheimer 近似の適用限界：量子3体問題の半古典量子化解析

S. Takahashi, K. S, Takatsuka, "On the Validity Range of the Born-Oppenheimer Approximation: a Semiclassical Study for All-Particle Quantization of Three-Body Coulomb Systems," *J. Chem. Phys.*, **124**, 144101（2006）.

この論文では，断熱近似の精度を定量化するため，仮想的に電子の質量 m を変化させて水素分子イオンの振電状態における基底状態のエネルギーを半古典量子化によって正確に求めている．その値を Born-Oppenheimer (BO) 近似で算出される値と比較し，陽子の質量を M とするとき，BO 近似によってもたらされる誤差が $\kappa^6 = (m/M)^{6/4}$ に比例することを明らかにした．誤差解析から，初項となる κ^5 項がゼロであることが証明された．

APPENDIX

❖ 白色レーザー（white light laser）
高強度フェムト秒レーザーを媒体に集光すると，自己位相変調が起こり，紫外から赤外におよぶ幅広なスペクトルをもつコヒーレントな白色光が発生する．フィラメント生成とほぼ同じレーザー強度で生じる．

【関連論文】

❶ フィラメンテーションによる高強度搬送波包絡線位相同期数サイクルレーザーパルスの発生
C. P. Hauri, W. Kornelis, F. W. Helbing, A. Heinrich, A. Couairon, A. Mysyrowicz, J. Biegert, U. Keller, "Generation of Intense, Carrier-Envelope Phase-Locked Few-Cycle Laser Pulses through Filamentation," *Appl. Phys. B*, **79**, 673 (2004).

この論文は希ガス中のフィラメント過程により段階的にスペクトルを広帯域化して数サイクルパルスを発生させた報告である．中空ファイバーを用いた広帯域化法に比べて簡素な装置で済み，入力エネルギー，入力パルス幅，入力パルスとファイバーの結合，ガス圧力，ファイバーの質などの制限がないなどの利点がある．ただし，現在では上記の欠点が解消された中空ファイバーによる短パルス化手法も報告されている．

❖ 非断熱回転励起（non-adiabatic rotational excitation；NAREX）
分子の回転周期よりも短いパルス幅をもつ非共鳴の高強度光を気相中の分子に照射することで，分子の回転運動がコヒーレントに励起される現象のこと．その結果，多数の回転固有状態が重ね合わされた量子回転波束ができる．回転状態分布として見ると，単一のラマン遷移では到達できない高い回転励起状態まで分布を移動できる．

【関連論文】

❶ 一酸化窒素の非断熱回転励起
H. Hasegawa, Y. Ohshima, "Decoding the State Distribution in a Nonadiabatic Rotational Excitation by a Nonresonant Intense Laser Field," *Phys. Rev. A*, **74**, 061401 (R) (2006).

非共鳴高強度短パルス光を用いた非断熱分子配列は，回転波束の時間発展により実現される．このため，ポンプ・プローブ法を用いた実時間計測が分子配列の一般的な計測手法であった．しかし，周波数領域において回転波束を構成する固有状態の分布を計測することで，等価な情報が得られると予想される．この論文では，高強度短パルス光によってNO分子の回転波束を生成し，その後，高分解能レーザー光によって回転状態分布を測定することによって，非断熱分子配列について研究したものである．計算との比較から，回転励起過程が段階的に行われていることを明らかにした．

❷ ベンゼンの非断熱回転励起と回転波束再構築
H. Hasegawa, Y. Ohshima, "Quantum State Reconstruction of a Rotational Wave Packet created by a Nonresonant Intense Femtosecond Laser Field," *Phys. Rev. Lett.*, **101**, 053002 (2008).

非共鳴高強度フェムト秒レーザー光により生成した回転波束は，ポンプ・プローブ法を用いることで分子軸分布の時間変化を捉えることができる．これは回転波動関数の二乗の時間発展に相当するものである．この論文では，非共鳴高強度フェムト秒レーザー光をベンゼン分子に照射し，回転波束を生成し，遅延時間の後，再び非共鳴高強度フェムト秒レーザー光を照射して，回転波束を変調する実験を行った．生成した回転波束の特定の固有状態のポピュレーションを高分解能レーザー光によってモニターすることで，回転波動関数の振幅だけでなく位相情報も得ることができることを理論的に示し，波動関数自身を実験的に決定した．

❖ 非断熱遷移（nonadiabatic transition）
断熱パラメータ R（本書では核座標と振動電場）は有限の速さで変化するので，系がある断熱状態から出発しても別の断熱状態に遷移する確率がある．この遷移を非断熱遷移とよぶ．その確率は，二つの断熱状態のエネルギー固有値が互いに近づいているところ（擬似交差や円錐交差）で大きくなる．

APPENDIX

【関連論文および書籍】

❶ 準位交差系における非断熱遷移確率の近似公式

L. D. Landau, "Zur Theorie der Energieubertragung. II (状態間遷移の理論)," *Phys. Zts. Sov.*, **2**, 46 (1932); C. Zener, "Non-Adiabatic Crossing of Energy Levels (エネルギー準位の非断熱交差)," *Proc. Roy. Soc.*, A**137**, 696 (1932); E. C. G. Stueckelberg, "Theorie der unelastischen Stosse zwischen Atomen (原子間非弾性衝突の理論)," *Helv. Phys. Acta.*, **5**, 369 (1932); E. Majorana, "Atomi orientati in campo magnetico variabile (磁場中に配列された原子)," *Il Nuovo Cimento*, **9**, 43 (1932).

これらの論文においては，分子のポテンシャル曲線間の擬似交差点で起こる断熱電子状態間遷移の確率を与えるLandau-Zener(LZ)公式が導かれている．二つの曲線が交差する透熱電子状態を導入して，ゼーナーはそれらのエネルギー差が時間の一次関数で表せる場合に，また，ランダウはWKB近似の振動波動関数を用いてLZ公式を導いた．ステュッケルベルクはさらに詳細な解析を行い，非弾性衝突の遷移確率公式を求めた．これらは近似公式であるが，交差点より十分高いエネルギー領域では厳密解と一致する．

❷ より進んだ取り扱いと分子科学における応用

中村宏樹, 『朝倉化学体系 5 化学反応動力学』, 朝倉書店 (2004)；H. Nakamura, "Nonadiabatic Chemical Dynamic—Control of Chemical Reactions and Development of Molecular Functions (非断熱化学動力学—化学反応の制御と分子機能の開発)," 分子科学アーカイブス, Mol. Sci., 1, A0011 (2007).

非断熱遷移の基礎理論としては❶で示したLandau-Zener理論が有名であるが，この理論は物理的・化学的に重要なエネルギー領域で成り立たない場合がある．この欠点を克服したのがZhu-Nakamura(ZN)理論である．これらの文献はZN理論の開発者による日本語による非断熱遷移とその応用研究例の解説である．非断熱遷移の化学反応動力学における意義から説き起こし，レーザーによる化学反応制御や，非断熱遷移制御によって実現される分子スイッチなどの分子機能と制御法などを紹介している．

❖ フィラメンテーション（filamentation）

レーザービームの中心ほど強度が高く，自己収束が起こるが，生じたプラズマの密度が大きいため屈折率が周囲より小さくなってビームは発散する．自己収束と発散を繰り返しながら強度一定のレーザーの伝搬が起こる現象．

【関連論文】

❶ 気相フィラメンテーションにより発生させた波長可変超短レーザーパルス

F. Théberge, N. Aközbek, W. Liu, A. Becker, S. L. Chin, "Tunable Ultrashort Laser Pulses Generated through Filamentation in Gases," *Phys. Rev. Lett.*, **97**, 023904 (2006).

この論文はフィラメント中での差周波4光波混合による波長可変の可視光発生に関する報告である．フィラメントの特性であるintensity clamping（強度一定）およびspatial self-filtering（空間自己フィルタリング），さらに自己位相変調による広帯域化によって波長に依存しない高い変換効率，エネルギーの高安定性，かつ良好な空間モードの12 fsパルス発生を達成した．

❖ フレネルゾーンプレート（Fresnel zone plate；FZP）

X線の屈折率はきわめて小さいため，開口数の大きな屈折レンズを作ることは困難である．このため，X線顕微鏡では回折を利用した同心円状のパターンをもったフレネルゾーンプレートが顕微鏡の対物レンズとして広く用いられる．

【関連論文】

❶ 高空間分解能のフレネルゾーンプレート

W. Chao, B. D. Harteneck, J. Alexander Liddle, E. H. Anderson, D. T. Attwood, "Soft X-Ray Microscopy at a Spatial Resolution Better than 15 nm," *Nature*, **435**, 1210 (2005).

フレネルゾーンプレートの同心円状のパターンは，外側にいくにつれて輪帯幅が狭くなる．フレネルゾーンプレート

APPENDIX

を顕微鏡の対物レンズに用いる場合，最も狭い最外輪帯幅が空間分解能とほぼ等しいことが知られている．このため，高空間分解能の顕微鏡を実現するには，輪帯幅のきわめて狭いナノ加工が必要となる．この論文では，電子ビームリソグラフィーにより作製された相補的な二つの金のナノパターンを貼り合わせるというオーバーレイ技術により，従来法よりも細い 15 nm の最外輪帯幅を実現した．

❷ クライオ透過 X 線顕微鏡による細胞のトモグラフィー

C. A. Larabell, M. A. Le Gros, "X-ray Tomography Generates 3–D Reconstructions of the Yeast, *Saccharomyces Cerevisiae*, at 60–nm Resolution," *Mol. Biol. Cell*, **15**, 957（2004）.

水の窓領域の光子エネルギー 514 eV の軟 X 線を用いて，極低温凍結した酵母細胞を，フレネルゾーンプレートを対物レンズに用いた透過 X 線顕微鏡で観察した．さまざまな傾斜角での測定の間，試料は液体窒素冷却されたヘリウムガスの吹きつけにより，極低温に保たれた．傾斜角シリーズの各像のアライメントに，大きさ 60 nm の金ナノ粒子を基準マーカーとして用いることにより，60 nm の空間分解能での 3 次元再構成像を得ることに成功した．さらに，金ナノ粒子による免疫染色を利用することにより，細胞内の生体分子の分布も得られる．

❖ 分子トンネルイオン化（molecular tunneling ionization）

分子中の電子に対する束縛ポテンシャルが強いレーザー電場によって変形を受けポテンシャル障壁が下がると，最外殻電子の波動関数が束縛ポテンシャルの外に染みだす．電子はトンネル効果によってポテンシャル障壁をすり抜け分子から解放され，分子はイオン化する．

【関連論文】

❶ 分子トンネルイオン化の理論

X. M. Tong, Z. X. Zhao, C. D. Lin, "Theory of Molecular Tunneling Ionization," *Phys. Rev. A*, **66**, 033402（2002）.

原子や 2 原子分子に関するトンネルイオン化の理論である Ammosov-Delone-Krainov（ADK）モデルについて，系の対称性や分子における電子の波動関数の漸近的挙動を考慮することによって理論を拡張した．いくつかの分子について，イオン化確率を計算するために必要な構造パラメタを導出した．この理論を分子に適応し，対象分子と束縛エネルギー（イオン化ポテンシャル）のほぼ等しい原子とのイオン化確率の比を計算した．いくつかの分子におけるイオン化確率抑制の起源を同定している．

❷ 分子トンネルイオン化における形状因子について

L. B. Madsen, F. Jensen, O. I. Tolstikhin, T. Morishita, "Structure Factors for Tunneling Ionization Rates of Molecules," *Phys. Rev. A*, **87**, 013406（2013）.

弱電場漸近理論の範囲内で，静電場中の分子におけるトンネルイオン化確率の分子配向依存性を，最高被占分子軌道（HOMO）の形状因子によって決定した．形状因子とそれによって決定されるイオン確率は，漸近領域での HOMO の正確な値が必要とされる．Hartree-Fock（ハートリー–フォック）近似での分子に対する形状因子の計算方法について議論している．ガウス基底関数によって HOMO の漸近値が再現可能性を示す系統的な研究を展開した．得られた計算結果について実験との比較を行った．

❖ HOMO（highest occupied molecular orbital，最高被占分子軌道）

最もエネルギーの高い被占分子軌道で，通常，最外殻分子軌道である．化学結合，分子構造，化学反応に本質的な役割を果たすだけでなく，強いレーザー場による分子トンネルイオン化の性質にも重要な影響を及ぼす．

【関連論文】

❶ フロンティア軌道と反応経路：福井謙一論文集

"Frontier Orbitals and Reaction Paths: Selected Papers of Kenichi Fukui (World Scientific Series in 20th Century Chemistry)," World Scientific（1997）.

本書はノーベル賞受賞者（化学賞，1981 年）である福井謙一教授の諸言が追記されているフロンティア軌道理論の論文集である．理論導出の基本概念，フロンティア軌道の相互作用の物理的化学的重要性と実用的応用性について記述されている．また，反応座標といくつかの単純な系についての定式化についても論じられる．この巻の目的は化学反応

APPENDIX

がいかに引き起こされ，位置‐立体選択反応が説明されるかを示すことである．

❖ ポンデロモーティブ力（＝動重力）（ponderomotive force）

レーザーを集光すると，集光強度の空間的な強度勾配が生じる．このレーザー強度の空間的な強度勾配に起因する力である．物質内部における光圧（＝輻射圧）のよび名でもある．プラズマ中の電子は，ポンデロモーティブ力によりはじき飛ばされる．

【関連論文】

❶ 超高強度レーザーパルスの吸収

S. C. Wilks, W. L. Kruer, M. Tabak, A. B. Langdon, "Absorption of Ultra-Intense Laser Pulses," *Phys. Rev. Lett.*, **69**, 1383 (1992).

粒子コードシミュレーションを用いることにより，レーザー集光強度が $10^{18}\,\mathrm{W/cm^2}$ を超えるレーザーパルスのプラズマによる吸収過程におけるポンデロモーティブ力の影響について調べた代表的な論文である．特徴的な現象として，レーザーパルスによるプラズマの穴あけ現象が観測され，プラズマ電子温度はポンデロモーティブポテンシャルと同等にまで加熱されていることを明らかにしている．

❷ 高強度レーザーによる電子の散乱

D. D. Meyerhofer, "High-Intensity-Laser-Electron Scattering," *IEEE J. Quntum. Elec.*, **33**, 1935 (1997).

電子が受ける相対論ポンデロモーティブ力の効果の影響を実験的に示した代表的な論文である．高強度レーザーをガス媒質に集光した際，集光点から飛び出てくる電子の角度分布は，レーザー強度が弱い場合には，レーザー進行方向に対して 90 度方向に分布する．レーザー強度が増大し，相対論効果が効き始めると，電子は，レーザー進行方向に飛び出してくるようになる．この論文では，高強度レーザーの集光点から，飛び出てくる電子の角度分布とエネルギーとの同時計測を行うことにより，相対論的レーザー強度では，電子が相対論的ポンデロモーティブ力の影響により，前方に加速されることを実験的に示した．

❖ 溶媒和電子（solvated electron）

溶媒中にいったん電子が放出されると，周囲の溶媒分子が配向緩和して溶媒和電子となる．可視から近赤外にかけて幅広い波長の光を吸収し，きわめて反応性に富む還元剤として働く．

【関連論文】

❶ 水表面近傍における水和電子の時間および角度分解光電子分光法

Y. Yamamoto, Y. Suzuki, G. Tomasello, T. Horio, S. Karashima, R. Mitríc, T. Suzuki, "Time- and Angle-Resolved Photoemission Spectroscopy of Hydrated Electrons near a Liquid Water Surface," *Phys. Rev. Lett.*, **112**, 187603 (2014).

この論文はフェムト秒時間角度分解光電子分光によって液体表面近傍で起こる電子移動反応の実時間観測にはじめて成功した報告である．光電子放出の異方性から，水中で発生した電子と水表面で発生した電子の区別に成功した．水表面の分子から電子を発生させた場合でも，電子は水表面には捕捉されず，速やかに水内部に侵入して水和電子となるため，電子は気液界面での反応にはほとんど関与しないことが明らかになった．

❖ レーザーアシステッド電子回折（laser-assisted electron diffraction）

分子試料を用いて，レーザーアシステッド電子散乱を観測した際，運動エネルギーが光子エネルギーの整数倍だけ変化した散乱電子の散乱角度分布に，分子の幾何学的構造を反映した電子回折パターンが現れる現象．

【関連論文】

❶ フェムト秒強レーザー場中でのレーザーアシステッド電子-原子散乱の観測

R. Kanya, Y. Morimoto, K. Yamanouchi, "Observation of Laser-Assisted Electron-Atom Scattering in Femtosecond Intense Laser Fields," *Phys. Rev. Lett.*, **105**, 123202 (2010).

APPENDIX

レーザーアシステッド電子散乱過程は，その初観測から30年以上もの間，マイクロ秒よりもパルス時間幅の長いレーザー光を用いて研究されてきた．この論文では，それ以前よりも時間幅が7桁短いフェムト秒レーザーパルスを用いてレーザーアシステッド電子散乱信号が得られたことが報告されている．さらに，超短パルスレーザーによるレーザーアシステッド電子散乱過程を分子に応用すればレーザーアシステッド電子回折像の観測ができること，そして，きわめて高い時間分解能で時間分解電子回折像の計測が可能となることが予測されている．

❷ フェムト秒分子イメージングのためのレーザーアシステッド電子回折

Y. Morimoto, R. Kanya, K. Yamanouchi, "Laser-Assisted Electron Diffraction for Femtosecond Molecular Imaging," *J. Chem. Phys.*, **140**, 064201 (2014).

超高速電子回折法であるレーザーアシステッド電子回折をはじめて実現したことが報告されている．CCl_4分子によるレーザーアシステッド電子散乱過程の観測実験を行い，CCl_4分子の幾何学的構造に起因する回折パターンが散乱電子の角度分布に現れることを実証している．さらに，数値シミュレーションを利用した実験結果の解析によって，気体分子の瞬間的な幾何学的構造をフェムト秒領域の時間分解能で決定できることが示されている．

❖ レーザーアシステッド電子散乱 (laser-assisted electron scattering)

レーザー電場内での電子と原子の散乱によって，電子の運動エネルギーが散乱前と比較して，レーザー場の光子エネルギーの整数倍だけ変化する散乱現象．

【関連論文】

❶ 電子-アルゴン散乱における自由-自由遷移の観測

D. Andrick, L. Langhans, "Measurement of Free-Free Transitions in e⁻-Ar Scattering," *J. Phys. B*, **9**, L459 (1976).

レーザーアシステッド電子散乱過程をはじめて観測した論文である．Ar原子線，単色電子線，連続波炭酸ガスレーザー光を空間の一点で交差させ，レーザー場中においてAr原子によって散乱された電子の運動エネルギーを計測することによって，レーザーアシステッド電子散乱過程によって生成される1光子分だけ運動エネルギーが変化した散乱電子の観測に成功している．

❷ レーザーによって誘起された自由-自由遷移における多光子過程の直接的な観測

A. Weingartshofer, J. K. Holmes, G. Caudle, E. M. Clarke, H. Krüger, "Direct Observation of Multiphoton Processes in Laser-Induced Free-Free Transitions," *Phys. Rev. Lett.*, **39**, 269 (1977).

多光子遷移レーザーアシステッド電子散乱過程をはじめて観測したことが報告されている．連続波炭酸ガスレーザーよりも集光強度が4桁程度高いパルス炭酸ガスレーザーを用いることによって，電子とレーザー場が非摂動的な相互作用をする状況下でレーザーアシステッド電子散乱過程の観測が行われた．そして，1光子だけではなく，2光子および3光子分だけ運動エネルギーが変化した散乱電子が検出された．

❖ レーザーフィラメント (laser filament)

高強度のレーザーパルスが透明媒質中を伝搬する際，媒質の屈折率の変化により自己誘導伝搬する光(現象)．光カー効果による自己収束と，プラズマ発生や高次のカー効果による発散が均衡することにより生じると説明されている．

【関連論文】

❶ 大気解析のための白色光フィラメント

J. Kasparian, M. Rodriguez, G. Méjean, J. Yu, E. Salmon, H. Wille, R. Bourayou, S. Frey, Y.-B. André, A. Mysyrowicz, R. Sauerbrey, J.-P. Wolf, L. Wöste, "White-Light Filaments for Atmospheric Analysis," *Science*, **301**, 61 (2003).

これは，フィラメントの大気応用に関するレビュー論文である．フィラメント内には強い自己位相変調が生じるため，コヒーレント白色光とよばれる広帯域なレーザー光が発生する．このコヒーレント白色光のライダー応用として，大気中の微量ガスの遠隔計測を紹介している．また，フィラメントの強い非線形効果を利用したライダー応用として，多光子励起蛍光によるバイオエアロゾルの遠隔検知を紹介している．さらに，フィラメント中に存在するプラズマの応用として，レーザー誘雷やレーザー誘起水蒸気凝縮への応用を提案している．

APPENDIX

❷ フェムト秒レーザーパルスのキロメートルレンジの非線形伝搬
M. Rodriguez, R. Bourayou, G. Méjean, J. Kasparian, J. Yu, E. Salmon, A. Scholz, B. Stecklum, J. Eislöffel, U. Laux, A. P. Hatzes, R. Sauerbrey, L. Wöste, J. -P. Wolf, "Kilometer-range Nonlinear Propagation of Femtosecond Laser Pulses," *Phys. Rev. E*, **69**, 036607 (2004).

フェムト秒テラワットのレーザーパルスを大気中に照射し，直径 2 m の天体望遠鏡を用いて，上空 20 km までのレーザー光の伝搬特性を測定している．伝搬するレーザー光の波長帯域を測定した結果，上空 2 km までフィラメントが生成していることが示された．実験結果より，白色光ライダーの応用の可能性について議論している．

❖ レーザー誘起ブレイクダウン分光 (laser-induced breakdown spectroscopy)
レーザー光を測定対象物に照射してプラズマを発生し，そのプラズマの発光スペクトルを解析することにより，測定対象物に含有されている元素の種類と濃度を測定する技術．

【関連論文】

❶ 大気中のフィラメンテーションを用いた長距離遠隔レーザー誘起ブレイクダウン分光
K. Stelmaszczyk, P. Rohwetter, G. Méjean, J. Yu, E. Salmon, J. Kasparian, R. Ackermann, J. -P. Wolf, L. Wöste, "Long-Distance Remote Laser-Induced Breakdown Spectroscopy Using Filamentation in Air," *Appl. Phys. Lett.*, **85**, 3977 (2004).

超短パルスレーザー光を集光せずに大気伝搬させてフィラメントを生成し，このフィラメントを用いたレーザー誘起ブレイクダウン分光（フィラメント誘起ブレイクダウン分光；FIBS）により，90 m の離隔距離まで遠隔元素分析を実証している．銅や鉄の発光スペクトルを計測した結果，測定距離 20〜90 m にかけて距離二乗補正信号強度は一定であった．これは，ターゲット上の発光強度に変化がないことを示している．実験結果の解析より，キロメートルの離隔距離まで FIBS は可能としている．

❷ 金属ターゲットにおける遠隔フェムト秒レーザー誘起ブレイクダウン分光の利点
H. L. Xu, J. Bernhardt, P. Mathieu, G. Roy, S. L. Chin, "Understanding the Advantage of Remote Femtosecond Laser-Induced Breakdown Spectroscopy of Metallic Target," *J. Appl. Phys.*, **101**, 033124 (2007).

大気中において，鉛にフェムト秒レーザー誘起フィラメントを照射することによりプラズマを生成し，プラズマの温度と電子密度を測定することにより，フィラメント誘起ブレイクダウン分光（FIBS）を用いた金属ターゲットの遠隔検知の利点を議論している．レーザー光がターゲットに照射されて 20 ns 後に，電子密度は 8×10^{17} cm^{-3}，プラズマ温度は 6794 K であった．このとき，信号強度は高く，ノイズとなる連続的な黒体放射強度は低い．実験で得られた測定限界より，FIBS はキロメートルの離隔距離まで可能であるとしている．

APPENDIX

Part III 役に立つ情報・データ
覚えておきたい ★ 関連最重要用語

アト秒パルス
高次高調波発生によって生成するサブフェムト秒のパルス幅をもつ超短パルス．高次高調波発生で発生する高次高調波はスペクトル帯域が広く低分散であるため，逆 Fourier 変換すると非常に短いパルス幅の超短パルスとなる．

アト秒パルス列
高次高調波発生は，フェムト秒レーザーのサイクル電場の半周期ごとに繰り返される．そのため，時間領域で見る高次高調波アト秒パルスがフェムト秒レーザーの半周期の間隔で連なる列をなす．

アト秒フーリエ変換分光
アト秒パルス列のフリンジ分解自己相関計測で測定する分子の非線形応答信号をフーリエ変換して，分子が実効的に吸収した高次高調波を，次数分解したフーリエ変換スペクトルを得てアト秒パルス列による多光子過程を解明する分光法．

H_3^+
正三角形構造をもつ H_3^+ は，イオン-分子反応（H_2 + H_2^+ → H + H_3^+）で生成する分子イオン種として知られていた．その後，有機分子の電子イオン化や強レーザー場イオン化による二価イオンからの単分子反応でも生成することがわかってきた．分子内水素転位を伴う H_3^+ 脱離反応は，分子内水素スクランブリングの速度や経路の情報を内包しているという点でも注目されている．

HOMO
最もエネルギーの高い被占分子軌道で，通常，最外殻分子軌道である．化学結合，分子構造，化学反応に本質的な役割を果すだけでなく，強いレーザー場による分子トンネルイオン化の性質にも重要な影響を及ぼす．

X 線発光分光法
試料に X 線が吸収されたあと，励起されてエネルギーの高い状態になった原子が，もとの状態に戻るときに放出する X 線は，元素や原子/分子軌道に特有のエネルギーをもつ．X 線発光分光法では，この発光 X 線を検出して試料の物理科学的状態の測定を行う．スペクトルの現れるエネルギーとその形状から特定元素の電子状態やスピン状態，リガンド環境などに関する情報が得られる．

回転量子波束
エネルギー固有状態にある系の波動関数の二乗，すなわち確率密度は時間に依存しない．しかし，複数のエネルギー固有状態を重ね合わせた状態の確率密度は時間依存性をもち，波束とよばれる．とくに，多数の回転固有状態の重ね合わせ状態を回転量子波束という．

解離イオン
イオン化によって生成したイオンのうち，解離を経て生成したイオンのこと．分子イオンが電子励起，もしくは，振動励起した結果，解離する．多価分子イオンからは，基底状態でも不安定になりクーロン爆発する．

気体電子回折法
数十 keV の高速電子線を気体試料に照射し，観測される電子回折パターンから気体分子の幾何学的な構造を決定する手法．分子の幾何学的構造を ±0.01 Å という高い精度で決定することができる．そのため，現在知られている気体分子の構造パラメーターの実験値は，ほとんどの場合，この気体電子回折法によって決定されたものである．

極紫外光（極端紫外光）
Extreme Ultraviolet (EUV)．真空紫外光（波長 200-10 nm）のうち，短波長域（121-10 nm）に相当する光（ISO による定義，ISO-21348）．

クーロン爆発
クーロン反発による多価分子イオン（クラスター）の分子解離過程．強レーザーパルスの照射や，多価イオンとの衝突などによって標的分子から複数の電子がはぎ取られて生成した多価分子イオンは，分子内の強いクーロン反発によって速やかに解離し，大きな運動エネルギーをもつフラグメントイオンを生成する．

高次高調波発生
強いレーザー電場に曝された原子は，トンネルイオン化過程によって電子を放出する．放出された電子はレーザー電場によってその軌道を制御されて，再び原子に衝突する．その際に，電子のもっていた運動エネルギーが短波長の光に変換される非線形現象．

光子誘起近接場電子顕微鏡法
レーザー光・電子・ナノ物質が同時に相互作用した際にのみ誘起される，電子の加減速を利用した電子顕微鏡法．フェムト秒の間しか存在しない近接場をナノ

APPENDIX

メートルの空間分解能で観測することができる．

光電子・光イオン同時計数計測
単一分子から生成した光電子と光イオンを同時に検出する手法．1回の測定あたり1事象以下の計数率とし，多数の積算を要する．背景雑音をなくすためには超高真空と偽同時信号を減らすための高捕集効率・高感度の検出系が必要となる．

光電子放出と電子励起
光電子放出された際，生成したイオンは電子基底状態だけでなく，電子励起状態にも分布する．強レーザー場中では，光電子が放出された後にも，分子イオンとレーザー場の相互作用が継続し，さらに電子励起が起こる可能性が高い．

コヒーレント制御と量子制御
レーザー光によって物質の量子状態および量子ダイナミクスを直接操作し，物性や機能，化学反応を制御する手法．物質の量子性がランダムな外乱や熱運動によってかき消される前のコヒーレント状態にレーザーを作用させ，光と物質とのコヒーレント相互作用を通して物質を制御しようというものである．

コヒーレントフォノン
位相の揃ったフォノンの集団のことで，格子振動の振動周期よりも短いパルスレーザーを固体に照射することで発生することができる．

シーガート状態
量子力学的非束縛状態に対して，正則性と外向き波境界条件を満たしたシュレーディンガー方程式の固有状態．ビーム実験に対応する散乱問題のほか，電場中の原子・分子のトンネルイオン化の問題についても利用される．

自己位相変調
光カー効果により，レーザー強度の時間変化は，大気の屈折率に時間的，空間的な変化を生じさせる．これにより，レーザー波長が時間的，空間的に変化する現象．

自己収束
集光された高強度レーザービームは中心付近の強度が周囲に比べて強く，ガウス型の強度分布となる．この際，プラズマ中の電子は，ポンデロモーティブ力により，レーザー強度の強い場所から弱い場所へ押し出され，ビーム中心付近の屈折率は大きくなる．このことが原因となり，プラズマ中でレーザーが集光される現象．

自由電子レーザー
相対論的速度の電子と電磁場との共鳴相互作用により発振するレーザー．周期磁場をつくるアンジュレーターに入射した高エネルギー電子ビームは，蛇行運動によって自身が放出した電磁波との相互作用により密度変調を起こし，光の波長と同じ周期の電子の塊（マイクロバンチ）を形成する．マイクロバンチから発生する光の位相がアンジュレーター内で揃うことによって，コヒーレントなレーザー光が得られる．極紫外・X線域の自由電子レーザーでは共振器を用いず，シングルパスで増幅する方法が採用されている．

瞬間的誘導ラマン散乱
超短パルスレーザーのエネルギー幅内の二つの波長の光を励起光と Stokes 光として使って，誘導ラマン散乱を起こすこと．

生成イオン
イオン化によって生成するイオンのこと．解離せずに光電子放出しただけの分子イオンも解離イオンもすべて含まれる．

相対論プラズマ
プラズマ中の電子のレーザー電場によって振られる速度は，レーザー強度が 10^{18} W cm^{-2} を超えると光速度に近づく．この際，電子の運動エネルギーは，静止エネルギー 0.511 MeV を超え，相対論的粒子として振る舞う．すなわち，電子質量の増大やレーザー磁場による影響が顕著となり，さまざまな非線形なプラズマ現象が発現する．

タイコグラフィー
広がった試料をイメージングできる走査型のコヒーレント回折イメージング手法．コヒーレント回折イメージングは，当初孤立した試料のみに適用が限られていたが，この手法により，応用の拡大が期待される．

多重内殻イオン化
X線の輝度が大きくなると，複数の内殻電子のイオン化が起こり，中空状態になる．

断熱近似
座標 R の運動が他方 r に比べてはるかに遅い場合には，R を固定して r に関する波動方程式を解き，R をパラメータとする断熱状態とエネルギー固有値を求める．R の運動はこのエネルギー固有値をポテンシャル関数としてよく記述できる．分子の断熱ポテンシャルが最も典型的な例である．

断熱理論
あるパラメータをゆっくりと変化させたときに系の振る舞いを記述する理論．高強度レーザー場中の分子内電子の再衝突過程などは，レーザー場の変化の速さと分子内の電子の運動の速さの比を断熱パラメータとする漸近展開によってよく記述される．

APPENDIX

デコヒーレンス
物質の量子力学的な波の性質が周囲の環境との相互作用によって失われていく現象．数式的には，密度行列における非対角要素が減衰していくことに対応する．

逃走電子なだれモデル
雷の発生メカニズムとして，大気中の宇宙線や環境放射線のラドンに由来する高エネルギー電子が種となり，電界中で加速されて電子なだれを引き起こし，その結果，電界領域が中和・破壊されて雷が発生するというモデル．

トンネルイオン化
分子に電場を印加したとき，クーロンポテンシャルと静電ポテンシャルによって形成されるポテンシャル障壁をトンネル効果によって電子が分子の外に飛び出す現象．イオン化レートは電場強度に対して指数関数的に振る舞い，強い非線形性を示す．

白色レーザー
高強度フェムト秒レーザーを媒体に集光すると，自己位相変調が起こり，紫外から赤外におよぶ幅広なスペクトルを有するコヒーレントな白色光が発生する．フィラメント生成とほぼ同じレーザー強度で生じる．これを白色光レーザー（white light laser）という．

波束干渉法
波束とは，複数の固有関数の一次結合のことである．こうした波束を，複数の励起パルスを照射することで重ね合わせて，それらの干渉を制御する手法を波束干渉法とよぶ．

パルス電子回折
超短パルス化した電子で回折像を取得することにより，分子や結晶の瞬時的な幾何学的構造を 0.01 Å の精度で決定可能な手法．これまでに，気体分子試料ではピコ秒，固体薄膜試料では数百フェムト秒の時間分解能が達成されている．

非断熱回転励起
分子の回転周期よりも短いパルス幅をもつ非共鳴の高強度光を気相中の分子に照射することで，分子の回転運動がコヒーレントに励起される現象のこと．その結果，多数の回転固有状態が重ね合わされた量子回転波束ができる．回転状態分布として見ると，単一のラマン遷移では到達できない高い回転励起状態まで分布を移動できる．

非断熱遷移
断熱パラメータ R（本書では核座標と振動電場）は有限の速さで変化するので，系がある断熱状態から出発しても別の断熱状態に遷移する確率がある．この遷移を非断熱遷移とよぶ．その確率は，断熱状態の固有値が互いに近づいているところ（擬似交差や円錐交差）で大きくなる．

フィラメンテーション
レーザービームの中心ほど強度が高く，自己収束が起こるが，生じたプラズマの密度が大きいため屈折率が周囲より小さくなってビームは発散する．自己収束と発散を繰り返しながら強度一定のレーザーの伝搬が起こる現象をフィラメンテーション（filamentation）という．

分子イオン
イオン化によって生成したイオンのうち，解離せずに光電子放出しただけのイオンのこと．親イオンともよばれる．

分子トンネルイオン化
分子中の電子に対する束縛ポテンシャルが強いレーザー電場によって変形を受けポテンシャル障壁が下がると，最外殻電子の波動関数が束縛ポテンシャルの外に染みだす．電子はトンネル効果によってポテンシャル障壁をすり抜け分子から解放され，分子はイオン化する．

分子内水素転位
とくに有機化合物の二価イオンでは，高速水素転位反応による異性化が起こり，もとの分子骨格が単純に切断した化学種とは異なるフラグメントイオンが観測される．

分子の回転準位構造
分子は三つの慣性主軸まわりの主慣性モーメントの大小関係により，球コマ分子，直線分子，対称コマ分子，非対称コマ分子に分類される．これらはそれぞれ特徴的な回転エネルギー準位をもち，これを回転準位構造という．

分子配向と分子配列
二原子分子 A—B の集団を考えたとき，A—B，B—A という向きを考慮せずに分子軸が空間に局在した状況を分子配列といい，A—B もしくは B—A の特定の向きで分子軸が局在化する場合を分子配向という．この考えは多原子分子にも拡張される．

放射線損傷
試料に X 線を入射させた際，X 線が試料に吸収されることによって試料本来の物理科学的性質（電子状態や結合状態，構造など）に変化が起きる．

ポンデラモーティブ力（動重力）
レーザーを集光すると，集光強度の空間的な強度勾配が生じる．このレーザー強度の空間的な強度勾配に起因する力で，物質内部における光圧（輻射圧）のよび名．

APPENDIX

プラズマ中の電子は，ポンデラモーティブ力によりはじき飛ばされる．

マトリックス支援レーザー脱離イオン化（MALDI）法

マトリックス剤と不揮発性試料の混合結晶への紫外レーザー照射により，試料を断片化せずに気化，イオン化する方法である．一般に，質量分析法と組み合わせて，高質量の生体分子などの定性分析に用いられる手法である．レーザー脱離に用いられるのは，窒素レーザーや YAG レーザーの第三高調波である．

水の窓

酸素の吸収端エネルギーである 543.1 eV（波長 2.28 nm）から炭素の K 吸収端エネルギーである 284.2 eV（波長 4.36 nm）までの領域の X 線．細胞などの生物試料に対して吸収コントラストイメージングが行える．

溶媒和電子

溶媒中にいったん電子が放出されると，周囲の溶媒分子が配向緩和して溶媒和電子（solvated electron）となる．可視から近赤外にかけて幅広い波長の光を吸収し，きわめて反応性に富む還元剤として働く．

ライダー

Light detection and ranging を略したもの（Lidar）であり，レーザー光を大気中に照射し，その後方散乱光を受光して解析することにより，大気の成分や，気温，湿度，風等の気象情報を遠隔において計測する手法である．

臨界密度

レーザー光（電磁波）がプラズマ中を伝搬する際，プラズマの密度が電磁波の波長で決まる閾値を超えるとレーザー光は，プラズマ中を伝搬できなくなる．この閾値を臨界密度（カットオフ密度ともよばれる）という．

レーザーアシステッド電子回折

分子試料を用いて，レーザーアシステッド電子散乱を観測した際，運動エネルギーが光子エネルギーの整数倍だけ変化した散乱電子の散乱角度分布に，分子の幾何学的構造を反映した電子回折パターンが現れる現象．

レーザーアシステッド電子散乱

レーザー電場内での電子と原子の散乱により，電子の運動エネルギーが散乱前と比較して，レーザー場の光子エネルギーの整数倍だけ変化する散乱現象．

レーザー誘起ブレイクダウン分光

レーザー光を測定対象物に照射してプラズマを発生し，そのプラズマの発光スペクトルを解析することにより，測定対象物に含有されている元素の種類と濃度を測定する技術．

APPENDIX

Part III 役に立つ情報・データ

知っておくと便利！関連情報

① おもな本書執筆者のウェブサイト (所属は2015年2月現在)

板倉 隆二
日本原子力研究開発機構関西光科学研究所
http://wwwapr.kansai.jaea.go.jp/aprc/app-unit.html

上田 潔
東北大学多元物質科学研究所
http://www.tagen.tohoku.ac.jp/labo/ueda/index-j.html

大島 康裕
東京工業大学大学院理工学研究科
http://www.chemistry.titech.ac.jp/~ohshima/

大村 英樹
産業技術総合研究所計測フロンティア研究部門
https://unit.aist.go.jp/riif/ja/group/ioqum.html

大森 賢治
分子科学研究所光分子科学研究領域
http://groups.ims.ac.jp/organization/ohmori_g/

香月 浩之
奈良先端科学技術大学院大学物質創成科学研究科
http://mswebs.naist.jp/LABs/optics/index-j.html

河野 裕彦
東北大学大学院理学研究科
http://www.mcl.chem.tohoku.ac.jp/index-j.html

中村 一隆
東京工業大学応用セラミックス研究所
http://www.knlab.msl.titech.ac.jp/

西野 吉則
北海道大学電子科学研究所
http://cxo-www.es.hokudai.ac.jp/

長谷川 宗良
東京大学大学院総合文化研究科
http://hase.c.u-tokyo.ac.jp

菱川 明栄
名古屋大学大学院理学研究科
http://photon.chem.nagoya-u.ac.jp/HOME/HOME.html

福田 祐仁
日本原子力研究開発機構関西光科学研究所
http://wwwapr.kansai.jaea.go.jp/aprc/beam-unit.html

藤井 隆
電力中央研究所電力技術研究所
http://criepi.denken.or.jp/jp/electric/index.html

星名 賢之助
新潟薬科大学薬学部
http://www.nupals.ac.jp/labo/ph/bukka/

緑川 克美/鍋川 康夫/古川 裕介/沖野 友哉
理化学研究所光量子工学研究領域
http://www.riken.jp/research/labs/rap/extr_photonics/attosec_sci/

森下 亨
電気通信大学大学院情報理工学研究科
http://power1.pc.uec.ac.jp/~toru/

八ッ橋 知幸
大阪市立大学大学院理学研究科
http://www.laserchem.jp/

矢野 淳子
Lawrence Berkeley National Laboratory
http://www2.lbl.gov/vkyachan/index.html

山内 薫/加藤 毅/歸家 令果/中井 克典/森本 裕也
東京大学大学院理学系研究科
http://www.yamanouchi-lab.org/

APPENDIX

❷ 読んでおきたい洋書・専門書

[1] L. D. Landau, E. M. Lifshitz, "**Quantum Mechanics: (Non-Relativistic Theory) Course of Theoretical Physics, Third ed.,**" Butterworth-Heinemann (1981).

[2] M. H. Mittleman, "**Introduction to the Theory of Laser-Atom Interactions,**" Plenum Press (1982).

[3] F. H. M. Faisal, "**Theory of Multiphoton Processes,**" Plenum Press (1987).

[4] R. G. Parr, W. Yang, "**Density-Functional Theory of Atoms and Molecules,**" Oxford University Press (1989).

[5] B. E. Warren, "**X-Ray Diffraction,**" Dover Publications (1990).

[6] R. Schinke, "**Photodissociation Dynamics: Spectroscopy and Fragmentation of Small Polyatomic Molecules,**" Cambridge University Press (1993).

[7] "**Molecules in Laser Fields,**" ed. by A. D. Bandrauk, Marcel Dekker (1994).

[8] K. Blum, "**Density Matrix Theory and Applications, Second ed.,**" Plenum Press (1996).

[9] A. Szabo, N. S. Ostlund, "**Modern Quantum Chemistry: Introduction to Advanced Electronic Structure Theory,**" Dover Publications (1996).

[10] M. Born, E. Wolf, "**Principles of Optics : Electromagnetic Theory of Propagation, Interference and Diffraction of Light, 7th edition,**" Cambridge University Press (1999).

[11] E. Hecht, "**Optics, fourth edition,**" Addison-Wesley (2001).

[12] 山内 薫, 『岩波講座 現代化学への入門 4　分子構造の決定』, 岩波書店 (2001).

[13] "**Molecules and Clusters in Intense Laser Fields,**" ed. by J. Posthumus, Cambrige University Press (2001).

[14] M. Shapiro, P. Brumer, "**Principles of the Quantum Control of Molecular Processes,**" Wiley-Interscience (2003).

[15] J. W. Goodman "**Introduction to Fourier Optics, third edition,**" Roberts and Company Publishers (2004).

[16] P. Gibbon, "**Short Pulse Laser Interaction with Matter,**" Imperial College Press (2005).

[17] D. M. Paganin, "**Coherent X-Ray Optics,**" Oxford University Press (2006).

[18] O. K. Ersoy, "**Diffraction, Fourier Optics and Imaging,**" Wiley-Interscience (2006).

[19] D. J. Tannor, "**Introduction to Quantum Mechanics: A Time-Dependent Perspective,**" University Science Books (2006).

[20] W. T. Hill, III, C. H. Lee, "**Light-Matter Interaction: Atoms and Molecules in External Fields and Nonlinear Optics,**" WILEY-VCH (2007).

[21] D. Attwood, "**Soft X-Rays and Extreme Ultraviolet Radiation: Principles and Applications,**" Cambridge University Press (2007).

[22] "**X-Rays in Nanoscience: Spectroscopy, Spectromicroscopy, and Scattering Techniques,**" ed. by J. Guo, Wiley-VCH (2010).

[23] P. Willmott, "**An Introduction to Synchrotron Radiation: Techniques and Applications,**" Wiley (2011).

[24] J. Als-Nielsen, D. McMorrow, "**Elements of Modern X-ray Physics, Second Edition,**" Wiley (2011).

[25] C. J. Joachain, N. J. Kylstra, R. M. Potvliege, "**Atoms in Intense Laser Fields,**" Cambridge University Press (2011).

[26] K. Yamanouchi, "**Quantum Mechanics of Molecular Structures,**" Springer-Verlag (2012).

[27] F. Grossmann, "**Theoretical Femtosecond Physics: Atoms and Molecules in Strong Laser Fields, 2nd ed.,**" Springer (2013).

[28] "**Attosecond Physics (Springer Series in Optical Sciences Volume 177),**" ed. by L. Plaja, R. Torres, A. Zair, Springer (2013).

[29] T. Helgaker, P. Jorgensen, J. Olsen, "**Molecular Electronic-Structure Theory,**" Wiley (2014).

APPENDIX

3 有用な HP およびデータベース

◆学会・研究会など

強光子場科学研究懇談会（JILS）
http://www.jils.jp/

原子衝突学会
http://www.atomiccollision.jp/

日本化学会
http://www.chemistry.or.jp/

日本結晶学会
http://www.crsj.jp

日本顕微鏡学会
http://www.microscopy.or.jp/

日本分光学会
http://www.bunkou.or.jp/

日本放射光学会
http://www.jssrr.jp/

光化学協会
http://photochemistry.jp/

分子科学会
http://www.molsci.jp/

レーザー学会
http://www.lsj.or.jp/laser/

X線結像光学研究会
http://mml.tagen.tohoku.ac.jp/xio/

◆放射光に関するサイト

lightsources.org（世界の放射光施設/放射光源に関するウェブサイト）
http://www.lightsources.org/

SACLA（XFEL）X線自由電子レーザー
http://xfel.riken.jp/

SACLA が分かるスペシャルサイト
http://xfel.riken.jp/pr/sacla/index.html

X-Ray Interactions with Matter（物質とX線の相互作用に関するサイト）
http://henke.lbl.gov/optical_constants/

◆データベース

CSD（Cambridge Structural Database）
http://www.ccdc.cam.ac.uk/

NIST Standard Reference Date（アメリカ国立標準技術研究所標準参照データ）
http://www.nist.gov/srd/

Protein Data Bank（日本語版もあり）
http://pdbj.org/

X-Ray and Gamma-Ray Data
http://www.nist.gov/pml/data/xray_gammaray.cfm

X-ray data booklet
http://xdb.lbl.gov/

◆計算法

DFTB法
http://www.dftb.org/home/

MCTDH（Heidelberg package）法
http://www.pci.uni-heidelberg.de/cms/mctdh.html

◆その他

E. K. U. Gross 氏の研究所（Theory Department, Max Planck Institute of Microstructure Physics）
http://www2.mpi-halle.mpg.de/theory_department/welcome/

Nature Millstones/Attosecond Science（Milestone 22）（マイルストーン22　アト秒科学）
http://www.nature.com/milestones/milephotons/full/milephotons22.html

Nature Millstones ［Photons］
http://www.nature.com/milestones/milephotons/index.html

索　引

●英数字

Ammosov-Delone-Krainov モデル	39
Born-Oppenheimer 近似	72
Born 近似	79
C_{60}	71, 74
CH_3CN	59
density functional theory 法	74
density functional tight-binding 法	75
DFTB 法	75
DFT 法	74
electron localization function	75
ELF	75
FEL	143, 144, 145, 147
FIBS	111
Franck-Condon 重なり	55
G タンパク質共役受容体	137
H_3^+	162
H_3O^+	61
HOMO	39, 158, 162
──軌道	35
impulsive Raman excitation	74
intramolecular vibrational energy redistribution	72
in vivo 結晶構造解析	137
IVR	72
K-B ミラー	131, 151
Keldysh 理論	39, 79
KFR 理論	79
Kirkpatrick-Baez ミラー	131
LAED	99, 101
LAES	99, 100, 101
laser-assisted electron diffraction	99
laser-assisted electron scattering	99
LCLS	135
LIBS	111
MALDI 法	64, 166
matrix assisted laser desorption ionization	64
multi-configurational time-dependent Hartree 法	74
particle in cell シミュレーション	113
PEPICO	54, 56
PIC シミュレーション	113
probe-before-destroy アプローチ	135
Rice-Ramsperger-Kassel-Marcus 理論	75
RRKM 理論	75
SACLA	135
SASE	143
self-amplified spontaneous emission	143
serial femtosecond crystallography	136
SFX	136
Stark 効果	39
Stark シフト	39, 73
Stone-Wales 転位（SW 転位）	75, 76
time dependent Schrödinger equation（TDSE）	72
Volkov 状態	39, 79
XAS	138
XES	138
XFEL	135
X-ray Absorption Spectroscopy	138
X-ray Emission Spectroscopy	138
X-ray free electron laser	135
X 線位相コントラストイメージング	130
X 線回折	139
X 線吸収コントラストイメージング	130
X 線吸収法	138
X 線結晶構造解析	135
X 線自由電子レーザー	132, 135
──施設	135
X 線発光分光法	138, 162
X 線分光法	138
Young のダブルスリット実験	104
γ 線照射	47
3 ステップモデル	18, 78, 86
3 態間の界面	49

●あ

アセトニトリル	59
アト秒極短パルス	77
アト秒時間領域・ナノメートル	87
アト秒ストリーク法	92
アト秒測定法	86
アト秒パルス	18, 20, 92, 150, 162
──発生装置	22
──列	92, 150, 163
アト秒フーリエ変換分光	162
アンダーデンスプラズマ	120
鞍点法	81
イオンイメージング	32
イオン化確率	39
イオン加速	116, 122
位相	87
──制御レーザーパルス	40
遺伝的アルゴリズム	72
インパルシブラマン散乱	107
液相レーザーアブレーション	48
エタノール	61
エタン	60
──分子	90

エネルギー散逸	43	光圧	118
円二色性	36	光化学系Ⅰ膜タンパク質	136
円偏光レーザーパルス	42	光化学系Ⅱ酸素発生複合体	138
オーバーサンプリング条件	131	光化学反応制御	43
オーバーサンプリング法	137	光学フォノン	126
オーバーデンスプラズマ	120	交換相互作用	138
		高強度レーザー	87

●か

		――誘起量子干渉	107
回折限界	129	高次高調波	18, 35, 86
回転エネルギー	31	――発生	20, 72, 77, 92, 93, 162
回転固有状態	31	高次高波長スペクトルへのマッピング法	90
回転準位構造	31	光子遷移描像	44
回転量子波束	31, 162	高次非線形光学応答	38, 40
――の再構築	34	光子誘起近接場電子顕微鏡法	99, 162
解離イオン	53, 54, 162	高出力極短レーザーパルス	38
――と光電子のエネルギーの相関	56	高出力超極短レーザーパルス	39
解離性イオン化	52	高速プロトン移動	59
――過程	93, 94	光電子・光イオン同時計数	54
化学反応動力学	90	――計測	52, 151, 163
角運動量の配向	36	光電子スペクトル	53
核間距離	16	光電子分光	143
核スピン重率	32	光電子放出	52, 53, 54, 56, 152, 163
核スピン統計	32	高分子化	50
過酸化水素	49	光力学的機構	51
数サイクルパルス発生装置	22	固体パラ水素	107
カットオフ領域	20	コヒーレンス	128
過渡反射率	125	コヒーレントX線	130
カーボンナノチューブ	76	コヒーレント回折イメージング	131, 152
カーボンナノフレーク	71, 76	コヒーレント制御	104, 153, 163
カルボン酸二量体	63	コヒーレントな電子パルス	90
還元効率	47	コヒーレント軟X線	44
ギ酸二量体	63	コヒーレント白色光	111
気相クラスター	37	コヒーレントフォノン	107, 153, 163
気体X線回折法	102	コロイド粒子	50
気体電子回折法	98, 99, 150, 162		
気体パルス電子回折法	99, 100		

●さ

逆制動放射	116	最高占有軌道	89
強光子場	14	再散乱過程	77
――近似	78	再衝突電子	87
凝集法	48	再衝突モデル	43
共鳴吸収	116	酸素活性種	50
強レーザー場イオン化	57	シーガート状態	82, 163
極端紫外光(極紫外光)	87, 162	時間依存 Schrödinger 方程式	33, 72
金属ナノ粒子	45	時間分解分光	96
空間光変調器	106	時間分解ポンプ・プローブ実験	96
クラスター	116	時間領域分光法	124
クーロン爆発	16, 32, 50, 59, 116, 122, 139, 144, 145, 162	磁気渦	121, 122
クーロン反発	16	自己位相変調	111, 163
結合軟化	16	自己収束	46, 121, 154, 163
元素組成	51	自己増幅自発放射	143
コインシデンス運動量画像計測装置	22	シース電場	118
コインシデンス運動量画像法	66	シュウ酸第二鉄カリウム	47

自由電子レーザー	141, 142, 163
瞬間的誘導ラマン散乱	154, 163
準静的トンネルイオン化モデル	40
衝撃波	122
衝突イオン	116
シリアルフェムト秒結晶構造解析	136
親水性炭素ナノ粒子	45
親水性粒子	49
振動エネルギー再分配過程	72
振動制御	75
振動波束	95, 96, 104
振動波束運動	88
水素原子脱離	55
水素脱離	55, 56
水素マイグレーション	65, 66, 67
スキン長	117
煤	48
スナップショット測定	138
スペックル	131
生成イオン	53, 54, 163
線形加速器コヒーレント光源	135
選択的結合解離	74
線量率	50
相関のある波束対	89
増強イオン化	72
走査型蛍光X線顕微鏡	131
走査型透過X線顕微鏡	131
相対位相差	42
相対論プラズマ	116, 118, 122, 155, 163
速度投影型運動量画像計測装置	20
束縛状態	89

● た

第一原理分子動力学	68, 74
タイコグラフィー	132, 163
多光子イオン化	14, 39, 116
多光子過程	14, 47
多光子吸収	14, 142
多光子多重イオン化	146
多光子脱励起	14
多光子励起	111
多重イオン化	16, 143
多重内殻イオン化	139, 163
多層フラーレン	76
脱炭素化	48
多配置時間依存Hartree法	74
単一アト秒パルス	20, 24
単一電子パルス	101
断熱近似	39, 72, 155, 163
断熱パラメータ	39
断熱理論	80, 163
チャープパルス増幅器	22

チャープパルス増幅法	16
チャンネル閉鎖	14
超閾イオン	78
——化	14
超閾解離	16
超高速反応ダイナミクス	16
超短パルスレーザー光	111
調和振動子	124
デコヒーレンス	104, 164
転位反応	71
電子局在関数	75
電子再衝突	86
電子波束運動	88
電子波動関数	87
電子捕捉	47
電子励起	53, 54, 55, 153, 164
透過X線顕微鏡	130
統計的解離	74
凍結水和	130
銅酸化物超伝導体	127
動重力	166
——エネルギー	142
逃走電子	112
——なだれモデル	164
トンネルイオン化	14, 39, 72, 78, 86, 116, 164
——確率	89
トンネル効果	39

● な

ナノプラズマ	145, 146
軟X線領域	20
二液相界面	49
二電子励起	144

● は

配向依存性	41
配向選択分子トンネルイオン化	38, 41
バイブロン	107
白色光	46
白色レーザー	46, 156, 164
波束干渉法	164
パルス電子回折	164
——法	18, 101
パルス波形整形	34
搬送波包絡線位相	16
反応制御	57, 71
反発交差	16
反復的位相回復法	131
光解離生成物イオン	42
光還元反応	46
光駆動サイクル	139
光電子回折法	102

索 引

光ドレストポテンシャル	16
光の量子性	14
非共鳴イオン化	39
ビスマス	126
非断熱回転励起	32, 156, 164
非断熱遷移	54, 157, 164
非断熱分子配列	31
非統計的解離	76
表面性状	49
微粒子生成	48
フィラメンテーション	157, 164
フィラメント	46, 110, 158
──プラズマ	111
──誘起ブレイクダウン分光	111
フェムト秒パルスX線	136
フェムト秒レーザー	14, 110
フォノン	124
輻射圧	118
フラグメントイオン	66
プラズマ	116
──化学	45
──チャンネル	110
プラズモン	125
フーリエ変換限界パルス	35
フーリエ変換スペクトル	94
フーリエ変換分光	93, 94
フリンジ分解自己相関	93
フレネルゾーンプレート	130, 157
プロトンスクランブリング	60, 61
プロトン分布図	69
プローブ光	86
分子イオン	53, 54, 164
分子軌道	87
──のトモグラフィーイメージング	35
分子コンピュータ	106
分子ダイナミクス	20
分子時計法	87
分子トンネルイオン化	158, 164
分子内エネルギー再分配	57
分子内原子移動度	59
分子内水素転位	164
分子内電子励起	52
分子の回転準位構造	164
分子配向	164
──操作	38
分子配列	89, 164
分離公式	79
並進エネルギー	56, 57

放射光X線源	135
放射性化学	45
放射線損傷	135, 164
放出運動エネルギー	67
ポテンシャルエネルギー	67
──曲面	67
ポリヒドロキシフラーレン	71, 76
ポンデロモーティブエネルギー	78, 142
ポンデロモーティブ力	118, 159, 164
ポンプ・プローブ	57
──測定	95

●ま

膜タンパク質結晶構造解析	137
マトリックス支援レーザー脱離イオン化法	64, 165
水の窓	130, 165
密度汎関数強束縛	75
密度汎関数法	74, 108
メタノール	59
モードスイッチング	75
モード選択的振動励起	71

●や・ら・わ

溶媒和電子	159, 165
ライダー	110, 165
離散フーリエ変換	106
リバイバル	32
量子計算	106
量子制御	153, 163
量子ビート	95, 96
臨界密度	120, 165
励起エネルギー	54
レーザーアシステッド気体電子回析	24
レーザーアシステッド電子回折	160, 165
──法	98, 99
レーザーアシステッド電子散乱	99, 160, 165
──装置	24
──法	18
レーザー加速器	119
レーザー航跡場	118
レーザーストリーキング法	99
レーザー電場	39, 40
──誘起の非断熱遷移	73, 74
レーザーの長距離伝搬	121
レーザーフィラメント	160
レーザー誘起蛍光	111
レーザー誘起ブレイクダウン分光	110, 161, 165
連続状態	89

◆ 執筆者紹介 ◆

(敬称略,50音順)

板倉 隆二(いたくら りゅうじ)
日本原子力研究開発機構量子ビーム応用研究センター研究副主幹(博士(理学))
1973年 埼玉県生まれ
2000年 東京大学大学院理学系研究科博士課程中途退学
〈研究テーマ〉「超高速・高強度レーザーと物質の相互作用」

香月 浩之(かつき ひろゆき)
奈良先端科学技術大学院大学物質創成科学研究科准教授(博士(理学))
1974年 兵庫県生まれ
2002年 京都大学大学院理学研究科博士後期課程修了
〈研究テーマ〉「コヒーレント制御の手法の固体系,多体凝縮系への応用」

上田 潔(うえだ きよし)
東北大学多元物質科学研究所教授(工学博士)
1954年 大阪府生まれ
1982年 京都大学大学院工学研究科博士課程修了
〈研究テーマ〉「原子分子科学」「電子分子ダイナミクスと分子イメージング」

加藤 毅(かとう つよし)
東京大学大学院理学系研究科准教授(博士(理学))
1967年 千葉県生まれ
1996年 東北大学大学院理学研究科博士課程後期修了
〈研究テーマ〉「量子動力学理論の構築と応用」

大島 康裕(おおしま やすひろ)
東京工業大学大学院理工学研究科教授(博士(理学))
1961年 東京都生まれ
1988年 東京大学大学院理学系研究科博士課程中途退学
〈研究テーマ〉「コヒーレント光を用いた分子運動の量子状態操作」

歸家 令果(かんや れいか)
東京大学大学院理学系研究科助教(博士(理学))
1974年 愛知県生まれ
2003年 京都大学大学院理学研究科博士後期課程修了
〈研究テーマ〉「電子回析法」「強光子場分子科学」「電子衝突」

大村 英樹(おおむら ひでき)
産業技術総合研究所計測フロンティア研究部門主任研究員(工学博士)
1970年 奈良県生まれ
1999年 名古屋大学大学院工学研究科博士課程修了
〈研究テーマ〉「レーザー光によるコヒーレント制御・量子制御」

河野 裕彦(こうの ひろひこ)
東北大学大学院理学研究科教授(理学博士)
1953年 大阪府生まれ
1981年 東北大学大学院理学研究科博士後期課程修了
〈研究テーマ〉「レーザー場中の分子の多電子動力学・反応動力学,結晶性分子ジャイロスコープなどの機能性分子の構造と動力学」

大森 賢治(おおもり けんじ)
分子科学研究所光分子科学研究領域教授(工学博士)
1962年 熊本県生まれ
1992年 東京大学大学院工学系研究科博士課程修了
〈研究テーマ〉「アト秒時空間量子エンジニアリング」

中井 克典(なかい かつのり)
東京大学大学院理学系研究科特任助教(博士(理学))
1977年 群馬県生まれ
2005年 東北大学大学院理学研究科博士課程修了
〈研究テーマ〉「強レーザー場中における分子ダイナミクスの理論研究」

沖野 友哉(おきの ともや)
理化学研究所光量子工学研究領域研究員(博士(理学))
1978年 愛媛県生まれ
2006年 東京大学大学院理学系研究科博士課程中途退学
〈研究テーマ〉「高強度アト秒パルスを用いた超高速ダイナミクスの解明」

中島 信昭(なかしま のぶあき)
大阪市立大学名誉教授(工学博士)
1946年 兵庫県生まれ
1974年 大阪大学大学院基礎工学研究科博士課程修了
〈研究テーマ〉「高強度レーザーによる金属イオンの価数変化」「トリウム原発,地球温暖化」

執筆者紹介

中村 一隆（なかむら　かずたか）
東京工業大学応用セラミックス研究所准教授（工学博士）
1960年　熊本県生まれ
1989年　東京工業大学大学院理工学研究科博士課程修了
〈研究テーマ〉「アト秒位相制御パルスを用いた固体中の量子コヒーレンスの計測と制御」「非平衡状態の物質科学の創成」

福田 祐仁（ふくだ　ゆうじ）
日本原子力研究開発機構量子ビーム応用研究センター研究主幹（博士（理学））
1968年　東京都生まれ
1998年　東京大学大学院理学系研究科博士課程修了
〈研究テーマ〉「レーザー駆動イオン加速」「高強度レーザープラズマ中の非線形現象」

鍋川 康夫（なべかわ　やすお）
理化学研究所光量子工学研究領域専任研究員（博士（工学））
1966年　千葉県生まれ
1992年　早稲田大学大学院理工学研究科博士前期課程修了
〈研究テーマ〉「超短パルス高強度レーザーの開発」「非線形光学」

藤井 隆（ふじい　たかし）
電力中央研究所電力技術研究所上席研究員／東京工業大学大学院総合理工学研究科連携教授（博士（工学））
1961年　大分県生まれ
1987年　早稲田大学大学院理工学研究科電気工学研究科博士前期課程修了
〈研究テーマ〉「レーザー誘起ブレイクダウン分光」「高強度レーザー生成フィラメントの大気応用」

新倉 弘倫（にいくら　ひろみち）
早稲田大学先進理工学部准教授（博士（理学））
1972年　大阪府生まれ
2000年　総合研究大学院大学数物科学研究科博士課程修了
〈研究テーマ〉「高強度レーザー電場と原子・分子の相互作用やアト秒パルス発生とその利用」

古川 裕介（ふるかわ　ゆうすけ）
理化学研究所光量子工学研究領域研究員（博士（理学））
1975年　大阪府生まれ
2005年　東京大学大学院理学系研究科博士課程単位取得退学
〈研究テーマ〉「超高速分子ダイナミクス」

西野 吉則（にしの　よしのり）
北海道大学電子科学研究所教授（博士（理学））
1968年　神奈川県生まれ
1996年　大阪大学大学院理学研究科博士課程修了
〈研究テーマ〉「X線光学」

星名 賢之助（ほしな　けんのすけ）
新潟薬科大学薬学部教授（博士（学術））
1969年　神奈川県生まれ
1997年　東京大学大学院総合文化研究科博士課程修了
〈研究テーマ〉「レーザー光を用いた物理化学・分析化学」

長谷川 宗良（はせがわ　ひろかず）
東京大学大学院総合文化研究科准教授（博士（理学））
1974年　茨城県生まれ
2002年　東京大学大学院理学系研究科博士課程修了
〈研究テーマ〉「分子配列を用いた強レーザー光によるイオン化過程」「分子配向技術の開発」

緑川 克美（みどりかわ　かつみ）
理化学研究所光量子工学研究領域領域長（工学博士）
1955年　福島県生まれ
1983年　慶應義塾大学大学院工学研究科博士課程修了
〈研究テーマ〉「高次高調波によるアト秒科学」

菱川 明栄（ひしかわ　あきよし）
名古屋大学大学院理学研究科教授（博士（工学））
1966年　大阪府生まれ
1994年　京都大学大学院工学研究科博士後期課程修了
〈研究テーマ〉「レーザー物理化学」「強レーザー場科学」「超高速分光」「原子分子光物理学」

森下 亨（もりした　とおる）
電気通信大学大学院情報理工学研究科准教授（博士（理学））
1967年　東京都生まれ
1996年　電気通信大学大学院電気通信工学科博士後期課程修了
〈研究テーマ〉「強レーザー物理」

執筆者紹介

森本 裕也（もりもと　ゆうや）
東京大学大学院理学系研究科博士課程在学中
1987年　和歌山県生まれ
2012年　東京大学大学院理学系研究科修士課程修了
〈研究テーマ〉「超高速電子回折法の開発」「強光子場中での電子散乱過程の研究」

矢野 淳子（やの　じゅんこ）
ローレンス・バークレー国立研究所主任研究員〔博士（理学）〕
1968年　島根県生まれ
1993年　広島大学生物圏科学研究科博士課程前期修了
〈研究テーマ〉「光合成の酸素発生反応」「人工光合成」「金属タンパク質の機能と構造」「放射光X線およびX線自由電子レーザーを用いた生体分子の構造と機能に関する研究」

八ッ橋 知幸（やつはし　ともゆき）
大阪市立大学大学院理学研究科教授〔博士（工学）〕
1969年　神奈川県生まれ
1998年　東京都立大学大学院工学研究科博士課程修了
〈研究テーマ〉「多価分子イオン生成とクーロン爆発」「高速液体クロマトグラフ質量分析用新規イオン化源の開発」「炭素ナノ粒子生成」

山内 薫（やまのうち　かおる）
東京大学大学院理学系研究科教授（理学博士）
1957年　東京都生まれ
1985年　東京大学大学院理学系研究科博士課程中途退学
〈研究テーマ〉「強光子場科学」「レーザー分光学」「化学反応動力学」

CSJ Current Review 18

強光子場の化学──分子の超高速ダイナミクス

2015年3月30日　第1版第1刷　発行

編著者　公益社団法人日本化学会
発行者　曽　根　良　介
発行所　株式会社 化学同人

検印廃止

〒600-8074　京都市下京区仏光寺通柳馬場西入ル
編集部　TEL 075-352-3711　FAX 075-352-0371
営業部　TEL 075-352-3373　FAX 075-351-8301
　　　　　　　振　替　01010-7-5702
E-mail　webmaster@kagakudojin.co.jp
URL　http://www.kagakudojin.co.jp

JCOPY 〈(社)出版者著作権管理機構委託出版物〉

本書の無断複写は著作権法上での例外を除き禁じられています．複写される場合は，そのつど事前に，(社)出版者著作権管理機構（電話 03-3513-6969，FAX 03-3513-6979，e-mail: info@jcopy.or.jp）の許諾を得てください．

本書のコピー，スキャン，デジタル化などの無断複製は著作権法上での例外を除き禁じられています．本書を代行業者などの第三者に依頼してスキャンやデジタル化することは，たとえ個人や家庭内の利用でも著作権法違反です．

印刷　創栄図書印刷㈱
製本　清水製本所

Printed in Japan © The Chemical Society of Japan 2015　無断転載・複製を禁ず　ISBN978-4-7598-1378-4
乱丁・落丁本は送料小社負担にてお取りかえいたします．